U0188048

内 容 简 介

本书主要介绍固体火箭发动机内绝热材料烧蚀机理和模型方面的研究成果。全书共9章,第1章介绍固体火箭发动机热防护和绝热层烧蚀的基本概念,以及烧蚀材料的研究进展与展望;第2章介绍绝热材料与烧蚀实验方法;第3~5章分别从热分解与热化学烧蚀、炭化层特性、气流剥蚀和粒子侵蚀等方面深入阐述绝热材料的烧蚀机理;第6章介绍基于分层结构的热化学烧蚀模型;第7章介绍基于多孔介质的热化学体烧蚀模型;第8章介绍绝热材料的侵蚀/烧蚀耦合模型;第9章介绍高温氧化铝沉积下的绝热材料烧蚀机理与模型。

本书主要面向固体火箭发动机、冲压发动机和热防护材料领域的科研工作者,也可以作为高等院校飞行器动力工程、航空宇航推进理论与工程等专业本科生和研究生的教材或参考书。

图书在版编目(CIP)数据

固体火箭发动机内绝热材料烧蚀机理与模型 / 何国强,李江,孙翔宇著. —北京:科学出版社,2022.12
ISBN 978-7-03-073816-5

Ⅰ.①固… Ⅱ.①何… ②李… ③孙… Ⅲ.①固体推进剂火箭发动机—隔热材料—烧蚀 Ⅳ.①V435

中国版本图书馆 CIP 数据核字(2022)第 221115 号

责任编辑:徐杨峰 / 责任校对:谭宏宇
责任印制:黄晓鸣 / 封面设计:殷 靓

斜 学 出 版 社 出版

北京东黄城根北街 16 号
邮政编码:100717
http://www.sciencep.com

南京展望文化发展有限公司排版

广东虎彩云印刷有限公司印刷
科学出版社发行 各地新华书店经销

*

2022 年 12 月第 一 版 开本:B5(720×1000)
2024 年 9 月第三次印刷 印张:17
字数:333 000

定价:150.00 元
(如有印装质量问题,我社负责调换)

工业和信息化部"十四五"规划专著

固体火箭发动机内绝热材料烧蚀机理与模型

何国强 李 江 孙翔宇 著

科 学 出 版

北 京

前言
PREFACE

　　固体火箭发动机内绝热材料的烧蚀包含很多非常复杂的物理化学过程,主要有传热传质、高聚物的热分解和炭化、热化学烧蚀、气流剥蚀和粒子侵蚀等,此外还涉及炭化层内的流动、碳热还原反应、组分迁移、气相沉积等过程。深入揭示绝热材料的烧蚀机理、建立科学准确的烧蚀理论模型,是提高绝热材料研制水平、推动发动机设计向精细化方向发展的重要基础。近二十年来,国内相关科研单位在国家重大基础研究、国家自然科学基金等项目的支持下联合攻关,针对绝热材料烧蚀机理与模型开展了深入和系统的研究,取得了丰硕的成果。本书系统地阐述了本研究团队在绝热材料烧蚀方面取得的最新原创性成果。作者希望本书的出版能够助力推动本领域的学术进步和技术发展。

　　本书共分9章。第1章为绪论,主要阐述固体火箭发动机内绝热材料烧蚀的基本概念、烧蚀研究的复杂性和重要性,并对绝热材料烧蚀研究进行了综述和展望。第2章为绝热材料和烧蚀实验方法,主要介绍了绝热层的作用与要求、绝热材料的分类与发展、制备方法以及常用的绝热材料,并介绍了常用的烧蚀实验方法。第3章为绝热材料热分解与热化学烧蚀,分别介绍了绝热材料的热分解特性、热分解动力学和热分解机理,以及 SiC 原位生成与消耗机理、热化学主导反应式、热化学反应的热力学和动力学分析。第4章为炭化层特性,从炭化层物理、化学、力学和结构等方面描述了炭化层的特性,然后介绍了炭化层的组分迁移、致密/疏松结构现象及其形成机理。第5章为气流剥蚀与粒子侵蚀,从燃气速度影响、炭化层冷态剥蚀特性等角度分析了气流剥蚀机理,然后从稠密粒子侵蚀特性、粒子侵蚀热增量和炭化层强度特性等方面阐述了粒子侵蚀机理。第6章介绍了基于分层结构的热化学烧蚀模型。第7章介绍了基于多孔介质的热化学体烧蚀模型。第8章为绝热材料的侵蚀/烧蚀耦合模型,分别介绍基于临界孔隙率的侵蚀/烧蚀模型和基于炭化层破坏的侵蚀/烧蚀耦合模型。第9章为高温氧化铝沉积下绝热材料烧蚀机理与模型,分别介绍氧化铝沉积与温度响应实验、热流的反演计算、高温氧化铝与炭化层反应动力学与机理、沉积烧蚀模型。

　　本书主要面向从事固体火箭发动机、冲压发动机、热防护材料研究的科研工作者,也可以作为高等院校飞行器动力工程、航空宇航推进理论与工程等专业本科生和研究生的教材或参考书。

本书是一个科研团队的集体创作,除了署名作者外,还有很多科研人员参与了本书的编写和审校工作,主要有杨宏林(第1章)、胡淑芳(第2章)、王文丽(第3章)、王宏伟(第3章)、王德(第4章)、李强(第7章)、刘洋(第9章)等,在此表示衷心感谢。本书一些内容取材于西北工业大学博士研究生和硕士研究生的学位论文,在此感谢关轶文、杨飒、李宗岩、王娟、张翔宇、惠昆、王书贤、徐义华等。本书的编写还得到了很多研究生的帮助,在此感谢朱根、王丽、李康、王逸澂、马晨阳、程拾慧、胡博智和郑以豪等同学的辛勤劳动。

感谢工业和信息化部"十四五"规划专著对本书的支持。感谢国家重大基础研究、国家自然科学基金等项目的资助。

由于作者水平有限,书中难免存在谬误或不当之处,欢迎广大读者批评指正。

作　者

2022 年 8 月

目录
CONTENTS

第 1 章

绪　　论

1.1　固体火箭发动机的热防护

固体火箭发动机(以下简称固体发动机)工作时,内部温度很高(目前很多固体发动机的内部温度在 3 000 K 以上),固体发动机壳体无法承受如此高温,因此需要采取必要的热防护措施。燃烧室一般通过在内壁粘贴软质绝热层的方式进行热防护。喷管喉部的气流速度很高,热流密度很大,为了保证喉部的型面,一般采用石墨、C/C 复合材料等热结构材料。喷管收敛段和扩张段通常采用高硅氧/酚醛复合材料、碳/酚醛复合材料等硬质绝热材料。

固体发动机能够在如此高温的条件下正常工作,这都是绝热层和喉衬等热防护结构的功劳。以绝热层为例,几毫米厚的绝热层就能够将 3 000 K 的高温隔绝,使壳体保持在许用的温度范围内。由于热防护结构属于发动机的消极质量,因此发动机热防护技术是否先进可靠,不但影响发动机的可靠性,而且直接影响发动机的性能。固体发动机发明至今,发生过无数故障,经历过无数失败,在这些故障和失败中,与热防护失效有关的占了相当大的比例。

随着现代战争攻防对抗的不断升级,对导弹固体发动机性能的要求越来越高。在大幅度提升固体发动机的比冲性能越来越困难的前提下,为了提高火箭或者导弹的射程,就需要进一步提高发动机质量比,不断减小消极质量。这就要求热防护结构既要具有高可靠性,又要尽可能轻质化,减少热防护结构设计余量。这就需要更深入认识热防护失效机理,建立能够支撑热防护材料研制和热防护结构设计的先进理论和方法。此外,随着发动机要承受的过载越来越大,新的问题逐渐凸显。在导弹飞行试验中就曾经多次出现高过载导致的绝热层烧蚀异常加剧,造成发动机爆炸的严重事故。这说明现阶段对热防护结构失效机理的认识不够深入和全面,相应的预示和考核方法还无法满足需要。

固体火箭冲压发动机(以下简称固冲发动机)的补燃室通常也采用绝热材料进行热防护。由于固冲发动机工作时间长,补燃室的气流速度高,燃气往往是富氧状态,其烧蚀环境与固体发动机有较大不同。在国内早期的研究中,由于对此认识

1

不足,仍然借鉴传统固体发动机的经验对补燃室进行选材和热防护设计,在地面试验中也出现过绝热结构失效导致补燃室烧穿的故障。

热防护是固体发动机设计与研究中的重要内容,热防护设计的主要目标是追求轻质、抗烧蚀和热结构性能好,同时要保证具有高可靠性。例如,对燃烧室绝热层的主要要求是抗烧蚀和隔热性能好,同时也要关注与装药的相容性、粘接性、工艺性和抗老化性。

1.2　固体火箭发动机绝热层的烧蚀

大多数液体发动机可以通过自身携带的燃料来进行主动冷却,而对于固体发动机来说,只能依靠材料的烧蚀进行被动的热防护,因此烧蚀是整个热防护技术的一个关键问题。

1.2.1　烧蚀的概念

烧蚀简单地说是指材料在高温条件下自身质量的消耗过程,通常包括热分解、热化学反应、机械剥蚀、升华和汽化等物理化学过程。与燃烧不同,烧蚀一般是吸热过程,而且吸热越多越好。例如绝热层在受热时,会发生热分解,产生气体溢出,造成质量的消耗,同时会吸收大量的热量。在高温条件下,绝热层表面炭化层中的碳(C)会与燃气中的氧化性组分(CO_2、H_2O 等)发生反应,这种反应会消耗炭化层的质量,同时也会吸收大量热量,减少对壳体的传热。可见绝热层在烧蚀过程,通过牺牲自身的质量,来吸收大量的热量,达到热防护的效果。

1.2.2　烧蚀的分类

烧蚀问题目前还没有非常严格的分类方法。为了便于研究,根据固体发动机工作环境、热防护材料性质以及烧蚀机理的不同,可以将烧蚀分为以下几种类型。

1. 非炭化材料的烧蚀

非炭化材料是指烧蚀过程不发生热解、形成炭化层的材料,这类材料包括石墨、C/C 复合材料等,通常用于喷管喉衬。

2. 炭化材料的烧蚀

炭化材料是指那些受热后会发生热分解、进而发生炭化、生成炭化层的材料,包括丁腈、三元乙丙橡胶(ethylene propylene diene monomer, EPDM)等软质绝热材料,以及碳/酚醛等硬质复合材料。软质绝热材料通常用于燃烧室内壁;硬质复合材料一般用于喷管收敛段、扩张段和背壁等部位。

3. 表面液体层材料的烧蚀

表面液体层材料是指在烧蚀过程中表面会形成一层液体物质的材料,例如高硅氧/酚醛复合材料,这类材料烧蚀过程中表面会形成一层二氧化硅液体层。早期研究人员将高硅氧/酚醛复合材料按照炭化材料来对待,但在实践中发现由于在烧蚀过程中表面形成二氧化硅液体层后,其烧蚀规律具有一定的特殊性,采用炭化材料的烧蚀模型很难合理描述和预示,就提出了液体层的烧蚀模型。

1.2.3 绝热材料烧蚀问题的复杂性

固体发动机绝热层的烧蚀是一个非常复杂的过程,其复杂性主要体现在以下几个方面。

（1）烧蚀涉及的物理化学现象多而复杂。以橡胶基绝热材料的烧蚀为例(图1.1),就包括复杂的传热传质过程、高聚物的热分解和炭化、炭化层多孔介质中的流动和传热、热化学烧蚀、气流剥蚀和粒子侵蚀等,其中有些过程目前认识得还不够清楚。

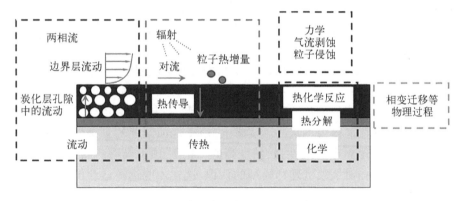

图 1.1 绝热层烧蚀涉及的物理化学过程

（2）烧蚀具有不规则和不确定性。例如绝热层烧蚀过程,往往伴随着膨胀、起翘、变形、分层等现象,这些现象给测试和预示带来了很大的不确定性,也给建模带来了很大的难度。

（3）烧蚀建模会涉及多尺度问题。绝热材料中包含各种微米尺度的填料,还有一些纳米尺度的填料,烧蚀中一些子过程也往往发生在微观尺度,宏观的烧蚀现象往往是由微观层面的各种烧蚀过程传递而来的,而发动机设计者关注的主要是宏观烧蚀现象,包括烧蚀速率和型面变化等。在建立烧蚀模型时,如果不考虑微观尺度的烧蚀过程,往往无法准确地描述烧蚀的内在特征;但如果完全从微观层面建立模型,则计算量过大,很难应用于解决实际问题。因此目前国内外学者已经开始考虑建立多尺度的烧蚀模型。

1.2.4 绝热材料烧蚀研究的重要性

根据前面的分析可知,烧蚀是固体发动机热防护中非常关键的问题,目前对其复杂机理的认识还很有限。下面从绝热材料研制和发动机设计两方面进一步阐述烧蚀研究的重要性。

1. 对绝热材料研制的重要性

只有深入掌握绝热材料的烧蚀机理,才能提高绝热材料的研制水平,实现研究方法从单纯的经验型向理论与经验结合的转变。在绝热材料以往的研制中,由于对烧蚀机理的认识有限,主要依靠经验和半经验的方法。这种方式在继承型和改进型研制中是很有效的,但对于包含新机理和新问题的情况,其效率往往很低,有时候甚至会付出一定的代价,前面提到的固冲发动机烧蚀就是很好的例子。因此,只有不断提高对绝热材料烧蚀规律和机理的认识,建立更加准确的理论模型和方法,才能科学有效地指导绝热材料的研制,提高研制效率和水平。例如,研究发现炭化层是抵御烧蚀的重要屏障,提高炭化层的强度对于提高绝热材料抗冲刷能力非常有效,如果理解绝热材料的成炭机理、掌握配方组成对炭化层强度的影响规律,那么就可以有针对性地改进配方,提高绝热材料的抗冲刷性能。

2. 对发动机设计的重要性

只有建立科学准确的烧蚀预示方法,才能设计出既轻质又可靠的热防护结构。而要建立科学准确的烧蚀预示方法,必须对烧蚀规律和机理有深刻的认识。与绝热材料研制类似,传统的热防护设计主要依赖实验和以往积累的经验,在遇到高过载等新问题时,往往显得力不从心。实际上,由于烧蚀问题的复杂性,很难在短期内彻底研究清楚,建立出普适性强、精度高的"完美"预示模型。因此作为发动机的研制者,应该加强对烧蚀机理和模型的认识,这样才能选择适合的理论和模型,指导热防护设计。

1.3 绝热材料烧蚀研究进展

烧蚀问题非常复杂,但在固体发动机热防护中又非常重要。下面将从烧蚀实验方法与装置、烧蚀特性与机理以及烧蚀模型三个方面,对国内外绝热材料烧蚀方面的研究进展进行综述,并对未来发展进行展望。除了固体发动机外,飞行器气动热防护、火箭发射装置等也存在烧蚀与建模的问题,这些与固体发动机绝热材料烧蚀有相近之处,所以在综述中也会介绍一些有代表性的研究成果。

1.3.1 烧蚀实验方法与装置

1. 模拟烧蚀发动机

目前烧蚀性能测试最常用的方法是氧-乙炔烧蚀试验方法,它是利用氧气和乙炔燃烧产生高温燃气,在常压下对绝热材料进行烧蚀。我国的国军标 GJB－323A－1996 规定了氧-乙炔烧蚀试验方法的测试条件。该方法具有建造和实验费用低、操作简单、安全性好等优点。但是氧-乙炔烧蚀法很难体现固体发动机的高压和燃气组分状态,更无法模拟过载和粒子冲蚀等特殊烧蚀环境,因此氧-乙炔烧蚀法通常只适合绝热材料烧蚀性能的初步筛选。

为了更加真实地模拟固体发动机烧蚀环境,何国强、王书贤等[1,2]参考了美国军标,设计了一种烧蚀实验发动机。该烧蚀实验发动机采用真实固体推进剂,包含低速段、变速段和高速段,每段均可同时放置多片绝热材料试件,可以用来考核和筛选绝热材料,还可以用来研究气流速度等参数对绝热材料烧蚀性能的影响。

飞行过载条件下,由于加速度造成的氧化铝粒子偏转、聚集效应,会在燃烧室内形成稠密粒子射流,使绝热材料的烧蚀率增大,严重时会导致发动机爆炸。发动机地面旋转实验是一种很有效的模拟过载的实验方法,但是该方法很难克服科里奥利加速度(科氏加速度)的影响。此外旋转实验作为一种综合测试方法,费用较高,用于绝热材料筛选和烧蚀性能测试并不适合。

针对过载和稠密两相流冲刷条件下绝热材料烧蚀实验的需求,李江等[3,4]发展了一种过载模拟烧蚀实验方法。该方法有别于传统的旋转实验,能够克服科氏加速度的影响,便于开展烧蚀规律研究。过载模拟烧蚀发动机通过收敛通道产生的聚集效应,使燃气中的氧化铝粒子聚集,形成稠密粒子射流,来模拟飞行过载条件下固体发动机内的粒子聚集状态。通过更换不同直径的调节环和不同角度的烧蚀实验段,可获得不同的粒子冲刷状态(粒子浓度、速度和角度)。李江等[5,6]采用该装置开展了一系列的烧蚀实验研究,为揭示过载和稠密粒子冲刷条件的烧蚀机理提供了有效的实验方法。

2. 烧蚀动态测试方法

发动机工作条件下绝热层的烧蚀在时间和空间上并非均匀的,在过载、稠密粒子侵蚀和熔渣沉积等条件下表现得尤为明显,因此发展烧蚀过程的动态测试方法,对于深入揭示烧蚀机理具有重要的意义。在这方面国内外学者开展了很多尝试,发展了一些烧蚀动态测试方法,主要包括基于 X 射线实时荧屏分析技术(real-time X-ray radiography, RTR)的测试方法、烧蚀电位计法和预埋热电偶阵列等。

王希亮[7]基于 RTR 技术,在过载模拟烧蚀发动机基础上,研发了一种绝热材料动态烧蚀过程实验装置(图 1.2),首次捕获了稠密粒子侵蚀条件下的绝热材料动态烧蚀过程的图像,观察到了侵蚀凹坑形成过程(图 1.3),通过图像处理得到了烧蚀率随时间的变化规律。

Martin[8]基于 RTR 系统发展了一套模拟发动机环境的烧蚀实验装置(图1.4),捕捉到了固体发动机内绝热材料动态烧蚀的精细图像。从拍摄的 RTR 图像(图1.5)中观察到丁腈绝热材料炭化层的整体剥落现象,而且还发现了三元乙丙绝热材料炭化层中存在高密度和低密度区。

图 1.2　基于 RTR 的动态烧蚀实验系统

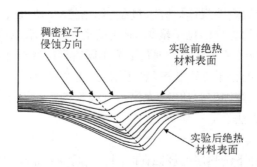

图 1.3　稠密粒子侵蚀下绝热材料动态烧蚀过程

　　McWhorter 等[9]设计了一种烧蚀电位计(图 1.6),可以实时跟踪绝热材料表面的推移。他们还使用内置热电偶对航天飞机可重复使用固体火箭助推器后封头内绝热层的烧蚀进行了实时测量[10](图 1.7)。Natali 等[11]也采取在材料内部预埋热电偶的方法研究了绝热材料的烧蚀过程。孙翔宇等[12]建立了一种开放环境下绝热材料烧蚀表面的实时监测方法,用光学成像方法实时记录绝热材料表面烧蚀形貌变化和烧蚀面退移过程。

　　基于 RTR 的动态烧蚀方法可以很直观地观察烧蚀过程,而且无需在绝热层内预埋器件,但是需要有 RTR 这样的大型设备。烧蚀电位计和热电偶阵列无需大型设备,容易实现,但是需要在绝热材料中预埋器件,测点位置、测试数据与烧蚀面的关系往往不易确定。

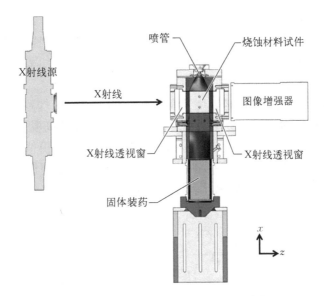

图 1.4　模拟发动机环境的烧蚀实验装置

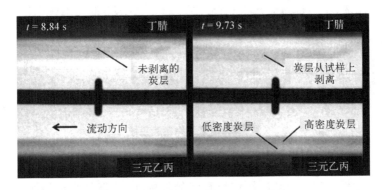

图 1.5　绝热层烧蚀过程的 RTR 图像

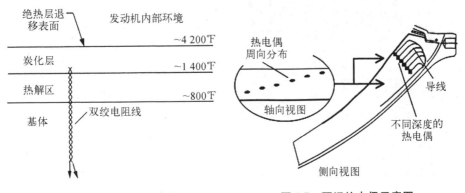

图 1.6　烧蚀电位计示意图　　　　图 1.7　预埋热电偶示意图

3. 富氧烧蚀实验系统

固冲发动机补燃室具有富氧、冲刷速度高、工作时间长等特点,与固体发动机燃烧室有较大不同。固冲发动机地面实验费用昂贵,而且无法同时考核多种材料,因此研制一种有效的固冲发动机模拟烧蚀实验装置非常必要。

娄永春等[13]建立了一种富氧烧蚀实验系统(图 1.8),由气源、供气系统、富氧烧蚀发动机、测控系统等组成。该系统将燃气发生器产生的高温燃气与氧气、氮气进行混合,产生一定温度、压力和富氧状态的混合气体,以此模拟固冲发动机补燃室的富氧环境开展绝热材料烧蚀实验。该实验系统具有烧蚀环境模拟度高、烧蚀参数可调、实验费用低、可同时测试多种材料等优点。

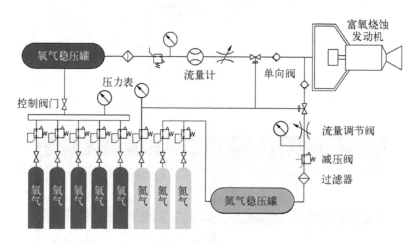

图 1.8　富氧烧蚀实验系统

4. 火炬型烧蚀装置

虽然烧蚀模拟发动机能够提供更真实的烧蚀状态,但是由于使用火工品而限制了其应用的范围。针对这种情况,国内外学者对常压火炬型烧蚀装置进行了改进,以拓展其适用范围。Chaboki 等[14]在氧气/煤油火箭发动机的尾气中加入氧化铝粒子,模拟固体发动机的粒子侵蚀状态开展烧蚀实验(图 1.9)。实验结果表明,在粒子直接冲刷区域,绝热材料的烧蚀率远远大于无粒子冲刷的区域,说明粒子确实对绝热材料具有很强的侵蚀效应。如图 1.10 所示,王金金等[15]在氧气/煤油液体火箭发动

图 1.9　模拟粒子侵蚀的烧蚀实验装置

机中注入粒子,以一定的速度、角度冲刷绝热材料,模拟粒子冲刷条件下绝热材料的烧蚀过程。此外,通过调节发动机的氧燃比,还可以获得富氧的冲刷状态。

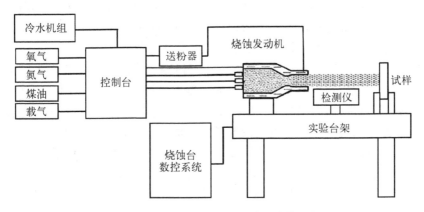

图 1.10　尾焰粒子流冲刷实验系统原理图

有效的实验与测试方法能拓展烧蚀研究的广度和深度。近二十年来,国内外发展出一些新的烧蚀模拟实验与测试方法,为烧蚀研究提供了有效的手段。但是随着烧蚀机理研究走向精细化,对测试技术提出了更高的要求。

1.3.2　烧蚀特性与机理

1. 配方对烧蚀的影响

揭示绝热材料配方对烧蚀性能的影响规律,除了可以为优化绝热材料配方提供依据,也是进一步揭示烧蚀机理和建立烧蚀模型的基础。目前固体发动机广泛使用 EPDM 绝热材料,为了增加残炭率并形成较为坚固的炭化层,通常会在 EPDM 基体橡胶中添加纤维、SiO_2 等填料。

Natali 等[16]研究了纤维、SiO_2 以及蒙脱石等填料对 EPDM 绝热材料的增强特性,分析了填料对炭化层形貌、导热系数、比热容以及机械性能等的影响。Allcorn 等[17]研究了不同填料对绝热材料成炭以及炭化层性能的影响。徐义华和刘洋等[18,19]针对基础配方、无纤维配方和无 SiO_2 配方的 EPDM 绝热材料进行了烧蚀发动机实验,分析了纤维和 SiO_2 填料对炭化层结构和抗烧蚀性能的影响。研究发现,芳纶纤维对炭化层的固结作用增强了炭化层抗冲刷的能力,高温下熔融 SiO_2 对炭化层孔隙具有包覆和填充作用,可以增强绝热材料的抗烧蚀性能。

Gul[20]较系统地开展了 SiO_2 对 EPDM 绝热材料烧蚀行为的影响研究,获得了 SiO_2 含量对热分解活化能、残炭率、表面升温过程、质量烧蚀率、线烧蚀率和导热系数等参数的影响规律,还对炭化层表面形貌的影响进行了分析。

2. 粒子侵蚀

目前固体发动机广泛使用含铝推进剂,燃烧后会产生大量的氧化铝粒子。氧化铝粒子的侵蚀作用会强化对绝热材料表面的传热,改变材料的性质和强度,甚至破坏材料的结构,而高过载条件下形成的稠密粒子流的侵蚀作用更为严重。因此开展粒子侵蚀,尤其是稠密粒子侵蚀的研究是很有必要的。

徐义华等[21]设计了一套冷态粒子侵蚀实验系统,该系统主要由光路成像系统、粒子侵蚀装置以及高速摄像机等组成。首先使用烧蚀发动机制备表面有炭化层的绝热材料试件;然后用高压气源推动活塞使粒子产生运动,粒子撞击绝热材料试件表面;最后采用高速摄像机记录粒子的碰撞过程。采用活塞驱动的主要目的是排除气流的影响,单纯研究粒子与炭化层的碰撞过程以及对炭化层的破坏作用。通过实验获得了不同状态参数下粒子对炭化层的破坏规律。

李江等[6]采用过载模拟烧蚀发动机开展了稠密粒子流冲刷条件下的绝热材料烧蚀研究,发现粒子冲刷速度对烧蚀率的影响存在"临界速度效应"。当冲刷速度低于临界速度时,炭化烧蚀率随冲刷速度增大比较缓慢;当大于临界速度时炭化烧蚀率随冲刷速度快速增大。通过炭化层的结构分析发现绝热材料存在弱冲刷、沉积和强冲刷三种冲刷模式:弱冲刷模式炭化层断面存在致密/疏松结构;沉积模式炭化层表面有很多氧化铝沉积物,断面出现了疏松/致密/疏松的现象;强冲刷模式炭化层整体较为致密。

关轶文等[22]利用过载模拟烧蚀发动机研究了两种类型的四组元推进剂对绝热材料烧蚀的影响机理。何吉宇等[23]利用过载模拟烧蚀发动机研究了添加有机氟化物(organic fluoride, OF)的高铝含量(18%)复合推进剂对EPDM绝热材料烧蚀的影响。分析认为,添加OF的推进剂燃烧能够形成粒径更小的氧化铝粒子,从而降低其对绝热材料的侵蚀作用。

3. 气流剥蚀

通常固体发动机燃烧室的气流速度比较低,气流剥蚀的影响不是很大。但在固体发动机某些区域,如燃烧室后段和后封头,燃气的速度会比较高。一些吸气式发动机,如固冲发动机、空气涡轮火箭的补燃室内,燃气的速度可以达到200~300 m/s,此时气流剥蚀的影响不容忽视。

王书贤等[2]采用低凝相含量的推进剂来尽可能排除粒子侵蚀的影响,使用烧蚀发动机开展了燃气速度对绝热材料烧蚀的影响研究。实验结果表明,随着气流速度增大,绝热材料的烧蚀率变大;且高速段试样的炭化层比较致密,炭化层厚度明显减薄,表明高速气流作用下的剥蚀作用更加明显。此外还发现高速气流对炭化层中液态SiO_2的抽吸作用更加明显。

李江等[24]开展了冷态条件下炭化层剥蚀实验研究。首先通过烧蚀发动机制备炭化层试样;然后设计了一种简易的炭化层拉伸和剪切强度测试装置;最后开展了冷流气体对炭化层的剥蚀实验。研究发现炭化层剥落的剪切应力明显小于炭化层的剪切强度,分析认为,炭化层存在的局部裂缝、分层等缺陷会降低炭化层的强度,并增加局部气流剥蚀作用。虽然是冷态实验,但是研究结果为揭示剥蚀机理提供了依据。

4. 炭化层结构特性

高温条件下绝热材料表面会形成炭化层,炭化层的性能直接影响绝热材料的抗烧蚀性能。氧-乙炔烧蚀和烧蚀发动机实验后形成的炭化层很薄,而且形状不规则,很多测试难以开展。针对该问题,徐海平[25]使用高温加压法制备了炭化层,分别测试了炭化层的导热系数、比热容、残渣率、化学组成以及力学特性等。该研究比较系统地对炭化层各种物理和化学性能进行了测试和表征,为烧蚀机理和烧蚀模型研究提供了重要参数。

李江等[26]通过观察烧蚀发动机、激光烧蚀、过载烧蚀发动机的实验结果,发现炭化层中存在致密/疏松结构,即炭化层上部比较致密,中下部比较疏松。而在过载模拟烧蚀发动机某种工况下炭化层出现了“疏松/致密/疏松”的结构,致密层位于中部。孙翔宇等[27]建立了炭化层三维孔隙结构的微米计算机断层扫描(computed tomography,CT)无损测试方法,获得了炭化层沿厚度方向的孔隙率和平均孔径分布。从炭化层表面到背面孔隙率和平均孔径差别很大,进一步证实了致密/疏松结构的存在。

李江等[26]详细分析了致密结构形成机理,认为致密层是热解气体流经炭化层时发生气相沉积形成的,此外还揭示了 SiO_2 对致密结构形成的影响机理,在此基础上对炭化层的疏松/致密/疏松结构的形成机理也做出了解释。惠昆等[28]还通过设计实验,进一步验证了热解气体在高温下确实能够在炭化层中沉积形成致密结构。揭示致密结构形成机理及影响规律对于烧蚀研究很有意义。表面致密结构使炭化层更耐冲刷;内部的疏松结构可以起到更好的隔热效果,这可以看成是绝热材料的一种“自增强”机制。在充分认识这种机制的基础上,可以利用这种机制研制出性能更好的绝热材料。

5. 热分解与热化学烧蚀

张平伟[29]研究了 EPDM 绝热材料的热分解特性和激光烧蚀特性。通过热重和高压差示扫描量热实验,研究了升温速率和压强变化对绝热材料热分解性能的影响,采用 Coats-Redfern 法获得了常压下 EPDM 绝热材料及其主要组分的热分解动力学方程。此外还采用激光作热源对绝热材料进行了热烧蚀实验,获得了EPDM 绝热材料热化学烧蚀反应的动力学参数。

张杰等[30]开展了基于热解动力学的绝热材料烧蚀研究,采用热解动力学模型计算材料的热分解,采用基于化学动力学控制及扩散控制的烧蚀模型计算材料表面的烧蚀。

6. 氧化铝粒子沉积条件下的烧蚀

对于大型分段装药发动机和带潜入喷管的固体发动机,燃烧室和潜入喷管背壁的氧化铝沉积(熔渣沉积)会比较严重。熔渣沉积不仅带来了惰性质量的增加,高温的氧化铝沉积也会大大加剧绝热材料的烧蚀。我国在分段装药固体发动机研制中也出现了这样的问题。传统的烧蚀机理无法解释和预示这种现象,这就需要针对氧化铝沉积下的烧蚀机理开展专门的研究。以往国内外的研究主要集中在熔渣沉积现象本身及其对内弹道的影响,针对氧化铝条件下烧蚀的研究还很有限。

氧化铝沉积条件下烧蚀加剧与接触强化传热和碳热还原反应消耗有关。关轶文等[31]基于对固体发动机内沉积规律的认识,设计了一种可产生氧化铝沉积的烧蚀实验发动机,利用该发动机开展了氧化铝沉积条件下 EPDM 绝热材料的烧蚀研究。通过对实验后的炭化层和沉积物进行成分分析,推断了高温条件下氧化铝与炭化层的碳热还原反应机理。在此基础上,还利用高温热失重装置,开展了碳热还原反应动力学研究,获得了反应动力学参数和反应机理函数[32]。

7. 新型纳米绝热材料的烧蚀

固体发动机技术的不断发展,以及高能推进剂的应用,对绝热材料的烧蚀性能提出了更高的要求。随着纳米技术的发展,近些年国内外在新型纳米填料增强的复合材料方面开展了很多探索性研究。

郭梦飞等[33]研究了多壁碳纳米管填料对 EPDM 绝热材料性能的影响。研究发现碳纳米管可以增强材料的力学性能、热稳定性以及烧蚀性能。由于碳纳米管能提高残炭率,并且在炭化层中形成网络状结构,从而提高了绝热材料的抗烧蚀性能。此外还揭示了碳纳米管填料对烧蚀过程中碳热还原反应的影响机理[34],研究发现碳纳米管能够促进限速反应速率,增加 SiC 的生成,改善绝热材料的抗烧蚀性能。他们将碳纳米管用于增强 EPDM 绝热材料的抗侵蚀性能[35],取得了非常显著的效果,过载模拟烧蚀发动机实验中碳纳米管增强配方的炭化烧蚀率比基础配方下降了 68%(图 1.11)。研究还发现了碳纳米管增强 EPDM 绝热材料具有"沉积自增强"的机制[36]:碳纳米管能够促进热解气体在其表面形成沉积层,在一定程度上降低了炭化层的导热率,帮助提高绝热材料的抗烧蚀性能。惠昆、李江等[37]受此启发提出了采用化学气相沉积包覆碳纳米管的方法,来改善碳纳米管导致绝热材料隔热性能下降的问题,取得了良好的效果。

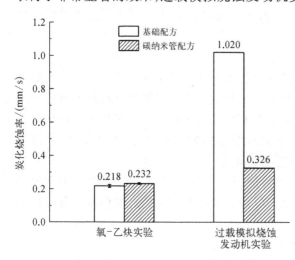

图 1.11　碳纳米管增强绝热材料烧蚀率数据

Saghar 等[38]研究了碳纳米管填料对碳/酚醛绝热材料烧蚀性能的影响。研究发现含 0.1%(质量分数)碳纳米管的绝热材料的烧蚀率比无碳纳米配方下降了9%。在含碳纳米管配方的炭化层电镜照片中发现,碳纤维表面形成了一层新的炭层,有助于提高抗氧化性能。分析认为由于碳纳米管良好的成核特性,促进了碳纤维表面炭层结构的形成。

Yum 等[39]采用 X 射线衍射仪和拉曼光谱仪分析了有/无碳纳米管的绝热材料炭化层。结果显示,在有碳纳米管配方的炭化层中发现了石墨化结构,而无碳纳米管配方中则没有发现。分析认为,碳纳米管可以成为石墨化的晶体生长核,而石墨结构则提高了炭化层的力学性能。

1.3.3　烧蚀模型

烧蚀研究的重要目的之一是实现对烧蚀的准确预示,这就需要在烧蚀机理基础上建立科学的烧蚀理论模型。随着发动机技术的发展,近年来对于精细化建模的需要也越来越强。

1. 基于多孔介质的烧蚀模型

传统的烧蚀模型大多是基于三层模型,将绝热材料分为原始层、热解层和炭化层,针对这三层建立质量、能量、组分和化学反应方程,然后联立求解。随着对烧蚀机理认识的不断深入,传统的烧蚀模型很难满足需求,很多学者开始建立更加复杂的模型。

研究表明,炭化层具有多孔、疏松和连通的特征,是烧蚀发生的主要载体,也是联系热化学烧蚀、剥蚀和侵蚀的纽带。因此精细化建模的关键之一是对炭化层及其内部流动和传热的描述。很多学者在建模中已经开始考虑炭化层孔隙结构特征,将炭化层当作多孔介质处理。同时,考虑烧蚀过程中炭化层内发生的流动、传热、沉积、内压破坏等详细过程。

20 世纪 90 年代,Yang 等[40]在建立烧蚀模型时已经开始将烧蚀材料作为多孔介质来处理。其研究是以导弹发射系统的热防护材料烧蚀为对象,针对热化学烧蚀和粒子侵蚀过程建立模型。他们将烧蚀材料视为多孔介质,假定基体材料和炭化层的孔隙率、渗透率以及其他物性参数为常数,炭化层骨架与热解气体处于局部热平衡状态。他们还认为在烧蚀过程中会产生孔隙压力,并推测压力的建立会在烧蚀材料内部形成应力,引起材料结构的变化,并可能导致材料的失效。

Dimitrienko 等[41]从多孔介质的角度研究了聚合物基绝热材料的烧蚀行为(图1.12),描述了烧蚀过程中炭化层结构的变化及机械侵蚀的过程,认为烧蚀过程中存在内部侵蚀和外部侵蚀作用。Curry 等[42]在对阿波罗飞船热防护系统进行回顾分析时,建立了比较复杂的烧蚀模型(图1.13),其中涉及气动加热、热阻塞、烧蚀气体的流动、再辐射、表面退移、燃烧、热传导、沉积以及炭化层内部的深度辐射等过程。Natali 等[43]建立的烧蚀模型考虑了绝热材料的膨胀以及热解气体在炭化层上的沉积。张斌等[44]对长时间工作固体发动机内绝热材料烧蚀及温度场进行了耦合计算,得到了化学烧蚀率、扩散烧蚀率、燃烧室内壁温度等参数。

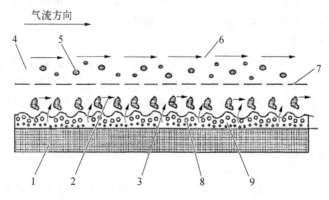

图 1.12　Dimitrienko 等的烧蚀模型示意图

1. 原始材料;2. 热机械侵蚀;3. 热分解气体的流出;4. 边界层;
5. 燃气中未完全燃烧的粒子;6. 边界层外部;7. 材料初始表面;
8. 孔隙结构;9. 材料热解区域

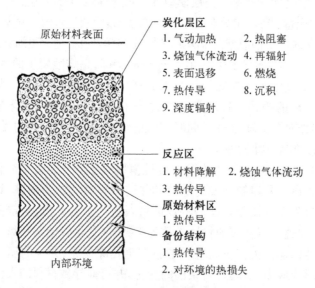

图 1.13　Curry 等的烧蚀模型示意图

杨飒[45]针对炭化层的孔隙特征,借鉴多孔介质的理论和模型,建立了基于多孔介质的热化学烧蚀模型。该模型将炭化层当作多孔介质来处理,以孔隙率作为关键参数,针对燃气、炭化层、热解层和原始层建立了统一的控制方程,采用统一方法进行求解。该模型可描述材料内部的传热、流动和化学反应,是真正的体烧蚀模型。该模型可以比较容易地与描述各种物理化学过程的子模型进行耦合,具有很好的适用性和扩展性。

王书贤等[46,47]开展了 EPDM 绝热材料在气相燃气环境下的烧蚀机理研究,在基于多孔介质的烧蚀模型基础上,提出了将烧蚀区域划分为多孔介质区和固体区两部分并包含沉积反应的双区体烧蚀模型。在固体区域只考虑热传导,多孔介质区域除传热外还包含烧蚀气体的流动、化学反应及气流剥蚀,化学反应除常规的热解反应和氧化反应外,还包含沉积反应。

2. 粒子侵蚀模型

王娟[48]和刘洋等[49,50]利用过载模拟烧蚀发动机开展了粒子冲刷对 EPDM 绝热材料烧蚀影响的实验研究,获得了不同粒子冲刷状态参数下绝热材料的炭化烧蚀率,通过多元回归得到了炭化烧蚀率、临界孔隙率与粒子冲刷速度、浓度和角度的经验关系式。与多孔介质的热化学烧蚀模型耦合,建立了基于经验关系式的粒子侵蚀模型。

李强等[51]以 EPDM 绝热材料为对象,在多孔介质的热化学烧蚀模型和临界孔隙率经验关系的基础上,增加了粒子热增量与粒子冲刷状态参数的经验关系,以及燃气流速与临界孔隙率的经验关系,建立了考虑热化学烧蚀、粒子侵蚀和气流剥蚀的 EPDM 绝热材料耦合烧蚀模型,并进行了模型的实验验证。

王娟[48]和李强等[51]的模型中将粒子侵蚀作用通过临界孔隙率来简化,解决了侵蚀建模的难点问题,但是由于没有具体考虑炭化层的材料性质及力学破坏形式,其适用范围受到一定的限制。

徐义华等[52]分析了炭化层的孔隙结构特征,建立了炭化层的弹性模量、剪切模量、泊松比、抗压强度和抗剪强度等性能参数与孔隙率的关系,为建立炭化层侵蚀模型提供了基础。

徐义华等[53]依据炭化层性能参数与孔隙率的关系,从粒子动力学参数出发,分析了粒子与炭化层相互作用机制,计算出粒子对炭化层的作用力,再根据实验得到的炭化层强度与孔隙率数据,推导出粒子对炭化层的侵蚀模型。他们建立的炭化层力学模型是从理论上进行推导得出的,具有一定的普适性。该模型的亮点是构建规则的几何单元体来等效炭化层的孔隙结构,解决了炭化层建模的关键问题。

Wirzberger 等[54]建立了一个绝热材料侵蚀预测模型,该模型将粒子侵蚀作用分为三种:粒子对材料的机械剥蚀、高温粒子对材料表面加热引起的烧蚀和粒子动能转化来的热量对表面的烧蚀。该模型基于实际的物理侵蚀过程,取代了经验修正的方法,得到了更精确的侵蚀预示结果。但是该模型主要针对发动机粒子侵蚀引起的烧蚀,没有与热化学烧蚀相耦合。

李宗岩[55]借鉴了 Wirzberger 的粒子侵蚀模型,从炭化层强度与粒子碰撞两方面,利用徐义华建立的炭化层性能与孔隙率的关系,基于脆性材料的弹塑性压痕断裂理论建立了粒子侵蚀模型。并且将粒子侵蚀模型与多孔介质的热化学烧蚀模型耦合,得到了适用于 EPDM 绝热材料的烧蚀/侵蚀耦合计算模型,可以较好地模拟稠密粒子侵蚀形成的凹坑,且炭化烧蚀率的计算值与实验值偏差在 12% 以内。

3. 冲压发动机烧蚀模型

与固体发动机相比,冲压发动机补燃室具有富氧和冲刷速度高等特征,在烧蚀建模时需要充分考虑这些特征。余晓京[56]通过实验研究建立了富氧条件下绝热材料的烧蚀模型。该模型认为在烧蚀过程中燃气中的氧渗入炭化层内部,发生放热反应,消耗炭化层,加剧了绝热材料的烧蚀。余晓京认为炭化层的孔隙率对于烧蚀有很大的影响,是表征烧蚀材料的一个重要参数。此外还分析了富氧烧蚀条件下氧含量、压强以及炭化层厚度对绝热材料烧蚀的影响规律。

杨栋[57]基于氧-乙炔和冲压发动机烧蚀实验,研究了硅橡胶基绝热材料配方组成和烧蚀环境对绝热材料烧蚀的影响规律。揭示了烧蚀过程中绝热材料的热分解、陶瓷化和热氧化反应特征,获得了主要反应的热力学和动力学参数,获得了绝热材料烧蚀结构、孔隙、成分、反应与温度等环境参数的关系,揭示了硅橡胶基绝热材料的热化学烧蚀机理,并以孔隙率为核心,建立了冲压发动机环境下的硅橡胶绝热材料烧蚀模型。

李理[58]首先从绝热材料受热后组织结构的变化过程入手,针对强对流环境下绝热材料的烧蚀过程进行建模,然后加入粒子对炭化层的碰撞模型、高速燃气流对绝热材料的剪切力以及炭化层屈服强度等经验公式,以孔隙率作为烧蚀脱落判断标准,建立了包括气流剥蚀、粒子侵蚀和热化学烧蚀的冲压发动机补燃室绝热材料烧蚀模型。

1.3.4 研究现状的总结

综合分析国内外研究现状,目前绝热材料烧蚀机理研究的主要特点如下。

(1)已经发展了多种有效的模拟实验装置与测试方法,拓展了烧蚀研究的广度和深度,但是仍然不能满足精细化研究的需要。

(2)机理与模型研究呈现从宏观走向细观甚至微观的趋势,在烧蚀模型方面已经引入多孔介质理论来建立模型,为模型的精细化提供了很好的平台,对烧蚀各子过程的研究更细,也更深入。

(3)更加重视绝热材料内多相介质流动、传热传质和化学反应等多物理场的耦合。

1.4 绝热材料烧蚀研究展望

由于绝热材料烧蚀机理非常复杂,虽然国内外在这方面均取得了较大进展,但是还有很多深层次的问题没有研究清楚,大多数烧蚀模型无法胜任事前预示的要求,今后还需要继续开展深入、细致的研究。未来随着固体发动机技术和新材料的发展,绝热材料烧蚀研究还会面临新的挑战,主要表现如下。

(1) 新型高能推进剂的研发和应用。新型高能材料的应用,使得燃烧室温度更高,绝热材料烧蚀可能会面临一些新的问题,例如燃气中氧化铝的汽化、燃气组分的变化、烧蚀表面的汽化等带来的烧蚀规律和烧蚀机理上的新变化。

(2) 新材料的发展。随着纳米技术的发展,新型纳米绝热材料展现出一些独特的优势,尤其是在抗侵蚀方面具有巨大的潜力。纳米填料的加入虽然改善了绝热材料的力学和抗烧蚀性能,但同时也带来了隔热性能变差等问题,此外一些纳米填料与基体的相容性和分散性较差。新型纳米绝热材料要走向工程应用必须解决这些问题。

(3) 精细化模型的需求。虽然目前国内外学者已经建立了描述炭化层孔隙结构内流动、传热的烧蚀模型,但是这些模型大多采用了体平均的处理,避开了对具体微细观结构的描述。实际的炭化层的孔径分布、孔隙通道是很不规则的,如何更加精细地描述这些特征,同时还要保证可承受的计算量,也是未来需要面对的挑战。

热防护技术是发动机的核心关键技术,它的优劣往往决定着发动机的成败。绝热材料的烧蚀包含各种极其复杂的物理化学过程,涉及众多学科领域,需要长期深入地研究。近些年来我国在绝热材料烧蚀方面取得了一些显著的成果,但仍有很多问题需要解决。未来需要科研工作者紧盯国际前沿,结合我国的具体国情,扎扎实实地开展基础研究,为推动我国发动机热防护技术的发展提供支撑和保障。

参考文献

[1] 何国强,陈景蕙,季成伍,等.固体火箭发动机内绝热层烧蚀率实验研究[J].推进技术,1993(4): 31-35.

[2] 王书贤,何国强,刘佩进,等.气相燃气速度对 EPDM 绝热材料烧蚀的影响[J].推进技术,2010,31(2): 235-239.

[3] 李江,何国强,秦飞,等.高过载条件下绝热层烧蚀实验方法研究(Ⅰ)方案论证及数值模拟[J].推进技术,2003,24(4): 315-318.

[4] 李江,何国强,陈剑,等.高过载条件下绝热层烧蚀实验方法研究(Ⅱ)收缩管聚集法[J].推进技术,2004,25(3): 196-198.

[5] 李江,刘洋,娄永春,等.颗粒冲刷对绝热层烧蚀影响的实验研究[J].推进技术,2006,27(1): 71-73,87.

[6] Li J, Guo M F, Lv X, et al. Erosion characteristics of ethylene propylene diene monomer composite insulation by high-temperature dense particles[J]. Acta Astronautica, 2018, 145: 293-303.

[7] 王希亮.高温稠密两相流冲刷条件下绝热层动态烧蚀研究[D].西安:西北工业大学,2006.

[8] Martin H T. Assessment of the performance of ablative insulators under realistic solid rocket motor operating conditions[D]. State College: Pennsylvania State University, 2013.

[9] McWhorter B, Johnson M, Bryner B, et al. An instrument for real-time measurement of solid rocket motor insulation erosion [C]. Los Angeles: 35th AIAA/ASME/SAE/ASEE Joint Propulsion Conference and Exhibit, 1999.

[10] McWhorter B, Ewing M, Albrechtsen K, et al. Real-time measurements of aft dome insulation erosion on space shuttle reusable solid rocket motor[C]. Ft Lauderdale: 40th AIAA/ASME/SAE/ASEE Joint Propulsion Conference and Exhibit, 2004.

[11] Natali M, Monti M, Puglia D, et al. Ablative properties of carbon black and MWNT/phenolic composites: A comparative study[J]. Composites Part A: Applied Science and Manufacturing, 2012, 43(1): 174 - 182.

[12] 孙翔宇,张炜,胡淑芳,等.绝热材料动态烧蚀试验方法[J].推进技术,2011,32(4): 597 - 600.

[13] 娄永春,余晓京,何国强,等.富氧环境模拟绝热层烧蚀试验方法[J].固体火箭技术,2006, 29(3): 229 - 231.

[14] Chaboki A, Kneer M, Schneider M, et al. Supersonic torch facility for ablative testing[C]. Seattle: 5th AIAA/ASME Joint Thermophysics and Heat Transfer Conference, 1990.

[15] 王金金,查柏林,张炜,等.多相流环境下绝热材料烧蚀试验方法研究[J].宇航学报,2019, 40(3): 362 - 368.

[16] Natali M, Kenny J M, Torre L. Science and technology of polymeric ablative materials for thermal protection systems and propulsion devices: A review[J]. Progress in Materials Science, 2016, 84: 192 - 275.

[17] Allcorn E K, Natali M, Koo J H. Ablation performance and characterization of thermoplastic polyurethane elastomer nanocomposites [J]. Composites Part A: Applied Science and Manufacturing, 2013, 45: 109 - 118.

[18] 徐义华,胡春波,李江,等.纤维和 SiO_2 填料对 EPDM 绝热材料烧蚀性能影响的实验研究 [J].西北工业大学学报,2010,28(4): 491 - 496.

[19] 刘洋,李江,何国强,等.颗粒冲刷条件下三元乙丙绝热材料烧蚀特性实验[J].推进技术, 2010,31(5): 612 - 617.

[20] Gul J. Investigation on thermal and ablation characteristics of EPDM-filler composites [D]. Lahore: University of Engineering and Technology, 2010.

[21] 徐义华,胡春波,李江.粒子侵蚀下三元乙丙绝热材料炭化层破坏特性实验研究[J].工程力学,2011,28(5): 251 - 256.

[22] Guan Y W, Li J, Liu Y, et al. Influence of different propellant systems on ablation of EPDM insulators in overload state[J]. Acta Astronautica, 2018, 145: 141 - 152.

[23] 何吉宇,郝会娟,周续源,等.添加有机氟化物的固体复合推进剂对 EPDM 绝热材料烧蚀特性研究[J].推进技术,2019,40(10): 2350 - 2357.

[24] Li J, Ma K, Lv X, et al. Experimental study on erosion characteristics of char layer of EPDM composite by cold flow[J]. Acta Astronautica, 2019, 157: 332 - 340.

[25] 徐海平.绝热材料炭化层的性能研究[D].呼和浩特: 内蒙古大学,2010.

[26] Li J, Xi K, Lv X, et al. Characteristics and formation mechanism of compact/porous structures

in char layers of EPDM insulation materials[J]. Carbon, 2018, 127: 498-509.

[27] 孙翔宇,张炜,杨宏林,等.EPDM绝热材料炭化层的三维孔隙结构特征[J].固体火箭技术,2010,34(5): 644-647.

[28] Xi K, Li J, Guo M F, et al. Redeposition and densification of pyrolysis products of polymer composites in char layer[J]. Polymer Degradation and Stability, 2019, 166: 238-247.

[29] 张平伟.三元乙丙内绝热材料及其性能研究[D].长沙: 国防科学技术大学,2009.

[30] 张杰,孙冰.基于热解动力学的绝热材料烧蚀研究[J].固体火箭技术,2010,33(4): 454-458.

[31] Guan Y W, Li J, Liu Y. Ablation characteristics and reaction mechanism of insulation materials under slag deposition condition[J]. Acta Astronautica, 2017, 136: 80-89.

[32] Guan Y W, Li J, Liu Y, et al. Reaction kinetics and a physical model of the charring layer by depositing Al_2O_3 at ultra-high temperatures[J]. Physical Chemistry Chemical Physics, 2018, 20: 24418-24426.

[33] Guo M F, Li J, Xi K, et al. Effect of multi-walled carbon nanotubes on thermal stability and ablation properties of EPDM insulation materials for solid rocket motors[J]. Acta Astronautica, 2019, 159: 508-516.

[34] Guo M F, Li J, Xi K, et al. Effects of multi-walled carbon nanotubes on char residue and carbothermal reduction reaction in ethylene propylene diene monomer composites at high temperature[J]. Composites Science and Technology, 2020, 186: 107916.

[35] Guo M F, Li J, Li K, et al. Carbon nanotube reinforced ablative material for thermal protection system with superior resistance to high-temperature dense particle erosion[J]. Aerospace Science and Technology, 2020, 106: 106234.

[36] Guo M F, Li J, Wang Y W. Effects of carbon nanotubes on char structure and heat transfer in ethylene propylene diene monomer composites at high temperature[J]. Composites Science and Technology, 2021, 211: 108852.

[37] Xi K, Li J, Wang Y W, et al. Thermal insulation and char layer mechanical properties of a novel ethylene propylene diene monomer composite reinforced with carbon nanotubes coated via chemical vapour deposition[J]. Composites Science and Technology, 2021, 201: 108537.

[38] Saghar A, Khan M, Sadiq I, et al. Effect of carbon nanotubes and silicon carbide particles on ablative properties of carbon fiber phenolic matrix composites [J]. Vacuum, 2018, 148: 124-126.

[39] Yum S H, Kim S H, Lee W I, et al. Improvement of ablation resistance of phenolic composites reinforced with low concentrations of carbon nanotubes[J]. Composites Science and Technology, 2015,121: 16-24.

[40] Yang B C, Cheung F B, Koo J H. Modeling of one-dimensional thermomechanical erosion of the high-temperature ablatives[J]. Journal of Applied Mechanics, 1993, 60: 1027-1032.

[41] Dimitrienko Y I, Dimitrienko I D. Effect of thermomechanical erosion on heterogeneous combustion of composite materials in high-speed flows[J]. Combustion and Flame, 2000, 122: 211-226.

[42] Curry D M, Tillian D J. Apollo thermal protection system revisited[C]. Orlando: 2006 National Space & Missile Materials Symposium, 2006.

［43］ Natali M, Puri I, Rallini M, et al. Ablation modeling of state of the art EPDM based elastomeric heat shielding materials for solid rocket motors［J］. Computational Materials Science, 2016, 111: 460 - 480.

［44］ 张斌,刘宇,王长辉,等.长时间工作固体火箭发动机燃烧室热防护层烧蚀计算［J］.固体火箭技术,2011,34(2): 189 - 192,201.

［45］ 杨飒.基于炭层孔隙结构的热化学烧蚀模型研究［D］.西安:西北工业大学,2009.

［46］ 王书贤,徐义华.考虑炭化绝热材料膨胀现象的体烧蚀模型［J］.重庆大学学报,2018,41(05): 44 - 51.

［47］ 王书贤,李江,蔡霞.气相环境下 EPDM 绝热材料双区体烧蚀模型［J］.推进技术,2016,37(2): 378 - 385.

［48］ 王娟.过载条件下三元乙丙绝热材料烧蚀机理与模型［D］.西安:西北工业大学,2010.

［49］ Liu Y, Yu X J, Ma J M, et al. A volumetric ablation model of EPDM considering complex physicochemical process in porous structure of char layer［J］. Open Physics, 2017, 15(1): 344 - 353.

［50］ Liu Y, Yang S, He G Q, et al. An overall ablation model of ethylene propylene-diene monomer based on porous characteristics in char layer［J］. Advances in Mechanical Engineering, 2016, 8(2): 362 - 368.

［51］ 李强,杨飒,李江,等.EPDM 绝热材料耦合烧蚀模型［J］.固体火箭技术,2012,35(1): 114 - 117,122.

［52］ 徐义华,胡春波,曾卓雄,等.三元乙丙绝热材料炭化层结构及力学特性表征研究［J］.弹箭与制导学报,2012,32(3): 237 - 242.

［53］ Xu Y H, Hu X, Yang Y X, et al. Dynamic Simulation of insulation material ablation process in solid propellant rocket motor［J］. Journal of Aerospace Engineering, 2015, 28(5): 04014118.1 - 04014118.21.

［54］ Wirzberger H, Yaniv S. Prediction of erosion in a solid rocket motor by alumina particles［C］. Tucson: 41st AIAA/ASME/SAE/ASEE Joint Propulsion Conference and Exhibit, 2005.

［55］ 李宗岩.凝相粒子对绝热材料的侵蚀模型研究［D］.西安:西北工业大学,2015.

［56］ 余晓京.富氧环境下绝热层烧蚀模型研究［D］.西安:西北工业大学,2006.

［57］ 杨栋.硅橡胶基绝热材料及其热化学烧蚀机理研究［D］.长沙:国防科学技术大学,2013.

［58］ 李理.固体火箭冲压发动机绝热层烧蚀及结构参数对烧蚀的影响研究［D］.长沙:国防科学技术大学,2011.

第2章

绝热材料与烧蚀实验方法

本章首先介绍固体发动机绝热材料的作用、对绝热材料的要求、绝热材料的分类与发展、常用绝热材料以及绝热材料的制备工艺,然后介绍氧-乙炔烧蚀法和烧蚀实验发动机等实验方法,为后面的绝热材料烧蚀研究提供必要的基础。

2.1 固体发动机绝热层的作用和要求

固体发动机工作时燃烧室内是高温、高压的燃气,为了保证发动机的正常工作,需要采取必要的热防护措施,以防止壳体因超过许用温度而失效,或因温度太高影响其他机构的正常工作。燃烧室的热防护通常采取在壳体内部敷设绝热层的办法来实现,典型固体发动机及绝热层的结构见图2.1。

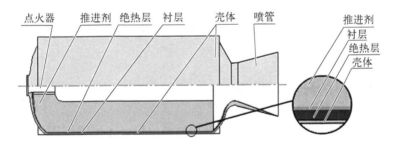

点火器　推进剂　绝热层　衬层　壳体　喷管　推进剂　衬层　绝热层　壳体

图2.1　固体发动机结构示意图

需要指出的是,为了防止气动加热带来的高温,一些导弹和火箭外表面也会设计绝热层,因此严格来讲,燃烧室内部的绝热层应该称为内绝热层。不过人们已经习惯将其简称为绝热层了,如果不做特殊说明,本书也统一采用绝热层这一名词。

燃烧室绝热层的主要作用是防止燃烧室壳体在发动机工作过程中达到危及其结构完整性的温度,此外,绝热层还有以下作用:

(1)缓冲壳体与推进剂之间的应力传递;

（2）限制燃烧室各种化学反应向室壁传递；

（3）赋予复合材料壳体气密性；

（4）阻止燃烧产物对壳体的冲刷；

（5）按设计要求限制推进剂局部表面的燃烧；

（6）防止导弹和火箭发射时的气动摩擦热及高空辐射的侵入，以保护药柱。

同时绝热层又是发动机消极质量的一部分，其性能的优劣，对发动机的质量比有相当大的影响。因此作为固体发动机的重要组成部分，对绝热层的要求是多方面的，概括起来主要包括：

（1）低密度；

（2）耐烧蚀；

（3）良好的隔热性（低导热率）；

（4）良好的力学性能和工艺性能；

（5）与壳体和推进剂的相容性好；

（6）良好的抗老化性能。

用于绝热层的材料称为绝热材料，绝热材料一般属于复合材料，有很多种类型。固体发动机使用的绝热材料的基体通常是橡胶、热固性树脂或树脂与橡胶的并用物，添加纤维和粒子等作为增强相，一般还会加入阻燃剂和其他功能性的添加剂。

在早期研制的发动机中，壳体绝热层与药柱之间通常有衬层作为过渡，衬层是一种高柔性且与药柱和绝热层相容性良好的橡胶材料。随着高柔性绝热材料的应用以及粘接技术的长足进步，现在一些固体发动机已取消了衬层，由壳体绝热层一身二任，这样对绝热层的要求就更高了。

2.2 绝热材料的分类与发展

自 20 世纪以来，各国研制了多种绝热材料以满足不同类型固体发动机的需要[1-3]。绝热材料有很多不同的分类方式，按其基本类型的不同，可分为树脂基绝热材料和弹性体基绝热材料。

按其力学性能（主要根据延伸率的高低及曲挠性能的优劣），可分为刚性绝热材料、半刚性绝热材料和柔性绝热材料。刚性绝热材料通常以热固性树脂为基体，延伸率在 1% 以下。柔性绝热材料以橡胶或橡胶与热固性树脂的并用体为基体，延伸率一般在 10% 以上，高的可达 500%~800%，甚至超过 1 000%。半刚性绝热层则介乎两者之间。

按形态及施工工艺分，可分为模压型绝热材料、贴片型绝热材料、厚浆型绝热材料和缠绕型绝热材料等。模压型绝热材料一般采用热固性树脂，如酚醛、改性酚醛及酚醚树脂等,将其预先加热、加压模制成绝热层件,然后借助于胶粘剂粘贴到发动机内壁的一定部位。贴片型绝热层通常以未硫化胶片的形式出现,将裁好的胶片粘贴到燃烧室内壁或缠绕用的芯模上,然后加热交联或随纤维缠绕壳体的固化而完成硫化,也可以预先模制成一定的形状与厚度,硫化后再进行粘接。厚浆涂料型绝热层通常用液体橡胶为基体,混以各种组分,用浇注、刮涂、涂抹、挤出、喷涂等方式施工到发动机内壁,这种绝热层特别适用于大型燃烧室壳体、工作条件不太苛刻的短时间工作发动机或批量生产的发动机,且有利于机械化操作。缠绕型绝热层是一种先进的绝热层,它是一种窄带状的材料,用计算机控制的多维缠绕机按绝热层的厚度设计要求缠绕到芯模上,然后在其外缠绕壳体,具有机械化操作、成本低、厚度可调等特点。

　　20 世纪 70 年代以前,国外固体发动机所用柔性绝热材料主要采用石棉纤维填充的橡胶类材料,如石棉填充的丁腈橡胶。但石棉纤维对人体有致癌作用,其使用已被限制。

　　当前应用最广、性能最好的固体发动机内绝热层基体材料是三元乙丙橡胶(EPDM),其密度仅为 0.87 g/cm^3,是通用橡胶中最低的,且比热容大,气密性好,耐老化性能和低温性能优良,烧蚀率低,拉伸强度和断裂延伸率也较高。EPDM 绝热材料配方中常掺入二氧化硅、纤维(芳纶纤维、碳纤维或碳化硅纤维)等来提高绝热层的强度和耐烧蚀性。采用 EPDM 绝热层的固体发动机数量较多,如美国的MX 导弹、"三叉戟-2"导弹和日本的 M-5 火箭等。

　　硅橡胶是近年来国内外研究较多的绝热材料,它具有卓越的耐高低温性能、优异的耐氧化性能、耐老化性能、耐烧蚀性能和低特征信号特性,但由于硅橡胶的拉伸强度较低且粘接性能较差,需要对其粘接界面进行改性处理。

2.3　绝热材料的制备方法

　　由于固体发动机燃烧室大多使用橡胶基的绝热材料,因此这里主要介绍这类绝热材料的制备方法。橡胶基绝热材料的制备方法主要有共混法、溶胶-凝胶法、原位聚合法,其中共混法又可分为机械共混法、溶液共混法、乳液共混法。

2.3.1　共混法

1. 机械共混法

　　传统的机械共混法是指将橡胶与各种填料直接通过开炼机或密炼机混炼均匀,然后在一定的温度与压力下硫化成型,从而得到橡胶基复合材料的方法。该方法操作简单、成本低廉、可实现大批量工业化生产。

　　图 2.2 为开炼机和平板硫化机的结构图。开炼机的工作部件是两个异向向内

旋转的辊筒,两辊筒大小一般相同,各以不同速度相对回转,可通过微调手轮调节两辊筒间的距离,生胶或胶料随着辊筒的转动被卷入两辊间隙,受强烈剪切作用而达到混炼的目的。将混炼得到的橡胶放置于模具内,置于平板硫化机的加热板之间,施加一定的压力及温度使橡胶硫化成型。

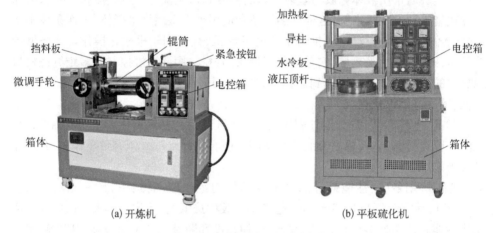

(a) 开炼机   (b) 平板硫化机

图 2.2 开炼机和平板硫化机结构

此外,为提高填料粒子的分散效率,也可适当采用煤焦油、石蜡油、松焦油、大豆油等增塑剂,以降低橡胶分子链之间的作用力,从而使填料能够与橡胶基体实现良好的浸润,缩短混炼时间,降低能耗。

2. 溶液共混法

溶液共混法是先将橡胶基体溶解于适当的有机溶剂中,然后加入填料,充分搅拌使填料在溶液中分散混合均匀,通过晾置、真空干燥等方法除去溶剂,最后硫化成型得到橡胶基复合材料。

溶液共混法制备的橡胶材料综合性能一般较为良好,填料在基体中的分散性较好且减少了机械共混法产生的粉尘污染。但该方法需要大量的有机溶剂,使制备工艺更加复杂、增加了生产成本,同时残留于基体内部的溶剂可能对材料性能有一定的影响,且有机溶剂易挥发并具有一定毒性,这些不足都限制了其在工业生产中的应用。

3. 乳液共混法

乳液共混法是主要针对具有胶乳形态的天然橡胶及部分合成橡胶的一种湿法混炼工艺。该方法先将填料分散在水相之中,形成稳定的悬浮液,然后再将其与橡胶乳液混合均匀,通过真空干燥或喷雾干燥等方法制备橡胶复合材料。

乳液共混法不仅可以实现纤维和纳米填料在橡胶中的均匀分散,在后期混炼加工过程中可以明显缩短混炼时间,达到节能的目的,而且较短的混炼时间也有利于保持橡胶分子链的分子量,保证复合材料的性能,同时有效地避免了类似溶液法的缺点,是一种较为理想的橡胶复合材料制备方法。但填料在水相中的分散与表面改性是该方法的两大难题。

2.3.2　溶胶-凝胶法

溶胶是具有液体特征的胶体体系,分散的粒子是固体或者大分子,粒子大小为 $1\sim1\,000$ nm。凝胶是具有固体特征的胶体体系,被分散的物质形成连续的网状骨架,骨架空隙中填充有液体或气体,凝胶中分散相的含量很低,一般为 1%～3%。溶胶-凝胶法就是用含高化学活性组分的化合物作前驱体,在液相下将这些原料均匀混合,并进行水解、缩合化学反应,在溶液中形成稳定的透明溶胶体系,溶胶经陈化胶粒间缓慢聚合,形成三维网络结构的凝胶,凝胶网络间充满了失去流动性的溶剂。凝胶经过干燥、烧结固化制备出分子乃至纳米亚结构的材料。使用该方法制备橡胶基绝热复合材料主要包括两个步骤:首先通过溶胀等方法将前驱体(如四乙氧基硅烷、钛酸四丁酯等)引入橡胶基体中;然后将橡胶基体浸入酸或碱溶液,通过水解和缩合直接生成均匀分散的纳米尺度粒子(如 SiO_2、TiO_2 等)以制得橡胶基纳米复合材料。

与传统的机械共混法相比,溶胶-凝胶法制备的橡胶基纳米复合材料中纳米粒子分散更加均匀,界面结合状态更好,因此界面滑脱和弛豫小,滞后生热低,有利于提高橡胶的动态力学性能。但是该方法要通过水解、缩合反应完成,合成步骤复杂,其反应速率较慢且易于在橡胶基体中产生气孔等微小缺陷,加之反应前驱体为有机物且毒性较大、成本较高,因此目前仅用于制备一些应用于特殊场合的橡胶薄膜制品。

2.3.3　原位聚合法

原位聚合法是近年来新兴的橡胶基复合材料制备方法。这种方法首先将填料均匀分散到聚合物单体中,在引发剂的作用下,单体发生聚合,随着聚合反应的进行,混合液的黏度增大,完成由液态到固态的聚合反应,形成粒子分散良好的复合材料。原位聚合法的关键是保持填料的分散稳定性,使之不容易发生团聚。这种方法反应条件温和,对粒子和基体无损伤。

2.4　绝热材料常用填料

为了满足发动机对绝热材料提出的各种性能要求,在橡胶基绝热材料制备时通常还需加入多种填料。对填料的要求主要有:与基体的亲和性较好、在基体中的填充性和分散性较高、密度尽可能低、高温下具有稳定性、吸水性较差。橡胶绝热材料使用的填料主要包括炭黑、白炭黑、纤维、硫化剂等。

2.4.1　炭黑

炭黑是烃类、含碳化合物等不完全燃烧或裂解形成的微细球状粒子(10~30 nm)的聚集体(150 nm),聚集体由于分子作用力而易形成炭黑附聚体。

炭黑是橡胶工业最重要的增强填料,当它进入橡胶中时,附聚体打开,以炭黑聚集体的形式分散在胶料中。炭黑按制作工艺可分为炉法炭黑、槽法炭黑、热裂法炭黑等。其中,炉法炭黑应用最多,占95%以上。橡胶加工性能和机械性能主要由炭黑的粒径、结构和表面化学性质决定。炭黑的粒径越细,结构度越高,表面活性越好,其补强性能越优越,硫化胶的定伸应力及模量越高;但回弹性变差,也会增加混炼难度,使分散不均匀,可填充量小。

2.4.2　白炭黑

白炭黑主要成分是二氧化硅,粒径与炭黑相差不大,活性、补强性很高。白炭黑是当前浅色填料中补强性最好的一种,被广泛应用于浅色胶料中。白炭黑作为补强填料的橡胶抗撕裂性提高、生热小。

白炭黑根据制法不同分为气相法和沉淀法两种。气相法生产的白炭黑的粒径很小,活性相对更高,但成本相对提高。沉淀法白炭黑活性不及气相法白炭黑,但成本较低。

白炭黑表面有很多硅醇基(—Si—OH),其具有较强的极性、亲水性、反应活性,与非极性或弱极性橡胶的相容性差,所以需要加入硅烷类偶联剂与其反应,降低其表面活性,让白炭黑更好地分散在橡胶中,改善橡胶的综合性能。

白炭黑会影响胶料的硫化,因此在满足使用条件下,白炭黑加入量不宜过多,且用白炭黑补强的胶料硬度增加明显。

2.4.3　纤维

纤维是一类具有很大长径比的材料,可以作为填料加入橡胶中,它的易取向特性可提高橡胶的撕裂强度、定伸应力、耐磨性等,还可缩小胶料的蠕变性。此外,纤维填料还可以改善橡胶基绝热材料的耐烧蚀性能,提高机械性能,并且纤维填料有助于在绝热材料烧蚀过程中形成炭化层的骨架,增加炭化层的强度。目前橡胶类绝热材料中常用的纤维填料有芳纶纤维、碳纤维、高硅氧玻璃纤维等。

2.4.4　硫化剂

混炼橡胶在硫化前不具有橡胶特性。硫化是在一定温度、压力条件下,橡胶大分子与硫化剂通过化学交联形成三维网络结构的过程。经过硫化后的橡胶称为硫化胶,硫化是橡胶加工中的最后一个工序,可以得到定型的具有实用价值的橡胶制品。在硫化过程中橡胶材料的物理化学性质发生了根本变化,硫化后硬度提高、拉伸强度增大、弹性增加。

硫化剂分为无机和有机两大类:无机类有硫黄、一氯化硫等;有机类包括有机过氧化物、多硫聚合物等。在橡胶工业生产中,硫黄、过氧化二叔丁基(di-tert-butyl peroxide, DTBP)和过氧化二异丙苯(dicumyl peroxide, DCP)是最常用的硫化剂。

2.5 常用绝热材料

本书的烧蚀主要针对固体发动机燃烧室的绝热层,因此简要介绍燃烧室常用的丁腈橡胶、三元乙丙和硅橡胶绝热材料。

2.5.1 丁腈橡胶绝热材料

丁腈橡胶(nitrile butadiene rubber, NBR)绝热材料是以丁腈橡胶为基体的柔性绝热材料,具有较低的密度及优异的抗烧蚀性能、耐老化性、耐化学稳定性、物理机械性能和加工性能。丁腈橡胶绝热材料原材料易得且成本低廉,生产工艺简单,使用常规的橡胶生产设备即可生产,是国内早期研制出的固体发动机绝热材料,在我国大型固体发动机绝热层中得到了广泛应用。

1. 橡胶基体

丁腈橡胶是由丁二烯(CH_2═CH—CH═CH_2)和丙烯腈(CH_2═CH—CN)经乳液共聚而得的一种高分子弹性体[4],其分子量为 70 万左右,化学结构式如下:

$$\left[H_2C—HC ═CH—CH_2 \right]_n \left[H_2C—\underset{\underset{N}{\overset{\|}{\underset{C}{|}}}}{CH} \right]_m$$

根据结合丙烯腈的含量不同可以分为 5 个品级:① 结合丙烯腈量为 42%以上的极高腈品级;② 结合丙烯腈量为 36%~41%的高腈品级;③ 结合丙烯腈量为 31%~35%的中高腈品级;④ 结合丙烯腈量为 25%~30%的中腈品级;⑤ 结合丙烯腈量为 24%以下的低腈品级。

丁腈橡胶因含有丙烯腈,其腈基吸电子性较强,使烯丙基位置上的氢比较稳定,故耐热性较天然橡胶等通用橡胶好。丁腈橡胶的耐老化性能优于丁苯橡胶和天然橡胶。水蒸气能加速丁腈橡胶热氧化作用,油的种类对热氧化作用影响较小。此外丁腈橡胶的气密性较好。

2. 常用牌号及性能

丁腈橡胶绝热材料常用的牌号有:9621、5-Ⅲ、5-Ⅴ、5-Ⅵ等。目前这些绝热材料在大型固体发动机绝热层中仍然有应用,其中 9621 应用最多。表 2.1 为常用丁腈橡胶绝热材料的一些性能。

表 2.1　常用丁腈橡胶绝热材料性能

性能及生产单位	芳纶纤维体系	石棉体系	
	D210 丁腈橡胶	9621	改性丁腈橡胶
密度/(g/cm³)	1.23	≤1.26	1.22~1.24
线烧蚀率/(mm/s)	0.05	≤0.18	0.043~0.143
拉伸强度/MPa	10	4.4~10.2	4~7
伸长率/%	450	≥200	280~750
导热系数/[W/(m·K)]	0.21	0.194	0.259
玻璃化温度/℃	−40.03	−26~−24	−40(脆性温度)
生产单位	中国航天科工集团第六研究院(210 所)	中国航天科技集团第四研究院第四十三研究所	中国航天三江集团江河化工

2.5.2　三元乙丙绝热材料

三元乙丙绝热材料是以三元乙丙橡胶为基体,掺入短切纤维、白炭黑、硫化剂和阻燃剂等,混炼均匀、固化而形成的一种弹性热防护材料。EPDM 绝热材料因其密度低、热分解温度高、热分解吸热大、耐热氧老化性能好、充填系数大,与多种推进剂及壳体材料均有良好的相容性,是目前国内外固体发动机燃烧室普遍使用的绝热材料。

1. 橡胶基体

乙丙橡胶(ethylene propylene rubber, EPR)是以乙烯和丙烯为主要单体共聚而成的橡胶产品,其主链为饱和链,具有极好的耐化学性、耐辐射性、耐热性、耐老化性和耐候性。此外,乙丙橡胶具有非常好的机械性能和易加工性,因而广泛应用于公共建筑、公共交通、包装材料和电子电器等领域。

从单体的组成上来讲,可以把乙丙橡胶分为两大类:二元乙丙橡胶(ethylene propylene methylene, EPM)和三元乙丙橡胶(EPDM)。普通的二元乙丙橡胶是通过乙烯、丙烯两种单体共聚而成,不含有第三单体,其侧链均为饱和键,较为稳定,也意味着它不易硫化。这无疑增加了硫化成本及硫化工艺选择的难度。三元乙丙橡胶是在二元乙丙橡胶的基础上,增加了少量的非共轭二烯烃共聚组分,在其侧链引入了少量的双键,增加了硫化活性,有利于硫化工艺的调控。由于二烯烃只占很小的比例,仅为 2%~5%,主链由化学性能稳定的饱和烃组成,分子内没有极性取代基,且双键居于侧基,使三元乙丙橡胶保持了二元乙丙橡胶的特点,仍是化学稳定性很高的高饱和度弹性体且改善了工艺性能。此外,三元乙丙橡胶是以石油气中的乙烯、丙烯为主要原料制得的,资源丰富,价格低廉。

2. 性能

EPDM 材料密度低($0.85~0.87\ \text{g/cm}^3$)、耐老化且力学性能优异,添加纤维和阻燃剂后可表现出优良的耐烧蚀和隔热性能,因此是固体发动机燃烧室的一种重要绝热材料。从 20 世纪 70 年代中后期,EPDM 绝热材料开始广泛应用于欧美国家的大多数固体发动机燃烧室,由于 EPDM 绝热材料可以有效地减少导弹或者火箭的消极质量,我国相关的科研机构在 20 世纪 80 年代也开始研制 EPDM 绝热材料。表 2.2 为国内外 EPDM 绝热材料主要性能。

表 2.2　国内外 EPDM 绝热材料主要性能对比[5]

性能及生产单位	牌　　号					
	D302(西北橡胶塑料研究设计院有限公司)	J421(中国航天科技集团第四研究院第四十二研究所)	EPDM 系列(中国航天科工集团第六研究院第四十六研究所)	J-90-1(中国航天科技集团第四研究院第四十三研究所)	51-2110(俄)	DL-2620(美)
密度/(g/cm^3)	1.18	<1.05	<1.08	1.07~1.10	1.04~1.08	1.08
线烧蚀率/(mm/s)	<0.10	<0.10	<0.10	0.12~0.14	—	—
拉伸强度/MPa	6~8	>9	5~8	2.5~3.0	9	14
伸长率/%	260	>500	≥400	≥400	540	800
导热系数/[W/(m·K)]	0.26	>0.23	0.21~0.25	0.228	0.21~0.23	
粘接强度/MPa	2.85~3.2	3.52~3.85	≥2.5	≥3.0	—	—

2.5.3　硅橡胶绝热材料

硅橡胶主链由硅原子和氧原子交替构成,硅原子上通常连有两个有机基团(甲基、乙烯基、苯基等)。硅橡胶结构中既含有"有机基团",又含有"无机结构",这种特殊的组成和分子结构使它聚集了有机物的特性和无机物的功能于一身,具有耐高低温、耐腐蚀、耐臭氧、难燃、无毒、无腐蚀和生理惰性等优异性能。

硅橡胶绝热材料在烧蚀过程中可形成玻璃态的类陶瓷层,具有耐热性能好、抗氧化性能好、通用性强等特点,深受国内外研究者的青睐。因此硅橡胶绝热材料成为近年来国内外研究和应用较多的固体发动机内绝热材料。

1. 橡胶基体

硅橡胶(silicone rubber, SiR)是由二甲基硅氧烷与其他有机硅单体,在酸或者碱性催化剂存在下,聚合制成的一种线性高分子弹性体。按照硫化温度不同可分为高温硫化型硅橡胶和室温硫化型硅橡胶。高温硫化型硅橡胶主要用于制造各种硅橡胶制品,而室温硫化型硅橡胶则主要是作为胶粘剂、灌封材料或模具使用。

根据接入链节比例和侧链中有机基团的不同,高温硫化型硅橡胶又可分为二甲基硅橡胶、甲基乙烯基硅橡胶(用量及产品牌号最多)、甲基乙烯基苯基硅橡胶(耐低温、耐辐射)以及氟硅橡胶四种。

硅橡胶分子间作用力小,容易发生滑移,因此硅橡胶的拉伸强度以及粘接强度都很低。不添加任何助剂的纯硅橡胶试样其拉伸强度只有 0.35 MPa,因此需添加补强填料、增黏剂后才可在实际应用当中发挥作用。此外,随着温度的增加,硅橡胶的拉伸强度、剪切强度和断裂伸长率会随之下降。

硅橡胶是一种分子键兼具无机和有机性质的高分子弹性材料,它的主链由硅氧键(—Si—O—Si—)交替形成,硅氧键键能高达 443.7 kJ/mol,大于一般橡胶的 C—C 结合键能(键能 345.7 kJ/mol),硅氧键较 C—C 键具有更明显的离子特征,需要更高的能量才能使主链断裂,因此硅橡胶具有较好的热稳定性。在 150℃下其物理机械性能基本不变,可半永久使用;在 200℃下可连续使用 10 000 h 以上;380℃下可短时间使用。

硅橡胶不易燃烧,其燃点为 450℃,闪点高达 750℃,燃烧后生成二氧化硅、水和二氧化碳等物质,无有毒物质和腐蚀性气体产生。硅橡胶在燃烧过程中,硅氧键会在有氧条件下转化为硅质/碳质炭化层,最终的残渣为 SiO_2 复合物。SiO_2 残渣可以作为保护层阻止氧化气体和热量进一步向内传递,阻隔和减缓硅橡胶复合材料内部进一步传热和烧蚀,这种屏蔽作用可以为硅橡胶复合材料的耐热性提供基础。SiO_2 复合物在高温条件下还可以与添加的无机填料发生共晶反应,形成液相粘接在填料和基体的热解产物之间形成陶瓷层,陶瓷层也能够阻隔空气和热量的传递。因此,和其他高分子材料相比,硅橡胶具有较高的热稳定性和阻燃性能。

2. 主要性能

表 2.3 给出一种典型的硅橡胶绝热材料的主要配方,它是美国道康宁公司研发的 DC93 - 104,表 2.4 为其主要性能数据。它主要由硅橡胶、二氧化硅、碳化硅和短切碳纤维组成,耐烧蚀性能非常优异,但材料强度和延伸率较低。这种硅橡胶绝

热材料在美国的整体式冲压发动机上经历了 9 min 的烧蚀试验,并通过高空爬升和俯冲的飞行试验。此后 DC93‒104 绝热材料被应用于美国多种型号的冲压发动机。

表 2.3　DC93‒104 硅橡胶绝热材料主要配方组成[6]

组　分	质量分数/%	组　分	质量分数/%
甲基硅橡胶	15.2	碳化硅	4.1
苯基硅橡胶	35.4	碳纤维	3.3
二氧化硅	42.0		

表 2.4　DC93‒104 硅橡胶绝热材料主要性能参数[6]

性　能	数　值	性　能	数　值
拉伸强度/MPa	1.5	导热系数/[W/(m·K)]	0.35
延伸率/%	55.0	比热容/[J/(kg·K)]	4 187
邵氏硬度	72.0	线烧蚀率/(mm/s)	0.064
密度/(g/cm^3)	1.47		

2.6　烧蚀实验方法

虽然目前针对绝热材料烧蚀已经建立了一些烧蚀模型和烧蚀预示方法,但是由于烧蚀的复杂性,对于新材料和新的烧蚀环境,采用理论计算很难获得准确的烧蚀性能,往往需要通过开展实验。下面将介绍两种主要的烧蚀实验方法:氧-乙炔烧蚀法和烧蚀实验发动机法。

2.6.1　氧-乙炔烧蚀法

氧-乙炔烧蚀法是利用氧气和乙炔燃烧产生高温燃气,在常压下对绝热材料进行烧蚀。氧-乙炔喷枪是很常用的加热装置,经常用来进行切割和焊接。氧-乙炔烧蚀法的基本原理与氧-乙炔喷枪基本是一样的,针对烧蚀需要制定的国军标(GJB 323A‒1996《烧蚀材料烧蚀试验方法》)[7]对实验条件进行了规定。国军标规定的条件如下。

氧气:压强 0.4 MPa,流量 0.42 L/s。

乙炔:压强 0.095 MPa,流量 0.31 L/s。

火焰喷嘴直径：2 mm。

枪口距离：10±0.2 mm。

表面热流密度：4.19 MW/m^2。

试样直径：30 mm。

图 2.3 为一种氧-乙炔烧蚀实验系统示意图；图 2.4 为进行氧-乙炔烧蚀实验时的照片。

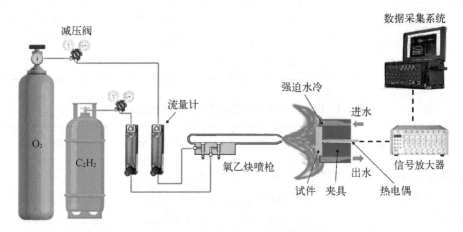

图 2.3 氧-乙炔烧蚀实验系统

图 2.4 氧-乙炔烧蚀实验

氧-乙炔烧蚀法的优点主要包括：建造和实验费用低、操作简单、安全性好等。其缺点主要有：很难真实模拟固体发动机的高压、燃气组分以及粒子冲刷等状态，对于过载、粒子冲蚀等烧蚀环境，很难测试出绝热材料真实的烧蚀性能。因此氧-

乙炔烧蚀法虽然是国家标准,但是通常适用于绝热材料配方的筛选和比较。要准确评定绝热材料的烧蚀性能,还需要开展发动机实验或者模拟发动机实验。

2.6.2 烧蚀实验发动机法

图 2.5 为一种烧蚀实验发动机的结构示意图,主要由燃烧室、固体装药、点火药包、低速段、变速段、高速段和喷管组成[8]。可以看出,烧蚀实验发动机实际上是一个小型固体发动机,它采用真实固体推进剂,包含不同速度的实验段,每段均可同时放置多片绝热材料试件。图 2.6 为烧蚀实验前后绝热材料的照片。

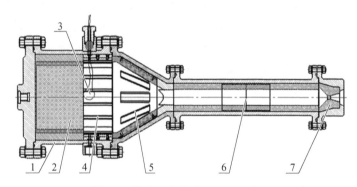

图 2.5 烧蚀实验发动机结构示意图

1. 燃烧室;2. 固体装药;3. 点火药包;4. 低速段;5. 变速段;6. 高速段;7. 喷管

(a) 实验前　　　　　　　　　　　(b) 实验后

图 2.6 烧蚀发动机实验前后的绝热材料试件

与氧-乙炔烧蚀法相比,烧蚀实验发动机法的主要优点有:可真实模拟固体发动机烧蚀环境;一次实验可同时放置很多试件,可获得三种燃气速度条件。其主要缺点是:属于火工品实验,需要专门的火工品实验场地;与氧-乙炔烧蚀法相比实验费用相对较高。烧蚀实验发动机可以用来考核绝热材料,还可以用来研究推进剂种类、燃烧室压强和燃气速度等参数对绝热材料烧蚀性能的影响规律。

2.6.3 烧蚀率

表征绝热材料烧蚀性能的主要参数是烧蚀率,烧蚀率是指单位时间内材料的烧蚀量,这个量可以是厚度,也可以是质量,因此一般有三种烧蚀率,其定义如下:

质量烧蚀率=(烧蚀前质量-烧蚀后质量)/烧蚀时间;

线烧蚀率=(烧蚀前厚度-烧蚀后厚度)/烧蚀时间;

炭化烧蚀率=(烧蚀前厚度-去掉炭化层后的材料厚度)/烧蚀时间。

对于氧-乙炔实验来说,烧蚀时间就是燃气作用到试件开始一直到结束的时间。对于烧蚀发动机来说,烧蚀时间一般采用发动机的工作时间。图 2.7 为典型烧蚀发动机实验的压强-时间曲线,首先确定最大压强,然后根据最大压强确定工作起始时刻和结束时刻,工作起始时刻和工作结束时刻分别为压强上升和下降到10%最大压强的时刻,工作时间就是工作起始时刻与工作结束时刻的间隔。

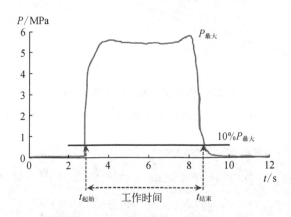

图 2.7 发动机实验工作时间确定示意图

需要注意的是,相同材料、相同烧蚀条件下,试件大小不同,质量烧蚀率不一样。由于不同类型烧蚀实验试件大小是不一样的,这使得质量烧蚀率之间缺乏可比性。因此为了便于比较,也有将质量烧蚀率除以烧蚀面积的,即单位面积的质量烧蚀率。另外,炭化烧蚀率是不包含炭化层的,实验后需要人为将炭化层剥去。既然有了线烧蚀率,为什么还要炭化烧蚀率呢? 这是因为,绝热材料起绝热作用的主要是原始层(基体),当绝热材料只剩下炭化层时,就已经不具有保护壳体的作用了,所以用炭化烧蚀率可以表征有效绝热厚度的退移速率。在工程中对于橡胶基绝热材料一般主要关注的是炭化烧蚀率,质量烧蚀率和线烧蚀率只是作为参考。有时候这三种烧蚀率的变化规律并不一致,例如,可能会出现材料 A 的线烧蚀率比材料 B 的大,但是质量烧蚀率却比材料 B 的小。对于硬质绝热材料,例如高硅氧/

酚醛和碳/酚醛复合材料,由于其炭化层与基体连接比较牢固,实验后很难剥掉,因此一般采用线烧蚀率。

参考文献

[1]　王克秀.固体火箭发动机复合材料基础[M].北京:中国宇航出版社,1994.
[2]　刘洋,陈茂林,杨涓.固体火箭发动机复合材料基础及其设计方法[M].西安:西北工业大学出版社,2012.
[3]　崔红,王晓洁,闫联生.固体火箭发动机复合材料与工艺[M].西安:西北工业大学出版社,2016.
[4]　靳月恒.丁腈橡胶绝热材料改性研究[D].长沙:国防科学技术大学,2006.
[5]　张海鹏.J210 三元乙丙内绝热层及其应用研究[D].长沙:国防科学技术大学,2012.
[6]　杨栋.硅橡胶基绝热材料及其热化学烧蚀机理研究[D].长沙:国防科学技术大学,2013.
[7]　国防科学技术工业委员会.烧蚀材料烧蚀试验方法[S].GJB-323A-1996,1996.
[8]　王书贤,何国强,刘佩进,等.气相燃气速度对 EPDM 绝热材料烧蚀的影响[J].推进技术,2010,31(2):235-239.

第 3 章

绝热材料热分解与热化学烧蚀

固体发动机工作时,绝热材料受热后首先会发生热分解,进而形成炭化层,同时燃气中的氧化性组分会与炭化层发生热化学反应,炭化层内部也会发生反应,消耗炭化层。热分解和热化学烧蚀都包含复杂的化学反应,是绝热材料烧蚀的重要组成部分,因此深入揭示绝热材料热分解和热化学烧蚀机理有重要的意义。

3.1 热分解

3.1.1 概述

热分解是化合物受热发生分解的过程。橡胶燃烧会产生大量的黑烟,同时材料性质发生变化,最后剩下类似炭渣一样的残余物,这个过程其实就包含橡胶的热分解。橡胶基绝热材料的基体是橡胶,因此绝热材料受热达到一定温度,也会发生类似的热分解过程,其主要特征是:吸收大量热量,产生很多气体,自身质量减少,材料发生炭化。

热分解有两个重要的特征温度:一是热解温度,指材料开始发生热分解的温度;二是炭化温度,指热分解结束、材料接近完全炭化的温度。

绝热材料热分解过程是烧蚀的起始阶段,是形成炭化层的重要过程。绝热材料热分解的一般过程为:当绝热材料刚开始受热,温度还未达到材料的热解温度,绝热材料不会发生明显的分解,只是进行传热;当温度高于热解温度时,开始发生热分解,吸收热量,产生气体,质量减少;当温度超过炭化温度时,绝热材料已接近完全炭化,此时热分解过程基本结束。

绝热材料的热导率较低,虽然发动机燃烧室内的温度很高,但绝热层内的温度是逐步升高的,从表面向内部温度也是从高到低分布。绝热材料受热后从外向内一般会形成三层(图 3.1):第一层是温度大于炭化温度的,称为炭化层;第二层是温度介于热

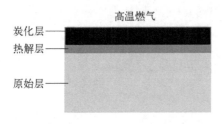

图 3.1 绝热材料受热形成的三层结构

解温度和炭化温度之间的,热分解主要发生在这一层里,称为热解层,其厚度一般较薄;第三层是温度低于热解温度的部分,只有传热,称为原始层(基体层)。

　　从烧蚀机理和建模的需求来看,绝热材料热分解研究应该获得哪些参数呢? 首先,要获得热解温度和炭化温度,因为它们相当于热分解的起始和终了温度,也是区分三层结构的重要参数。其次,还需要获得热分解完成后的残炭率。残炭率指绝热材料完全分解后残留的质量占初始质量的比值。然后,要获得热解潜热。热分解过程一般都是吸热的,而且吸热量越大对于热防护越有利。通常把单位质量的材料在热解过程的吸热量称为热解潜热。最后,还要获得绝热材料热分解的速率,这个通常需要通过热分解反应动力学的研究获得。有时候还需要获得热分解产物组成和含量等参数。这些参数一般很难通过理论计算获得,往往需要通过实验来获得[1]。

3.1.2　测试方法

　　热分解特性研究要获得的主要参数包括热解温度、炭化温度、残炭率、热解潜热、热解速率和热解产物等,获得这些参数常用的测试方法有热重分析、差示扫描量热法、裂解气相色谱/质谱联用等技术[2]。

　　热重分析(thermogravimetric analysis,TG 或 TGA)是一种常用的热分析方法,主要用来分析材料的热稳定性。热重分析采用的仪器叫热重分析仪,是按照预先设定的升温速率对样品进行加热,同时实时测量样品重量,这样就可以获得样品受热过程重量随温度或者时间的变化曲线,该曲线称为热重曲线,或者 TG 曲线。绝热材料热分解过程是个质量减少的过程,显然通过热重分析可以获得很多重要的热分解特性,包括炭化温度和残炭率等。

　　图 3.2 给出了绝热材料典型的 TG 曲线,图中有两条曲线,分别是基础配方和碳纳米管(carbon nanotubes,CNTs)配方。基础配方是一种 EPDM 绝热材料,主要成分是 EPDM、气相二氧化硅、芳纶纤维、硼酸锌和硫化剂等,而 CNTs 配方则是在基础配方中添加碳纳米管的绝热材料。以基础配方的 TG 曲线为例,可以看出,当温度低于 150℃,绝热材料重量变化很小;当温度为 150~430℃,材料重量开始有缓慢下降;当温度处于 430~500℃,重量快速下降,从 430℃的 90% 下降至 500℃的 30%;500℃之后重量下降变得相对缓慢;当温度大于 650℃曲线变得非常平缓,重量随温度变化非常小,900℃时的重量只有初始重量 16%。

　　为了获得更多的信息,还经常采用 DTG 曲线。DTG 曲线就是将 TG 曲线对温度(或时间)求一阶导数,然后做成与温度或时间相关的曲线。图 3.3 就是图 3.2 的 DTG 曲线,可以看出重量变化的最大峰值(出现在 480℃)以及其他的重量变化峰值,这些信息在 TG 曲线上很难直接观察得出。

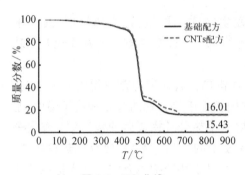

图 3.2　TG 曲线

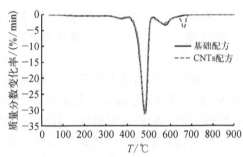

图 3.3　DTG 曲线

差示扫描量热法(differential scanning calorimetry, DSC)也是一种常用的热分析法,它可以测量加热过程样品的吸热和放热特性。差示扫描量热仪的工作原理是:同时加热试样和一个性质稳定且物性已知的参比物,将两者都加热到相同的温度,测量输入到试样和参比物的功率差,这个功率差体现了试样吸热或放热速率。随着温度按照预定程序升高,就可以获得功率差(热流率)与温度的关系。DSC 仪记录到的曲线称 DSC 曲线。图 3.4 为典型 DSC 曲线的示意图,它以样品吸热或放热的速率,即热流率 dH/dt 为纵坐标,以温度 T 或时间 t 为横坐标。DSC 可以测定多种热力学和动力学参数,例如比热容、反应热、转变热、相图、反应速率、结晶速率、高聚物结晶度、样品纯度等。这里主要用 DSC 获得绝热材料热分解特性和热解潜热。

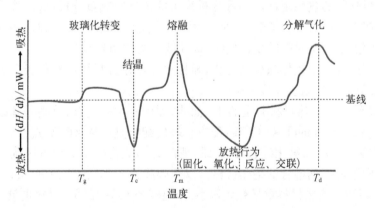

图 3.4　典型的 DSC 曲线

如何获得热解温度和炭化温度呢? 由于 TG 曲线反映了热分解过程绝热材料重量的变化,理论上是可以获得热解温度和炭化温度的。但是很多情况下 TG 起始阶段重量变化是非常平缓的,很难找到一个起始的特征点,此时可以通过 DSC 曲线来确定。因此热解温度可以取 TG 曲线重量显著下降点的温度,或者 DSC 曲线上有明显吸热点的温度;而炭化温度则取 TG 曲线上绝热材料重量接近稳定前 5%所对应温度。

为了获得热分解产物组分,还需要用到裂解气相色谱/质谱联用技术。气相色谱(gas chromatography)是利用气体作流动相的色层分离分析方法。其基本工作原理是:汽化的试样被载气(流动相)带入色谱柱中,柱中的固定相与试样中各组分分子作用力不同,各组分从色谱柱中流出时间不同,组分彼此分离,之后进入检测器,最终形成气相色谱图。

质谱仪(mass spectrometer)又称质谱计,是一种分离和检测不同同位素的仪器,根据带电粒子在电磁场中能够偏转的原理,按物质原子、分子或分子碎片的质量差异进行分离和检测物质组成。

裂解气相色谱/质谱联用技术则在气相色谱和质谱仪基础上增加了加热裂解的装置,使试样发生裂解,产生裂解气体,以便气相色谱和质谱仪进行测量。

3.1.3　EPDM 绝热材料热分解特性

针对 EPDM 绝热材料开展了不同升温速率的 TG 和 DSC 实验,还采用裂解气相色谱/质谱联用技术对热分解气相产物进行了分析。

图 3.5 为 EPDM 绝热材料升温速率分别为 10℃/min、20℃/min、50℃/min 的 TG 和 DSC 曲线。由图可见,EPDM 绝热材料在 200℃ 以前就开始缓慢失重,460℃ 失重约 10%,这主要对应于小分子化合物的挥发;从 460℃ 至 560℃ 的最大热失重对应基体材料 EPDM 的热分解,失重约 65%;EPDM 绝热材料在 600℃ 残留重量约 25%。可以看出升温速率对于绝热材料的热分解特性还是有明显影响的。

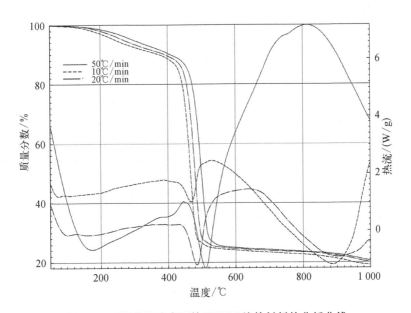

图 3.5　不同升温速率下的 EPDM 绝热材料热分析曲线

表 3.1 为采用裂解气相色谱/质谱联用技术在 800℃条件下对 EPDM 绝热材料分解产物鉴定的结果。共检出分解产物 41 种,其中来源于基体材料热分解产生的小分子烃类物质占气相产物总量的 82%。

表 3.1　EPDM 绝热材料 800℃分解产物

序号	化合物名称	含量/%	序号	化合物名称	含量/%
1	甲烷	4.81	22	1-己烯	0.91
2	乙烷	2.92	23	苯	4.59
3	乙烯	15.79	24	1,3-环己二烯	0.81
4	丙烷	1.21	25	甲苯	3.35
5	丙烯	17.41	26	1-辛烯	0.16
6	异丁烯	0.18	27	乙苯	0.54
7	未知 1	1.33	28	间二甲苯	0.67
8	1-丁烯	7.94	29	苯乙烯	1.03
9	2,2-二甲基丙烷	0.22	30	苯异氰酸酯	0.14
10	2-甲基-1-丙烯	6.17	31	1-乙基-2-甲基苯	0.20
11	未知 2	0.82	32	苯胺	0.80
12	1,3-丁二烯	9.15	33	苯甲腈	1.61
13	1-丙炔	0.36	34	苯酚	0.38
14	环戊烯	0.82	35	茚烯	0.60
15	2-戊烯	0.80	36	2-甲基苯酚	0.22
16	1-戊烯	1.54	37	1-甲基茚烯	0.42
17	3-甲基-1-丁烯	2.71	38	萘烯	0.67
18	未知 3	0.51	39	1,4-苯二甲腈	0.32
19	2-甲基-1,3-丁二烯	6.04	40	2-甲基萘烯	0.34
20	1,2-戊二烯	0.36	41	1-甲基萘烯	0.24
21	1,3-戊二烯	0.90	合计		100

研究发现,热分解温度、炭化温度与升温速率有明显的依赖关系,通过热失重曲线上得到的热分解温度、炭化温度数据与升温速率进行拟合,可得如下关系式:

$$t_1 = \frac{1 \times 10^4}{15.15 - 0.365\,1\ln\beta} - 273.2 \tag{3.1}$$

$$t_2 = \frac{1 \times 10^4}{14.04 - 0.397\,4\ln\beta} - 273.2 \tag{3.2}$$

式中,t_1 为热分解温度,单位为℃;t_2 为炭化温度,单位为℃;β 为升温速率,单位为℃/min。通过利用上述公式,可计算不同升温速率条件下绝热材料热分解温度和炭化温度数据。

3.1.4　EPDM 绝热材料热分解机理与动力学

1. 热分解动力学分析方法

反应动力学分析方法有很多种,这里主要采用 Ozawa 方法开展热分解动力学的分析,下面简要介绍该方法的原理。

通常情况下,热分解反应可以写为

$$A(s) \longrightarrow B(s) + C(g) \tag{3.3}$$

用微分形式描述的反应动力学方程为

$$\frac{d\alpha}{dt} = k(T)f(\alpha) \tag{3.4}$$

式中,t 为时间;α 为 t 时刻物质 A 已反应的百分数;$d\alpha/dt$ 为反应速率;$k(T)$ 为反应的速率常数;$f(\alpha)$ 是微分形式的动力学机理函数。

也可以采用积分形式来描述反应动力学:

$$G(\alpha) = k(T)t \tag{3.5}$$

式中,$G(\alpha)$ 是积分形式的动力学机理函数,它与微分形式的动力学机理函数 $f(\alpha)$ 之间的关系为

$$f(\alpha) = \frac{1}{G'(\alpha)} = \frac{1}{d[G(\alpha)]/d\alpha} \tag{3.6}$$

反应速率常数 $k(T)$ 可以采用阿累尼乌斯公式表示:

$$k = Ae^{-\frac{E_a}{RT}} \tag{3.7}$$

式中,A 为指前因子;E_a 为表观活化能;R 为普适气体常数,$R=8.314\ \mathrm{J/(mol \cdot K)}$。

将式(3.7)代入式(3.4)中得到反应动力学的一般表达式:

$$\frac{d\alpha}{dt} = k(T)f(\alpha) = Ae^{-\frac{E_a}{RT}}f(\alpha) \tag{3.8}$$

式中,指前因子 A、表观活化能 E_a 和反应机理函数 $f(\alpha)$ 称为动力学三因子。研究热分解反应动力学过程主要是获取动力学三因子过程,其中最值得关注的是表观活化能 E_a,活化能越大,说明热解需要的能量越高,其热稳定性更好。

通常进行反应动力学实验时是按照某个升温速率进行加热的,则某个时间的温度可表示成:$T = T_0 + \beta t$,其中 t 为时间,T_0 为初始时刻温度,β 为升温速率,$\beta = \dfrac{\mathrm{d}T}{\mathrm{d}t}$。则反应百分数 α 对时间的导数可转换为对温度的导数:

$$\frac{\mathrm{d}\alpha}{\mathrm{d}t} = \frac{\mathrm{d}\alpha}{\dfrac{\mathrm{d}T}{\beta}} = \beta\frac{\mathrm{d}\alpha}{\mathrm{d}T} \tag{3.9}$$

将式(3.9)代入式(3.8)中可得

$$\frac{\mathrm{d}\alpha}{\mathrm{d}T} = \frac{1}{\beta}kf(\alpha) = \frac{1}{\beta}A\mathrm{e}^{-\frac{E_a}{RT}}f(\alpha) \tag{3.10}$$

式中,k 为反应速率常数。整理式(3.10)并对两边同时积分可得

$$\int_0^\alpha \frac{\mathrm{d}\alpha}{f(\alpha)} = \frac{A}{\beta}\int_{T_0}^T \mathrm{e}^{-\frac{E_a}{RT}}\mathrm{d}T = \frac{A}{\beta}\Lambda(T) \tag{3.11}$$

令

$$G(\alpha) = \int_0^\alpha \frac{\mathrm{d}\alpha}{f(\alpha)} = \frac{A}{\beta}\int_{T_0}^T \mathrm{e}^{-\frac{E_a}{RT}}\mathrm{d}T \tag{3.12}$$

$$\Lambda(T) = \int_{T_0}^T \mathrm{e}^{-\frac{E_a}{RT}}\mathrm{d}T \tag{3.13}$$

式(3.12)是反应机理函数的积分形式,式(3.13)也称温度积分或 Boltzmann 因子积分。令

$$u = \frac{E_a}{RT} \tag{3.14}$$

则有

$$\mathrm{d}T = \mathrm{d}\frac{E_a}{uR} = -\frac{E_a}{Ru^2}\mathrm{d}u \tag{3.15}$$

将式(3.15)代入式(3.12)可得到:

$$G(\alpha) = \frac{A}{\beta}\int_{T_0}^T \mathrm{e}^{-\frac{E_a}{RT}}\mathrm{d}T = \frac{A}{\beta}\int_{\frac{E_a}{RT_0}}^{\frac{E_a}{RT}} \frac{-E_a}{R}\frac{\mathrm{e}^{-u}}{u^2}\mathrm{d}u = \frac{AE_a}{\beta R}\int_{\frac{E_a}{RT_0}}^{\frac{E_a}{RT}} \frac{-\mathrm{e}^{-u}}{u^2}\mathrm{d}u \tag{3.16}$$

令

$$P(u) = \int_{\frac{E_a}{RT_0}}^{\frac{E_a}{RT}} \frac{-\,\mathrm{e}^{-u}}{u^2}\mathrm{d}u \tag{3.17}$$

则有

$$G(\alpha) = \frac{AE_a}{\beta R}P(u) \tag{3.18}$$

两侧同时求对数,并整理得

$$\lg\beta = \lg\frac{AE_a}{RG(\alpha)} + \lg P(u) \tag{3.19}$$

式(3.17)中,在 T_0 趋近于 0 时 $P(u)$ 可写为

$$P(u) = \int_{\infty}^{u} \frac{-\,\mathrm{e}^{-u}}{u^2}\mathrm{d}u \tag{3.20}$$

式(3.20)无法求得精确解,只能得到近似解,这里采用 Doyle 算法得到式 (3.20)的近似式:

$$P(u) \approx 0.004\,84\mathrm{e}^{-1.051\,6u} \tag{3.21}$$

对式(3.21)两侧同时求对数:

$$\lg P(u) = -2.315 - 1.051\,6u(\lg\mathrm{e}) = -2.315 - 0.456\,7\frac{E_a}{RT} \tag{3.22}$$

将式(3.22)代入式(3.19)可得

$$\lg\beta = \lg\frac{AE_a}{RG(\alpha)} - 2.315 - 0.456\,7\frac{E_a}{RT} \tag{3.23}$$

上述将式(3.10)转化为式(3.23)的过程称为 Ozawa 方法。

针对式(3.23),设 $Y = \lg\beta$, $a = \lg\dfrac{AE_a}{RG(\alpha)} - 2.315$, $b = -0.456\,7\dfrac{E_a}{R}$, $X = \dfrac{1}{T}$, 则有

$$Y = a + bX \tag{3.24}$$

通常在不同升温速率 β_i 下各热谱峰顶温度 T_i 处各 α 值近似相等,所以可将 a、 b 看作常数,这样就将相对复杂的积分运算公式转化为一元线性公式。

2. 热分解机理与动力学方程

某种 EPDM 绝热材料的主要组分包括 EPDM 基体、芳纶纤维、二氧化硅和硼酸

锌等填料。针对该 EPDM 绝热材料开展了热分解试验和计算分析,获得 EPDM 绝热材料及其主要组分的热分解机理和动力学方程。

1) EPDM

EPDM 热分解反应式为

$$C_{71.69}H_{140.50} \longrightarrow C + 稠环化合物 + CH_4 + C_2H_4 + C_3H_6 + C_6H_6 + H_2(800℃)$$

(3.25)

EPDM 热分解开始温度为 400℃,炭化温度为 500℃,热解潜热为337.0 J/g,分解较完全,产物为小分子烷烃和含苯环化合物。

EPDM 热分解动力学方程为

$$\frac{d\alpha}{dT} = 5.89 \times 10^{13} e^{\frac{-2.23 \times 10^5}{RT}} \cdot 2(1-\alpha)[-\ln(1-\alpha)]^{\frac{1}{2}}$$

(3.26)

2) 芳纶纤维

芳纶纤维热分解反应式为

$$\begin{aligned} C_{14}H_{10}O_2N_2 \longrightarrow &\ C + 稠环化合物 + CO + CO_2 + CH_4 + C_2H_4 + C_3H_6 \\ &+ C_6H_6 + H_2O + H_2 + N_2(800℃) \end{aligned}$$

(3.27)

芳纶纤维热分解开始温度为 400℃,炭化温度为 800℃,残炭率 36%,热解潜热 366 J/g,热解后形成炭化层的骨架结构。

芳纶纤维热分解动力学方程为

$$\frac{d\alpha}{dT} = 5.72 \times 10^{18} e^{\frac{-3.46 \times 10^5}{RT}}$$

(3.28)

3) 硼酸锌

硼酸锌热分解反应式为

$$2ZnO \cdot 3B_2O_3 \cdot 3.5H_2O \longrightarrow 2ZnO + 3B_2O_3 + 3.5H_2O$$

(3.29)

硼酸锌热分解开始温度为 260℃,结晶水分解完毕温度为 600℃,其间吸收大量热量,残余 85.5%,热解潜热 332 J/g。

硼酸锌热分解动力学方程为

$$\frac{d\alpha}{dT} = 9.69 \times 10^{11} e^{\frac{-2.34 \times 10^5}{RT}} \cdot \frac{1}{4}(1-\alpha)[-\ln(1-\alpha)]^{-3}$$

(3.30)

4) 二氧化硅

纯二氧化硅不发生分解反应,但一般绝热材料中使用的二氧化硅均经过表面处理,二氧化硅表面的有机物会发生分解。

5）EPDM 绝热材料

EPDM 绝热材料热分解反应式为

$$C_{xx}H_{xx}O_{xx}Si_{xx}N_{xx}B_{xx}Zn_{xx} \longrightarrow C + 稠环化合物 + SiO_2 + B_2O_3 + ZnO + CO + CO_2$$
$$+ CH_4 + C_2H_4 + C_3H_6 + C_6H_6 + H_2O + H_2 + N_2$$

$$(3.31)$$

绝热材料热分解开始温度为 400℃,炭化温度为 800℃,残炭率约 20%,热解潜热 320 J/g。

EPDM 绝热材料热分解的动力学方程为

$$\frac{d\alpha}{dT} = \left(\frac{1}{\beta}\right) 9.413 \times 10^{13} e^{\frac{-2.295 \times 10^5}{RT}} \cdot (1 - \alpha)$$

$$(3.32)$$

该动力学方程适用范围为 $\alpha \leqslant 0.80$。

3.2 热化学烧蚀

热化学烧蚀指在高温下由于化学反应造成的热防护材料的消耗。目前绝大多数固体发动机燃烧室的温度在 2 800 K 以上,热力计算表明,燃气中的主要气相产物有: CO、HCl、H_2O、N_2、CO_2 和 H_2 等。传统的热化学烧蚀理论认为炭化层主要活性成分为 C,高温条件下燃气中的氧化性组分 CO_2、H_2O 和 H_2 会与 C 发生氧化反应,其反应式为

$$C + CO_2 \longrightarrow 2CO \qquad (3.33)$$

$$C + H_2O \longrightarrow CO + H_2 \qquad (3.34)$$

$$C + 2H_2 \longrightarrow CH_4 \qquad (3.35)$$

高温条件下 H_2 的氧化性不如 H_2O、CO_2 强,通常可以忽略 H_2 的反应,将三方程反应简化为两方程反应。由于上述反应生成物都是气体,因此氧化反应会消耗炭化层,造成热化学烧蚀。同时这些反应都是吸热反应,会带走大量的热量,保护绝热材料。

冲压发动机补燃室一般是富氧环境,氧化反应还包括 O_2 与 C 的反应。

$$C + O_2 \longrightarrow CO_2 \qquad (3.36)$$

式(3.33)、式(3.34)与式(3.36)一起称为富氧环境下的三方程反应。

随着烧蚀机理研究的不断深入,人们发现除了燃气中的氧化性组分对炭化层的氧化反应,烧蚀过程中 SiO_2 填料会与炭化层中的 C 发生反应,消耗炭化层。此

外,含铝推进剂的凝相燃烧产物 Al_2O_3 沉积到绝热层表面,也会与炭化层中的 C 发生反应并消耗炭化层。这两类反应都是与 C 的还原反应,一般称为碳热还原反应。因此,从广义的角度看,绝热材料的热化学反应实际上包含三种类型:

(1) 燃气中的 O_2、CO_2、H_2O、H_2 等氧化性组分与 C 的氧化反应;

(2) SiO_2 与 C 的碳热还原反应;

(3) Al_2O_3 与 C 的碳热还原反应。

下面将重点介绍前两种热化学烧蚀,第三种将在第 9 章详细介绍。

3.2.1 SiC 的原位生成与消耗反应

目前大多数绝热材料中都添加了白炭黑作为补强填料,白炭黑的主要成分是 SiO_2。研究表明,高温条件下 SiO_2 会与 C 会发生碳热还原反应生成 SiC,这个反应称为 SiC 的原位生成反应。

如何证明高温条件下炭化层中发生了 SiC 的原位生成反应呢?首先通过分析不同温度下绝热材料炭化产物中的 SiO_2 含量变化,证明确实存在消耗 SiO_2 的反应;然后通过对发动机实验所得炭化层的组分测试获得 SiC 生成的证据。

高温管式炉是用来开展高温条件下热反应的实验装置,其最高温度、升温速率可预先设定,反应气氛可控,实验结束后可以对产物重量进行测量,对产物组分进行分析。针对 EPDM 绝热材料开展了不同温度的高温管式炉实验,图 3.6 为高温管式炉实验获得的炭化产物中 SiO_2 含量随温度的变化曲线。可以看出,炭化物中 SiO_2 的含量随着温度的升高逐渐增大,在 1 400℃ 达到最大值。但随着温度的进一步升高,SiO_2 含量有明显的衰减,这说明发生了某种消耗 SiO_2 的反应。

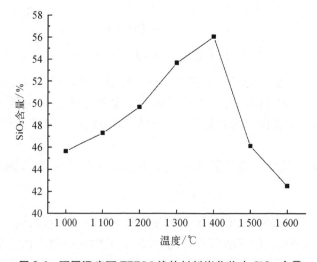

图 3.6 不同温度下 EPDM 绝热材料炭化物中 SiO_2 含量

　　化学反应的相关理论表明，1 400℃以上 SiO_2 会与 C 自发地发生碳热还原反应，其总包反应式为

$$3C + SiO_2 \longrightarrow SiC + 2CO \tag{3.37}$$

　　这里的 EPDM 绝热材料本身不含有 SiC，可以通过检测烧蚀后的炭化层中是否存在 SiC 来证实是否发生了上述反应。图 3.7 为对烧蚀发动机实验和固体发动机地面试车后绝热层的炭化层进行 X 射线衍射法（X-ray diffraction，XRD）测试获得的曲线，图中圆圈标出的是 SiC 的特征峰，说明两种条件下的炭化层中均原位生成了 SiC。

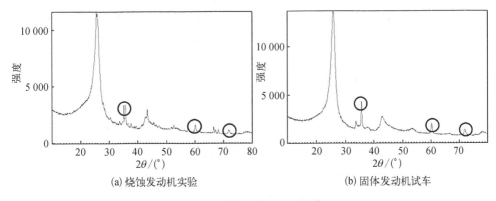

(a) 烧蚀发动机实验　　　　　　　　　(b) 固体发动机试车

图 3.7　炭化层的 XRD 图谱

　　总体而言，SiC 原位生成反应有利于抗烧蚀性能的提升。虽然该反应会产生气体，对炭化层有一定的消耗，但是反应生成的 SiC 属于无机陶瓷，其高熔点、高硬度、高耐磨等特点均有助于提高炭化层的耐烧蚀和耐冲刷性能。此外，SiC 的原位生成反应为吸热反应，这对热防护也是有利的。

　　研究发现，在更高温度条件下，SiC 会与 SiO_2 发生进一步的反应：

$$SiC + 2SiO_2 \longrightarrow CO + 3SiO \tag{3.38}$$

　　该反应被称为 SiC 的消耗反应，虽然其为吸热反应，有利于热防护，但是在高温条件下反应生成物 SiO 和 CO 都是气态，而且消耗了对抗烧蚀有利的 SiC，因此综合来看，认为 SiC 的消耗反应对抗烧蚀是不利的。

3.2.2　热化学主导反应式

　　根据 EPDM 绝热材料及其炭化层的组成，并依据化学反应的基本原理，认为固体发动机条件下 EPDM 绝热材料热化学烧蚀的四个主导反应如下。

　　（1）C 与 CO_2 的氧化反应：$C + CO_2 \longrightarrow 2CO$。

　　（2）C 与 H_2O 的氧化反应：$C + H_2O \longrightarrow CO + H_2$。

（3）SiC 的原位生成反应：$3C+SiO_2 \longrightarrow SiC+2CO$。该反应高温可自发进行，转化温度约为 1 875 K。

（4）SiC 的消耗反应：$SiC+2SiO_2 \longrightarrow CO+3SiO$。该反应高温可自发进行，转化温度约为 2 160 K。

实际应用时，根据燃气氧化性组分和绝热材料配方的不同，可以采用不同类型的主导反应式。

3.2.3 热化学反应热力学分析

根据以上可能发生的高温反应式，由热力学关系式计算出反应的吉布斯自由能，进而判断反应是否可以自发进行。若反应存在吉布斯自由能由大于零到小于零的转变，则可求出转变温度，还可计算出绝热材料炭化层热化学烧蚀过程中可能发生的反应在不同温度下的平衡常数。

在 EPDM 绝热材料热化学主导反应中，可自发进行反应的自由能和反应平衡常数如表 3.2 所示，高温可自发进行的反应的热力学参数如表 3.3 所示。表中 ΔH 为反应生成焓；$\Delta G(T)$ 为吉布斯自由能；K 为反应平衡常数；T_{tr} 为转变温度。

表 3.2　可自发的热化学反应热力学参数

反应式	温度/K	$\Delta H/(\text{J/mol})$	$\Delta G(T)/(\text{J/mol})$	K
$C+CO_2 \longrightarrow 2CO$	1 000	136 403.3	−4 688.5	1.758×10^0
	2 000	147 618.2	−176 752	4.156×10^4
	3 000	139 906.5	−342 021	9.082×10^5
$C+H_2O \longrightarrow CO+H_2$	1 000	171 559.3	−7 621.5	2.502×10^0
	2 000	173 889.0	−151 050	8.852×10^4
	3 000	159 547.5	−291 865	1.215×10^5

表 3.3　高温可自发的热化学反应热力学参数

反应式	温度/K	$\Delta H/(\text{J/mol})$	$\Delta G(T)/(\text{J/mol})$	K	T_{tr}/K
$3C+SiO_2 \longrightarrow$ $SiC+2CO$	1 000	46 020.0	72 944.8	1.541×10^{-4}	
	2 000	49 971.9	−39 002.3	1.045×10^1	1 875
	3 000	51 971.6	−151 983	4.443×10^2	
$SiC+2SiO_2 \longrightarrow$ $CO+3SiO$	1 000	247 955.1	658 700	3.760×10^{-35}	
	2 000	291 803.2	−17 933	2.942	2 160
	3 000	292 047.4	−645 233	1.739×10^{11}	

表 3.2、表 3.3 的计算结果表明：尽管 EPDM 绝热材料热化学烧蚀主导反应的类型不同，但在高温区域均为自发反应，而且四个主导反应均随温度升高趋于进行得更为完全。EPDM 绝热材料热化学烧蚀的主导反应中，C 与 CO_2、H_2O 的氧化反应，SiC 的生成和消耗反应均是吸热的，而且随着温度的升高，后两个反应的吸热量增加，这对绝热材料的抗烧蚀和隔热是有利的。此外，EPDM 绝热材料热化学反应产生的气态产物向外流出时，会带走大量热量，并在一定程度隔离燃气的直接接触，这对减缓高温燃气对绝热材料的热化学烧蚀也是有利的。

3.2.4 热化学反应动力学分析

要进行烧蚀建模计算，就要获得热化学反应的速率，这需要通过反应动力学分析获得。可以采用单反应实验的方法来获得热化学烧蚀主导反应的动力学方程和动力学参数。

1. 实验方法

采用的实验装置是气氛可控的高温管式炉，所谓气氛可控就是可以按照一定的浓度(分压)来提供反应的气体，温度和升温速率也是可控的。对于氧化性组分 CO_2 和 H_2O 与 C 的反应，可以改变反应温度和氧化性组分的分压开展热化学反应实验，获得不同温度和氧化性组分分压条件下固相反应物实验前后的质量，经过数据处理，来获得反应动力学的参数。对于 SiO_2 与 C 的反应，由于两者都是固相，则采用惰性的气氛开展实验，测量反应前后的质量。

由于炭化层的组分比较复杂，为了进行对比，先采用主要成分是 C 的炭黑粉末来进行实验，然后再针对炭化层开展实验。

2. 炭黑与 CO_2 的反应动力学

反应气体为 CO_2，固相反应物采用炭黑粉末，在高温管式炉中开展了 $1\,000\sim 1\,600℃$ 的反应实验，获得了各温度下炭黑粉末的质量变化规律。在假设该反应为一级反应的基础上，在实验控制的 CO_2 分压条件下，得到的 CO_2 消耗炭黑粉末反应的动力学方程为

$$r_C = 1\,883 e^{-\frac{1.256\times10^5}{RT}} p_{CO_2} \tag{3.39}$$

式中，r_C 为炭黑的反应速率，单位为 $g/(s \cdot kg)$，表示 $1\,kg$ 质量的反应物在 $1\,s$ 时间内消耗多少 g 反应物；p_{CO_2} 为 CO_2 的分压，单位为 MPa。

3. 炭黑与 H_2O 的反应动力学

反应物为 H_2O 和炭黑粉末，其他条件和处理方法与炭黑和 CO_2 的反应实验相同，在实验控制的 H_2O 分压条件下，得到的 H_2O 消耗炭黑粉末反应的动力学方程为

$$r_C = 10\,783 e^{-\frac{1.345\times10^5}{RT}} p_{H_2O} \tag{3.40}$$

式中,p_{H_2O} 为 H_2O 的分压,单位为 MPa。

4. 炭化层与 CO_2 的反应动力学

固相反应物为炭化层,其他条件和处理方法与炭黑和 CO_2 的反应实验相同,在实验控制的 CO_2 分压条件下,得到的炭化层与 CO_2 的反应动力学方程为

$$r_{char} = 10.12e^{-\frac{3.865\times10^4}{RT}}p_{CO_2} \tag{3.41}$$

式中,r_{char} 为炭化层的反应速率。

炭黑、炭化层与 CO_2 的反应动力学参数列于表 3.4 中。与炭黑和 CO_2 的反应动力学参数相比,炭化层与 CO_2 反应的活化能和指前因子都显著降低。依据两个动力学方程,得到炭黑与 CO_2、炭化层与 CO_2 的反应速率随温度的变化如图 3.8 所示,气体分压为常压。可以看出,在低温段两个反应速率相差无几,炭化层与 CO_2 的反应速率略高于炭黑与 CO_2 反应;但在高温段,炭黑与 CO_2 的反应速率以类似指数的方式升高,而炭化层与 CO_2 的反应速率升高非常缓慢,炭黑与 CO_2 的反应速率显著高于炭化层与 CO_2 反应。

表 3.4 与 CO_2 反应动力学参数

反应物	$A/[g/(s \cdot kg \cdot MPa)]$	$E_a/(J/mol)$	R^2
炭 黑	1 883.3	1.256×10^5	0.970
炭化层	10.117	3.865×10^4	0.983

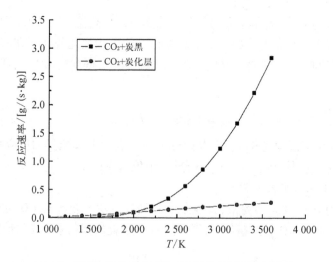

图 3.8 炭黑、炭化层与 CO_2 的反应速率随温度变化

5. 炭化层与 H_2O 的反应动力学

在实验控制的 H_2O 分压条件下,得到 H_2O 与炭化层中 C 的反应动力学方程为

$$r_{char} = 56.57e^{-\frac{4.822\times10^4}{RT}}p_{H_2O} \qquad (3.42)$$

将炭黑、炭化层与 H_2O 的反应动力学参数列于表 3.5 中。与炭黑和 H_2O 的反应动力学参数相比,炭化层和 H_2O 反应的活化能和指前因子降低。依据两个动力学方程,得到的炭黑与 H_2O、炭化层与 H_2O 的反应速率随温度的变化规律如图 3.9 所示。可以看出,与 CO_2 反应规律类似,在低温段两个反应速率相差无几,炭化层与 H_2O 的反应速率略高于炭黑与 H_2O 反应;但在高温段,炭黑与 H_2O 的反应速率显著高于炭化层与 H_2O 反应。

表 3.5 与 H_2O 反应动力学参数

反应物	$A/[g/(s \cdot kg \cdot MPa)]$	$E_a/(J/mol)$	R^2
炭 黑	10 783	1.345×10^5	0.928
炭化层	56.57	4.822×10^4	0.954

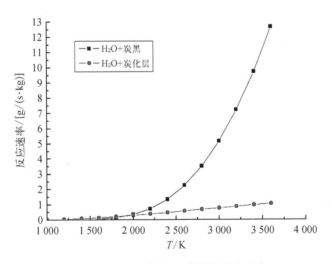

图 3.9 H_2O 与炭化层、炭黑的反应速率

造成高温条件下炭黑、炭化层与氧化性组分反应速率差异巨大的原因还不清楚,但是可以推测炭化层中可能存在某些物质或者某种机制,对高温条件下 C 与氧化性组分的反应速率有很强的抑制作用,这需要开展进一步的研究。

6. SiC 生成反应动力学

在惰性气氛中,采用高温炉(1 400~1 950℃)针对 SiO_2 和炭黑固相混合物进行反应,获得各温度下固相物质质量的变化规律,采用 Coats-Redfern 法得到 SiC 的生成反应速率为

$$r_C = 48\ 942e^{-\frac{2.283 \times 10^4}{T}} \qquad\qquad (3.43)$$

式中,r_C 为固相混合物的反应速率,单位为 $g/(s \cdot kg)$。

7. SiC 消耗反应动力学

在惰性气氛中,采用高温炉(1 700~1 950℃)获得各温度下固相物质的变化规律,得到 SiC 的消耗反应速率为

$$r_C = 4\ 800e^{-\frac{2.245 \times 10^4}{T}} \qquad\qquad (3.44)$$

8. 炭化层中 SiC 反应速率

SiC 形成和消耗的反应速率、SiC 的净生成速率和炭化层中 SiC 的净生成速率如图 3.10 所示。

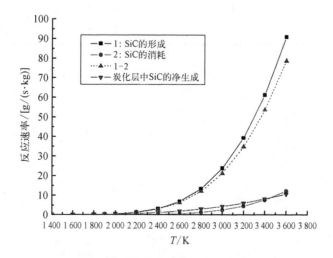

图 3.10　SiC 的形成和消耗反应速率

从图 3.10 中可以看出,在同一温度下,就单反应的反应速率而言,SiC 形成反应速率大于其消耗反应速率,尤其在高温下差距变大。SiC 形成的净反应速率大于零,说明高温有利于 SiC 的原位生成。EPDM 绝热材料炭化层中 SiC 形成的净反应速率小于单反应中 SiC 形成的净反应速率,说明炭化层中其他组分的存在对原位生成 SiC 有一定的抑制作用。但 EPDM 绝热材料炭化层中 SiC 形成的净反应速率仍大于零,而且随着温度升高而增加,这也进一步说明了 EPDM 绝热材料炭化层原

位生成 SiC 反应的存在。

综上所述,与单反应速率相比,在 EPDM 绝热材料炭化层中 C 与 H_2O、CO_2 的反应较为减缓,高温下还可以原位生成 SiC,这均有利于提高绝热材料的抗烧蚀性能。

参考文献

[1] 张平伟.三元乙丙内绝热材料及其性能研究[D].长沙: 国防科学技术大学,2009.
[2] 张平伟,张炜,杨栋.EPDM 内绝热材料热分解特性研究[C].长沙:第十六届全国复合材料学术会议,2010.

第 4 章

炭化层特性

绝热材料烧蚀时会在表面形成炭化层,炭化层能够将高温燃气与绝热材料基体隔离,对基体起到重要的保护作用。炭化层的组成、结构和各种性能与绝热材料的配方和烧蚀条件等密切相关,并且直接影响绝热材料的烧蚀性能。炭化层是绝热材料抵御烧蚀的重要屏障,是烧蚀发生的重要场所,因此它是烧蚀机理研究的核心和纽带,其孔隙结构特性也是烧蚀模型建立的重要依据,所以对炭化层的分析和表征至关重要。本章首先从物理、化学、力学和结构等方面介绍炭化层的特性,然后介绍炭化层中存在的致密/疏松结构现象及其形成机理。

4.1 炭化层制样方法

绝热材料烧蚀后形成的炭化层大多很薄,而且易碎,很难获得形状规则的样品,用于成分或者微观结构分析比较适合,但对于一些物理和力学性能的测试就不太合适。

高温加压法是一种专门的炭化层制备方法,能够制备尺寸较大、形状较为规则的炭化层,可以满足炭化层物理性能和力学性能测试的要求[1]。高温加压法是采用高温加热设备(如马弗炉),利用模具加压的方法,使绝热材料在高温高压条件下完全炭化,从而形成具有一定规则外形的炭化层。高温加压法进行炭化层制备的主要工艺过程为:对硫化后的绝热材料进行裁片,放入模具,并施加 0.5 MPa 左右的压强;高温炉预热到 300℃时入料,并通氮气保护,加热到 650℃时保温 2 h 即可实现完全炭化。图 4.1 是高温加压法制备的炭化层试样实物,图 4.1(a)为圆柱体试样,图 4.1(b)为长方体试样。

4.2 炭化层的物理特性

炭化层的物理特性主要包括密度和孔隙率、黑度、导热系数和比热容等,下面逐一介绍表征方法与测试数据。

(a) 圆柱体试样　　　　　　　(b) 长方体试样

图 4.1　高温加压法制备的炭化层试样照片

4.2.1　密度和孔隙率

孔隙率的定义是多孔材料内部所有孔洞体积占总体积的百分比,在多孔材料骨架密度已知的情况,孔隙率和密度是可以相互转换的:

$$\rho = \rho_c(1 - \varepsilon) \tag{4.1}$$

式中,ρ 为炭化层的密度;ρ_c 为炭化层的骨架密度;ε 为炭化层的孔隙率。

炭化层密度和孔隙率的测试采用全自动密度仪,该方法是以气体为介质,基于物理化学的理想气体状态方程、气体分子动力学和固-气吸附与解析理论,通过测定仪器样品室放入样品所引起的气体容积的减少来确定样品的真实体积。该方法可测定样品的开孔、闭孔和骨架的体积,特别适用于炭化层密度和孔隙率的测试。全自动密度仪采用氦气或氮气作为介质,供气压力 0.13 MPa。

采用全自动密度仪对几种不同配方绝热材料炭化层的密度和孔隙率进行了测量,数据见表 4.1。绝热材料种类分别是三元乙丙(EPDM)、丁腈(NBR)和硅橡胶(SiR)绝热材料,其中 EPDM 包括两种配方,EPDM-1 为基础配方,EPDM-2 为抗过载配方,两种配方差别不大,EPDM-2 的抗侵蚀性能更好一些。EPDM-1、丁腈和硅橡胶绝热材料都有高温加压法制备炭化层的数据。对比发现,三种配方绝热材料炭化层的密度和孔隙率是有一定的差别,孔隙率从小到大依次为:硅橡胶<丁腈<EPDM-1。

为了对比不同烧蚀环境的影响,表 4.1 中针对 EPDM-1 绝热材料还给出了氧-乙炔和烧蚀发动机环境下炭化层的数据,其中烧蚀发动机试样还测试了开孔率和闭孔率。可以看出高温加压法与氧-乙炔的孔隙率很接近,而烧蚀发动机环境的孔隙率略小。此外还可以看出炭化层中闭孔所占比例并不是很高,在烧蚀建模时可以都当作开孔处理,这为建模提供了很重要的依据。对比 EPDM－2 与 EPDM－1 的数据(氧-乙炔法制备)可以看出,EPDM－2 比 EPDM－1 的孔隙率略小一些,孔隙率小意味着炭化层更加致密一些,更有利于炭化层抵御侵蚀的破坏。

表 4.1　炭化层密度和孔隙率测试数据

序号	绝热材料	炭化层来源	密度/(g/cm³)	孔隙率/%	开孔率/%	闭孔率/%
1	EPDM－1	高温加压法	0.417	81.9	—	—
2	EPDM－1	氧-乙炔法	0.316	81.7	—	—
3	EPDM－2	氧-乙炔法	0.393	77.2	—	—
4	EPDM－1	烧蚀发动机法	0.380	74.4	69.2	5.2
5	丁腈	高温加压法	0.557	76.9	—	—
6	硅橡胶	高温加压法	0.659	69.4	—	—

4.2.2　黑度

炭化层的黑度是进行辐射换热计算时所需要的重要参数。这里采用红外测温仪对炭化层表面黑度进行测试。按照红外测温仪的测温原理,用热电偶或温度计标定炭化层试样的表面温度后,通过设定红外测温仪的发射率值,测量试样表面温度,当测量值与标定值一致时对应的发射率即为试样在该温度下的黑度值。

表 4.2 是四种配方绝热材料炭化层常温条件下的黑度数据,由于数据有一定散布,所以用范围的形式给出。可以看出,EPDM－1 与 EPDM－2 几乎没有区别;EPDM 和丁腈绝热材料炭化层的黑度较大,而硅橡胶绝热材料炭化层的颜色相对较浅,因此黑度值较小。

表 4.2　炭化层常温黑度测试数据

序　号	绝热材料类型	黑　　度
1	EPDM－1	0.92~0.97
2	EPDM－2	0.92~0.97
3	丁腈	0.90~0.96
4	硅橡胶	0.74~0.89

4.2.3　导热系数和比热容

目前导热系数测试的方法主要有热板法、热线法和激光闪射法等,激光闪射法具有测量精度高、测试周期短和测试温度范围宽等优点,得到广泛的研究和应用。图 4.2 是激光闪射法测试得到的几种绝热材料炭化层导热系数随温度的变化曲线,温度测试范围为 0~1 600℃,可以看出,EPDM-1 绝热材料炭化层导热系数随温度变化比较大。

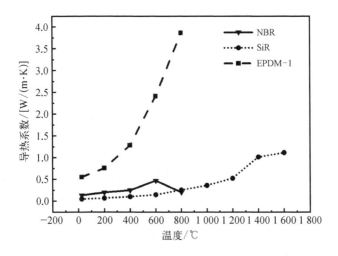

图 4.2　激光闪射法获得的炭化层导热系数随温度变化

差示扫描量热法(DSC)是目前比热容最常用的测试方法,但其温度范围不是很宽。如果要求不高,也可在激光闪射法仪器中使用比较法与热扩散系数同时测量得到。表 4.3 为采用 DSC 法得到的 EPDM-1 绝热材料炭化层在 340~380 K 的比热容数据,该炭化层是通过烧蚀发动机实验获得的。图 4.3 为激光闪射法获得的三种绝热材料在更大温度范围的比热容数据。

表 4.3　DSC 法测得的 EPDM-1 绝热材料炭化层比热容

测试温度/K	比热容/ $[kJ/(kg \cdot K)]$	测试温度/K	比热容/ $[kJ/(kg \cdot K)]$
340	1.111	370	1.222
350	1.152	380	1.238
360	1.185		

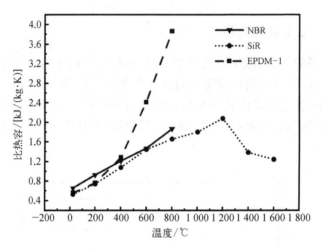

图 4.3　激光闪射法获得的炭化层比热容随温度变化情况

4.3　炭化层化学特性

炭化层化学特性的主要表征参数是绝热材料残炭率和炭化层的化学组成,这些性能对于绝热材料热化学烧蚀机理研究非常重要。残炭率定义为绝热材料炭化后剩余质量占原始质量的百分数。残炭率可采用高温加压法和热重分析法(TG)进行测定,表 4.4 列出了采用两种方法获得的四种配方绝热材料的残炭率。从表中可看出,高温加压法和 TG 获得的残炭率有明显差异,但是不同材料的大小关系基本是一致的。对比高温加压法的数据可以看出,残炭率从高到低的排序为:硅橡胶>丁腈>EPDM－2>EPDM－1。

表 4.4　绝热材料残炭率测试结果

序号	绝热材料类型	残炭率/%	
		高温加压法(650℃)	热重分析法(500℃)
1	EPDM－1	23.6	24
2	EPDM－2	27.6	32
3	丁　腈	38.4	—
4	硅橡胶	56.3	85

化学组成的分析方法很多,有元素分析法、电镜能谱法(energy dispersive spectroscopy, EDS)、X 射线光电子能谱法(X-ray photoelectron spectroscopy, XPS)、X 射线荧光元素分析(X-ray fluorescence, XRF)、X 射线衍射法(XRD)和红外分析等方法。由于炭化层的化学组成比较复杂,采用单一的测试方法分析的结果比较

片面,往往需要多种方法进行对照给出。

　　针对烧蚀发动机环境下炭化层的 EDS 测试发现,其主要元素为 C、O 和 Si,此外还含有 Al、S 和 Zn 等。Si 主要来自绝热材料中的二氧化硅填料;Al 则来自燃气中的氧化铝粒子;S 和 Zn 来自绝热材料的硫化剂和阻燃剂。

4.4　炭化层力学特性

　　炭化层的力学特性直接影响绝热材料的烧蚀性能,也是烧蚀建模需要重点考虑的内容。目前高温条件下炭化层的硬度、抗压缩、耐磨耗等性能难以测试,可以建立常温条件下的测试方法。由于碳的熔点很高,发动机工作条件下炭化层骨架也基本处于固体状态,因此常温条件下的测试结果在一定程度上也能反映高温条件下炭化层的力学特征。

4.4.1　硬度与模量

　　材料硬度的表征和测试方法有很多种,这里首先采用邵氏 A 硬度计对炭化层的硬度进行测试。硬度计的原理是:采用一定形状的钢制压头,在试验力作用下垂直压入试样表面,当压足表面与试样表面完全贴合时,压针尖端面相对压足平面有一定的伸出长度 L,以 L 值的大小来表征邵氏硬度的大小,L 值越大,表示邵氏硬度越低,反之越高。计算公式为:$HA = 100 - L/0.025$。

　　邵氏硬度计主要分为三类:A 型、C 型和 D 型。它们的测量原理完全相同,所不同的是测量针的尺寸不同。其中 A 型的针尖直径为 0.79 mm,邵氏 A 型硬度计用来测量软塑料、橡胶、合成橡胶、毡、皮革。D 型的针尖直径为 0.2 mm,邵氏 D 型硬度计用来测量硬塑料和硬橡胶的硬度,例如地板材料、保龄球等现场测量硬度。C 型的测针是一个圆球,直径 5 mm,邵氏 C 型硬度计用来测量泡沫材料和海绵等软性材料。

　　表 4.5 给出了四种配方的绝热材料炭化层的硬度测试数据,炭化层均采用高温加压法制备。由于炭化层硬度数据散布较大,所以对炭化层进行了多次测量,表中给出的是数值范围。可以看出,丁腈和硅橡胶绝热材料炭化层的硬度比较接近,并且明显高于 EPDM 绝热材料炭化层的硬度,而 EPDM-2 炭化层的硬度比 EPDM-1 炭化层的略高一点,在一定程度体现了其抗侵蚀能力好的特点。

表 4.5　炭化层硬度测试数据

序　号	绝热材料	邵氏 A 硬度	序　号	绝热材料	邵氏 A 硬度
1	EPDM-1	33.1~49.0	3	丁腈	73.2~74.4
2	EPDM-2	49.2~53.0	4	硅橡胶	72.2~73.2

采用原位纳米力学测试系统对 EPDM 和硅橡胶绝热材料炭化层的力学性能进行了测试,获得了弹性模量和压痕硬度数据,如表 4.6 所示。这里的压痕硬度定义为

$$H = P/(\alpha_0 a_{\mathrm{ch}}^2) \tag{4.2}$$

式中,H 为压痕硬度,单位为 MPa;P 为法向作用力;a_{ch} 为特征线尺寸;α_0 为无量纲几何常数。对于半径为 a 的圆形接触,$\alpha_0 = \pi$。

表 4.6 炭化层弹性模量和压痕硬度测试数据

序号	绝热材料	平均孔径	弹性模量/MPa	压痕硬度/MPa	备　注
			141.81	1.72	—
1	EPDM‒1	0.868	102.44	1.87	—
			147.84	3.59	—
			63.11	3.82	—
2	EPDM‒2	0.789	118.07	7.78	有纤维部位
			49.81	2.96	—
			2730	94.07	有熔滴部位
3	硅橡胶	—	385.61	9.11	—
			175.61	13.07	—

可以看出,不同部位的力学特性有较大差别,特别是有纤维或熔滴的部位测得的弹性模量和硬度较大。硅橡胶绝热材料炭化层的弹性模量和硬度整体比 EPDM 绝热材料炭化层大。

4.4.2　抗压缩性能

目前针对炭化层的抗压缩性能还没有现成的仪器和标准可以应用,因此采用了一种自制的专用测试装置。该装置主要由支架、压缩杆、压力传感器、显示仪表和专用软件等组成,其中压缩杆固定在压力传感器上,以一定底面积($\Phi 5\ \mathrm{mm}$)与炭化层接触,以炭化层破坏时的压力值对压缩性能进行表征。

表 4.7 为采用上述方法获得的四种配方绝热材料炭化层抗压缩强度测试结果,可以看出,硅橡胶绝热材料炭化层的抗压缩强度最高,这主要与其烧蚀过程形成的陶瓷层结构有关,而 EPDM 和丁腈绝热材料炭化层的都很低。EPDM‒2 炭化层的抗压缩强度比 EPDM‒1 炭化层的高,在一定程度上也是其抗侵蚀性能好的原因。

表 4.7 炭化层抗压缩强度测试数据

序号	绝热材料	抗压缩强度/MPa	序号	绝热材料	抗压缩强度/MPa
1	EPDM-1	0.12	3	丁腈	0.12
2	EPDM-2	0.21	4	硅橡胶	17.26

4.4.3 耐磨耗性能

气流剥蚀和粒子侵蚀对炭化层的机械作用有些情况下体现为结构破坏,但有些情况下则体现为对炭化层的磨耗,因此表征炭化层的耐磨耗性能也是很有必要的。这里利用线性磨耗仪对炭化层的耐磨耗性能进行测试,其磨头采用橡胶材料制成,磨头以一定的压力作用在试件表面,试件按照一定速度进行旋转,试件在磨头作用下发生磨耗。测量一定时间内试件的磨耗量,用来表征其耐磨耗性能。磨耗量越小则耐磨耗性能越好。

针对四种配方绝热材料炭化层的耐磨耗性能测试结果如表 4.8 所示,可以看出耐磨性能从好到差依次为:丁腈>硅橡胶>EPDM-2>EPDM-1。丁腈绝热材料炭化层的力学特性比较特殊,其耐磨耗性能最好,但抗压缩强度很低。这可能与其结构特性有关,研究发现丁腈绝热材料炭化层容易分层,单一的碎片硬度较大,但多层叠加的炭化层抗压缩性能较差。此外,EPDM-2 炭化层的耐磨性能依然优于EPDM-1,进一步说明炭化层力学性能对绝热材料抗侵蚀有重要的影响。

表 4.8 炭化层耐磨耗性能测试数据

序 号	绝热材料	磨耗量/g	序 号	绝热材料	磨耗量/g
1	EPDM-1	0.067	3	丁 腈	0.003
2	EPDM-2	0.014	4	硅橡胶	0.007

4.5 炭化层结构特性

橡胶基绝热材料烧蚀后形成的炭化层大多呈现多孔疏松的结构,烧蚀过程中热解气体的溢出、热化学烧蚀、气流剥蚀和粒子侵蚀等过程都与炭化层的结构直接相关,因此揭示炭化层微观结构、表征炭化层结构特征对揭示烧蚀机理和建立烧蚀模型有重要意义。

4.5.1 微观形貌

炭化层微观形貌观察的常用手段是扫描电子显微镜(scanning electron microscope,

SEM），采用扫描电镜可以获得炭化层微观形貌和结构图像，通过对图像进行处理和分析还可以获取孔隙分布等信息。图 4.4～图 4.6 分别是烧蚀发动机实验 EPDM、丁腈和硅橡胶绝热材料炭化层表面和断面的扫描电镜照片，实验状态为：推进剂采用含铝 18%（质量分数）的四组元推进剂，燃温为 3 529 K，燃烧室平均压强为 6.7 MPa，试件处于高速段，平均气流速度为 36 m/s。可以看出，三种绝热材料炭化层的形貌有比较明显的差异。此外，炭化层表面和断面形貌也存在较大差别，EPDM 和丁腈绝热材料炭化层表面较为平整和致密，而断面则孔洞较多、较为疏松。

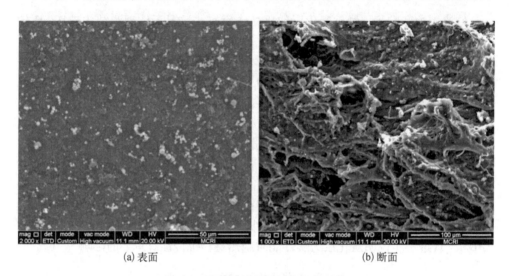

(a) 表面　　　　　　　　　　　　　　　(b) 断面

图 4.4　EPDM 绝热材料炭化层形貌

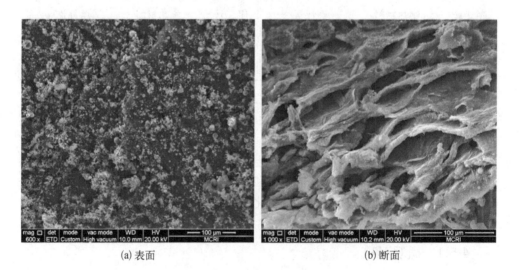

(a) 表面　　　　　　　　　　　　　　　(b) 断面

图 4.5　丁腈绝热材料炭化层形貌

(a) 表面　　　　　　　　　　　　　　(b) 断面

图 4.6　硅橡胶绝热材料炭化层形貌

4.5.2　微观结构及孔径分布

炭化层是一种多孔疏松结构,表面和内部含有大量的孔洞,获得炭化层微观结构特征和孔径分布对于认识炭化层特性和烧蚀建模会有很大帮助。微米 CT(micro - CT)在炭化层微观结构测试方面有很多传统方法无可比拟的优点。微米 CT 与工业 CT 的原理类似,主要特点是其分辨率能够达到微米级别。采用微米 CT 对炭化层试件进行无损扫描,通过三维处理软件对图像进行三维重建,不仅能够得到各个切面的微观图像,而且通过软件能够统计给出沿各个方向的孔隙率和孔径分布数据[2]。

采用微米 CT 对 EPDM 绝热材料炭化层进行分析,图 4.7 是进行三维重建的图片,图 4.8 是各层平均孔径和孔隙率沿厚度方向分布曲线,图中横坐标为分层序号,最左端为炭化层表面,最右端为炭化层背面。可以看出靠近炭化层表面的孔隙率约为 58.5%,而背面约为 89%,相差较大。平均孔径变化也较大,炭化层上部 3/4 区域都小于 2 μm,下部 1/4 区域陡然增大,背面约为 10.8 μm。

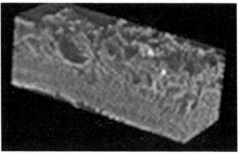

图 4.7　三维重建的炭化层微米 CT 图像

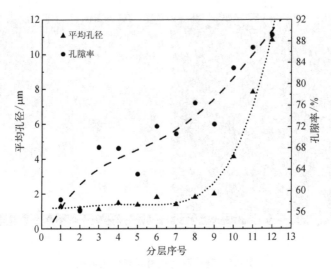

图 4.8　炭化层各层平均孔径和孔隙率分布曲线

4.5.3　比表面积

比表面积的定义是物体全部表面积与物体的质量之比,对于多孔材料来说包含了所有孔洞的内表面积。比表面积在热化学烧蚀中是一个很重要的参数。传统的热化学烧蚀模型是假定热化学反应只发生在炭化层表面,实际上由于炭化层是多孔连通结构,表面燃气中的氧化性组分会向炭化层内部扩散,热解气体经过炭化层孔隙时有些组分也会与炭化层发生反应。如果要考虑炭化层孔隙内部的热化学反应就必须获得比表面积参数。

多孔介质的比表面积可以采用压汞法进行测量,压汞法只能测量开口孔隙,测试孔径的范围为 2 nm~1 mm。表 4.9 给出了采用压汞法对几种配方绝热材料炭化层比表面积的测试结果,除了高温加压法制备的炭化层,表中还给出了过载模拟烧蚀发动机实验和全尺寸发动机试车得到的炭化层的数据。可以看出炭化层的比表面积是很大的,对于高温加压法制备的四种配方绝热材料炭化层,比表面积从大到小的顺序为:硅橡胶>EPDM－1>EPDM－2>丁腈。相同绝热材料,过载模拟烧蚀发动机比高温加压法的炭化层比表面积小。

表 4.9　炭化层比表面积测试数据(压汞法)

序号	绝热材料	试样来源	比表面积/(m²/g)
1	EPDM－1	高温加压法	126.22
2	EPDM－2	高温加压法	99.24
3	丁　腈	高温加压法	61.17

续　表

序号	绝热材料	试样来源	比表面积/(m²/g)
4	硅橡胶	高温加压法	149.13
5	EPDM-1	过载模拟烧蚀发动机	71.90
6	EPDM-3	全尺寸发动机	47.54

4.6　炭化层中的组分迁移

　　绝热材料在烧蚀过程中,炭化层内部存在组分迁移的现象,其中最有代表性的是炭化层中熔融二氧化硅在热解气体驱动下向表面的迁移,在表面形成二氧化硅富集[3]。下面通过烧蚀发动机实验结果来进行说明。

　　烧蚀发动机实验条件为:采用燃温为 3 289 K 的改性双基推进剂;试件为 EPDM-1 绝热材料;低速段、变速段和高速段均安装绝热材料试件;燃烧室平均压强为 5.9 MPa,工作时间为 9.1 s。

实验后对于每个试件炭化层的表面、断面的上、中、下以及背面共 5 个特征部位进行了 EDS 分析,测点位置如图 4.9 所示。图 4.10 为炭化层 EDS 的测试结果,图中横坐标为测点位置。

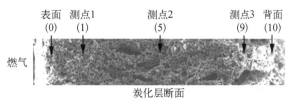

图 4.9　炭化层能谱分析特征位置

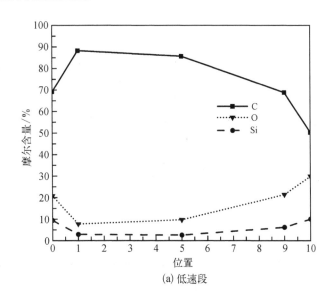

(a) 低速段

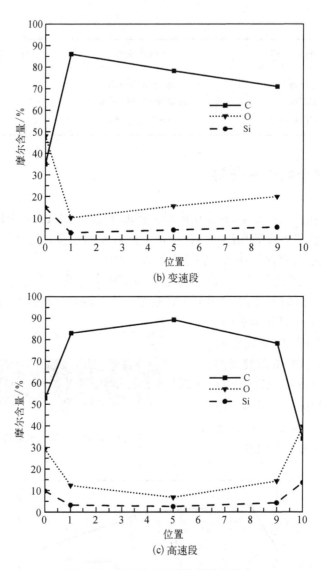

(b) 变速段

(c) 高速段

图 4.10 炭化层中不同位置元素分布

从图 4.10 可以看出,炭化层中的主要元素是 C、Si、O,各试件主要成分的摩尔含量有相同的变化趋势,即炭化层表面 Si、O 元素的含量较高,炭化层内部由上至下,C 元素的含量减少,Si、O 的含量增加。其中 Si、O 元素中间低、两端高的分布特征体现了二氧化硅向表面的迁移。

炭化层中的 Si、O 元素主要来自绝热材料中的二氧化硅填料。二氧化硅的熔点是 1 996 K,沸点是 2 503 K。典型烧蚀环境下炭化层从底部到表面的温度区间约为 800~2 500 K,二氧化硅熔点温度线(1 996 K)必然位于炭化层中间部位。1 996 K

线以下二氧化硅还未熔化,保持初始炭化层中的组分比例。1 996 K 线以上二氧化硅开始熔化,从炭化层骨架中析出。而热解气体流经炭化层时,会带着炭化层孔隙中的熔融二氧化硅向上迁移,这样就会造成中间的二氧化硅减少,靠近表面的二氧化硅含量增加。

绝热材料表面气流速度对二氧化硅的迁移也会产生影响。图 4.11 和图 4.12 分别是低速段和高速段炭化层表面和断面的扫描电镜照片。在高速段炭化层表面有很多白色的絮状物,而低速段则很少。能谱分析表明这些絮状物主要成分是二氧化硅。为什么高速段的表面会有更多的二氧化硅呢?分析认为这与热解气体生成率和表面气流的抽吸作用有关。高速段表面气流速度更高,对流换热更强,绝热材料的热分解速率更快,热解气体流率也会更大一些。此外炭化层表面气流对热

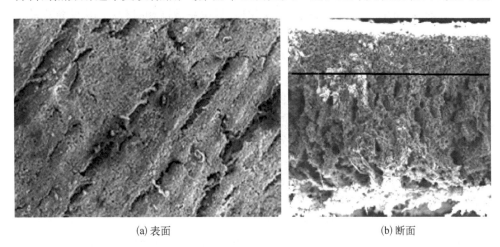

(a) 表面　　　　　　　　　　　　　　(b) 断面

图 4.11　低速段炭化层的电镜照片

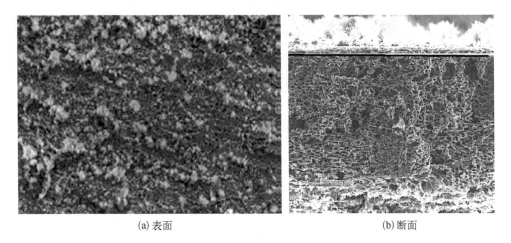

(a) 表面　　　　　　　　　　　　　　(b) 断面

图 4.12　高速段炭化层的电镜照片

解气体有抽吸的作用,气流速度越快抽气作用越强烈。这两种效应叠加,使得高速段热解气体流率和流速更高一些,对二氧化硅的驱动力更强,迁移到表面的二氧化硅的量就会更多。

4.7　炭化层中的致密/疏松结构

4.7.1　炭化层孔隙结构对烧蚀的影响

绝热材料种类不同,炭化层的特性会有所差别。EPDM 和丁腈等橡胶基绝热材料的炭化层一般属于多孔、疏松的脆性物质。炭化层孔隙结构对烧蚀过程有很大影响,主要体现在以下几个方面。

(1) 对传热的影响。孔隙率大的炭化层,导热系数就相对较小,隔热的效果相对更好。

(2) 对热解的影响。孔隙大小和孔隙的连通情况都会影响热解气体的溢出,从而影响热解和烧蚀的进程。

(3) 对热化学烧蚀的影响。炭化层的孔隙率较大,而且孔隙大部分是连通的,热化学烧蚀不可能只发生在表面,而是具有一定深度的,是一种"体烧蚀"。炭化层孔隙的疏密程度会影响氧化性组分的扩散,比表面积大小会影响反应面积,都会影响热化学反应的进程。

(4) 对剥蚀和侵蚀的影响。当炭化层疏松到一定程度时,不能抵挡气流和粒子的机械破坏,就会发生剥落。炭化层孔隙疏密在很大程度决定了其自身的强度,也决定了绝热层抵御剥蚀和侵蚀的能力。

可见,炭化层孔隙结构直接影响烧蚀过程,是联系热解、热化学、剥蚀和侵蚀的纽带,只有合理描述炭化层的孔隙结构才能建立科学的烧蚀模型。

4.7.2　炭化层致密/疏松现象

针对炭化层结构的测试分析,发现了一个很有趣的现象——炭化层的致密/疏松结构,也就是沿炭化层厚度方向表面致密,中下部疏松,而且在不同的烧蚀条件下都发现了这种现象。

首先来看烧蚀发动机实验结果,实验条件为:采用燃温为 3 289 K 的改性双基推进剂;绝热材料试件为 EPDM-1;在高速段、变速段和低速段均布置试件;燃烧室平均压强为 5.9 MPa,工作时间为 9.1 s。图 4.13 和图 4.14 分别为烧蚀发动机实验各段炭化层表面和断面的扫描电镜图像。可以看出,炭化层表面相对比较致密,炭化层断面孔隙分布并不均匀,靠近表面的区域孔隙小、较致密,中、下部区域孔隙大、较疏松。低速段炭化层疏密分布最明显,致密层厚度约占炭化层总厚度的三分之一。

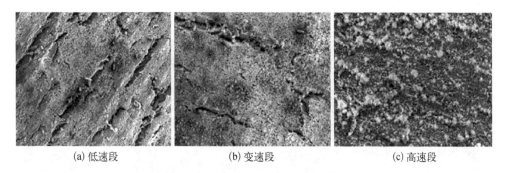

(a) 低速段　　　　　　　(b) 变速段　　　　　　　(c) 高速段

图 4.13　烧蚀发动机实验炭化层表面扫描电镜图像

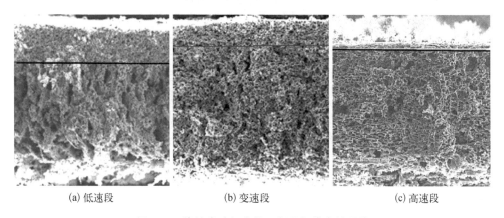

(a) 低速段　　　　　　　(b) 变速段　　　　　　　(c) 高速段

图 4.14　烧蚀发动机炭化层断面扫描电镜图像

　　从图 4.8 微米 CT 统计的平均孔径和孔隙率分布曲线也能明显地看到表面致密、内部疏松的现象。由于微米 CT 获得的是炭化层内部的孔隙数据,表明致密/疏松结构是存在于整个炭化层中,而不仅仅是表面现象。

　　除了烧蚀发动机实验,激光烧蚀实验[4](图 4.15) 的炭化层也发现了致密/疏松结构。图 4.16 是激光烧蚀实验获得的炭化层表面和背面的电镜照片,可以明显看出表面致密,而背面疏松。激光烧蚀实验是采用强激光作为加热源,通过调节激光功率和光斑大小,从而改变烧蚀部位的热流密度。该实验条件的热流密度为 4.1 MW/m^2,烧蚀时间为 10 s。

图 4.15　激光烧蚀实验装置

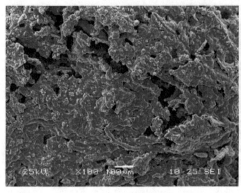
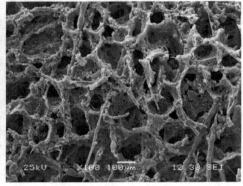

(a) 炭化层表面　　　　　　　　　　　　　　(b) 炭化层背面

图 4.16　激光烧蚀实验炭化层电镜照片

美国宾夕法尼亚大学的 Martin 利用 RTR 系统对烧蚀发动机内的绝热层烧蚀动态过程开展了内视研究[5]，从 RTR 图像（图 1.5）上可以观测到炭化层存在高密度和低密度区，该结果进一步验证了本节观察到的炭化层致密/疏松结构现象。

可以看出，炭化层的致密/疏松结构不是个例，而是具有一定的普遍性。表面致密、内部疏松的结构对于绝热材料抵御烧蚀是有利的，首先表面致密能够提高炭化层抵御气流剥蚀和粒子侵蚀破坏的能力，而内部疏松又能提高炭化层的隔热效果。

4.7.3　炭化层致密/疏松结构的形成机理

基于对烧蚀过程各种物理化学过程的理解，对炭化层致密/疏松结构的形成机理提出了三种假说，下面逐一进行分析。

（1）绝热材料炭化过程自然形成的。该假说认为发动机工作初始阶段升温速率快，形成的炭化层可能比较致密，后来升温速率变慢，形成的炭化层比较疏松。按照这种假说，随着时间的推移，表面致密层会被逐渐烧蚀掉，那么烧蚀时间如果足够长，是观察不到致密层的。但实际情况却不是这样的，例如有一个烧蚀发动机实验绝热层的总烧蚀量为 2.5 mm，而炭化层厚度为 1 mm 左右，从炭化层断面的扫描电镜上是可以看到致密/疏松结构的，也就是说初始形成的炭化层已经被烧蚀掉了，说明致密层不太可能是炭化自然形成的。

（2）炭化层受压变形形成的。该假说认为炭化层内可能存在压强梯度或者热应力，导致局部受压变形，形成致密层。但分析认为这种可能性也很小，理由如下：首先，前面的测试已经表明炭化层具有疏松和连通的特性，无论从膨胀、热应力还是从压强等方面分析，都很难在局部形成大的压应力；其次，炭化层脆性大，受压变密实的可能性很小；此外，如果是受压致密，孔洞应该是很扁的，但是通过对高倍电镜照片的观察发现,致密层的孔洞虽小,但相对是比较饱满的。

(3) 热解气体沉积形成的。即热解气体流经炭化层时,在炭化层骨架上发生气相沉积形成热解炭,沉积在炭化层中,造成局部炭化层密度变大。分析认为这种机理是比较合理。首先烧蚀中的热解气体成分、炭化层结构和温度分布范围,都比较符合发生气相沉积的条件。表 3.1 给出了 EPDM 绝热材料的热解产物,其中相当一部分气体都可以发生化学气相沉积。其中的甲烷、丙烯等更是化学气相沉积法制备 C/C 复合材料常用的气体。炭化层具有的疏松性、连通性和比表面大的结构特征也非常适合发生气相沉积。典型烧蚀发动机环境中炭化层内的温度从底部到表面为 800~2 500 K,包含气相沉积所需的温度范围。前面对炭化层结构的分析可以看出,一般情况下越靠近表面越致密,气相沉积能较好解释这一点:因为通常气相沉积速率随温度呈指数变化,而且越靠近表面沉积的时间越长。图 4.17 给出了热解气体通过在炭化层上发生化学气相沉积形成表面致密结构的示意图。

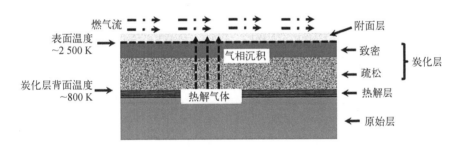

图 4.17　炭化层表面致密结构形成机理示意图

彭丽娜等[6]在采用烧蚀发动机研究 C/C 喉衬烧蚀特性时发现,当发动机流量较小时,C/C 喉衬表面会出现一些沉积物,分析认为沉积物是包覆层和绝热层热解产生的烃类气体在喉衬表面发生的气相沉积造成的。那么致密层是否也有可能主要由燃气中的气体沉积形成的呢?前面的激光烧蚀实验是在大气环境中进行的,也形成了很明显的致密层,说明致密层沉积的主要来源不是燃气,而是热解气体。

炭化层中的液态二氧化硅对热解气体沉积和致密层的形成也有影响。已知炭化层中温度超过二氧化硅熔点的区域,二氧化硅会发生熔化,吸附在炭化层孔隙内。这些液态二氧化硅对于热解气体的溢出有阻碍作用,增加了热解气体在炭化层中的滞留时间,相应地会增加热解气体沉积量。4.6 节介绍过炭化层内的二氧化硅熔化后,在热解气体驱动下会向表面迁移,因此表面的液态二氧化硅的量比较多。表面液体二氧化硅对于热解气体阻碍作用更强,在表面发生气相沉积的量就会更大,这也是形成表面致密层的一个重要原因。

参考文献

[1] 徐海平.绝热材料炭化层的性能研究[D].呼和浩特：内蒙古大学,2010.

[2] 孙翔宇,张炜,杨宏林,等.EPDM 绝热材料炭化层的三维孔隙结构特征[J].固体火箭技术,
2010,34(5)：644-647.

[3] Li J, Xi K, Lv X, et al. Characteristics and formation mechanism of compact/porous structures
in char layers of EPDM insulation materials[J]. Carbon, 2018, 127：498-509.

[4] 张平伟.三元乙丙内绝热材料及其性能研究[D].长沙：国防科学技术大学,2009.

[5] Martin H T. Assessment of the performance of ablative insulators under realistic solid rocket
motor operating conditions[D]. State College：Pennsylvania State University, 2013.

[6] Peng L N, He G Q, Li J, et al. Effect of combustion gas mass flow rate on carbon/carbon
composite nozzle ablation in a solid rocket motor[J]. Carbon, 2012, 50：1554-1562.

第 5 章

气流剥蚀与粒子侵蚀

固体发动机中的烧蚀除了热分解和热化学烧蚀,还包括气流剥蚀和粒子侵蚀,在有些条件下它们对绝热层烧蚀的影响是比较大的。气流剥蚀一般指发动机燃气流对热防护材料产生的烧蚀作用(不包括热化学烧蚀);粒子侵蚀则指凝相产物(主要是氧化铝粒子)对热防护材料产生的烧蚀作用。通常气流剥蚀可以简称为剥蚀,粒子侵蚀简称为侵蚀。由于烧蚀过程中热分解、热化学烧蚀、剥蚀和侵蚀往往相互耦合,这给剥蚀和侵蚀的研究带来了一定的困难。在研究剥蚀和侵蚀机理时,除了从烧蚀现象中寻找规律,还需要设计一些专门的实验。当然在剥蚀和侵蚀机理研究中还需要考虑如何方便建立烧蚀模型。

5.1 气流剥蚀

气流剥蚀专门指气流所导致的烧蚀行为,主要指在气流作用下炭化层的剥落,广义的还包括气流带来的其他物理化学效应,例如,气流速度变化造成的对流换热变化、横向气流对热解气体的抽吸(引射)效应、气流造成的绝热层表面液体层的流失等。目前对于气流剥蚀还没有较为完善的理论和模型,这里主要介绍相关实验研究的现象和规律,以及对气流剥蚀机理的一些认识。

5.1.1 燃气速度对烧蚀的影响

既然气流剥蚀是燃气流动造成的,那么燃气速度肯定是最重要的影响参数之一。通过开展变燃气速度的烧蚀实验[1,2],从燃气速度对烧蚀结果的影响中可以获得对于气流剥蚀规律的认识。

1. 对烧蚀率的影响

由于烧蚀发动机一次实验可以获得低速、变速和高速三种速度,因此非常适合用来开展气流速度影响的研究。为了避免粒子侵蚀的影响,采用含铝1%的丁羟复合推进剂开展实验,其燃温为 2 707 K。表 5.1 为 EPDM 绝热材料烧蚀实验的工况和烧蚀结果,三个工况通过改变高速段的通道面积,获得不同的燃气速度。可以看出,绝热材料的炭化烧蚀率随着燃气速度增大而增大。

表 5.1　EPDM 绝热材料烧蚀发动机实验工况及结果

序号	工作时间/s	平均压强/MPa	气流流速/(m/s)		炭化烧蚀率/(mm/s)
1	6.68	4.4	低速段	0.8	0.090
			高速段	20	0.127
2	6.67	4.5	高速段	60	0.133
3	6.81	4.1	高速段	90	0.190

针对硅橡胶绝热材料的烧蚀发动机实验结果如表 5.2 所示,可以看出炭化烧蚀率也基本上随着燃气速度的增大整体呈现增大的趋势,其中 20 m/s 和 60 m/s 速度条件下的炭化烧蚀率差别很小。90 m/s 速度条件下硅橡胶绝热材料的炭化烧蚀率小于 EPDM 绝热材料。

表 5.2　硅橡胶绝热材料烧蚀发动机实验结果

序　号	气流速度/(m/s)	炭化烧蚀率/(mm/s)
1	0.8	0.043
2	20	0.138
3	60	0.137
4	90	0.173

2. 对炭化层结构的影响

图 5.1 给出了 EPDM 绝热材料在燃气速度很低的条件下(表 5.1 中的序号 1)烧蚀前后表面的形貌,实验前绝热材料表面有制备时形成的压制纹路,烧蚀后炭化层表面依然能看到这些压制纹路,说明在燃气速度很低的条件下,炭化层表面的热化学烧蚀与剥蚀都比较微弱。

图 5.2 给出了不同燃气速度条件下 EPDM 绝热材料炭化层表面扫描电镜照片。可以看出,当燃气速度很低时(0.8 m/s),表面上有一些裂纹,但整体较为平整、致密。当燃气速度为 20 m/s 和 60 m/s 时,炭化层表面变得粗糙,有很多块状突起。当燃气速度增大到 90 m/s 时,炭化层表面又变得相对较为平整。分析认为,产生这种现象的原因与燃气的抽吸效应和机械剥蚀效应有关。当燃气速度较低时

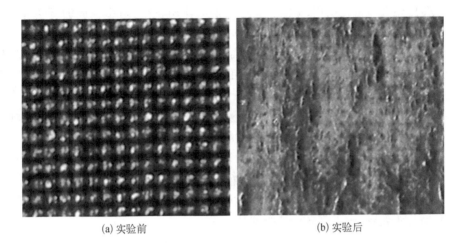

(a) 实验前　　　　　　　　　　　　　(b) 实验后

图 5.1　燃气速度 0.8 m/s 工况 EPDM 绝热材料表面形貌

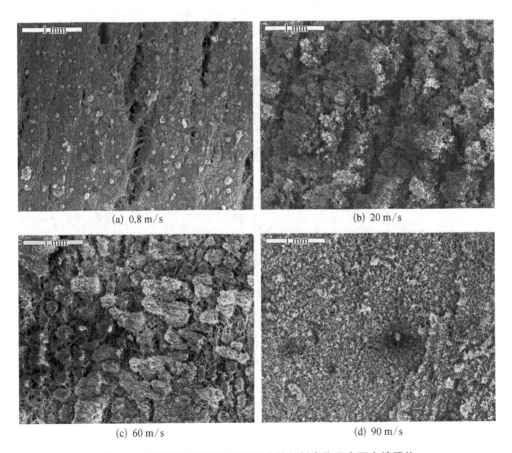

(a) 0.8 m/s　　　　　　　　　　　　　(b) 20 m/s

(c) 60 m/s　　　　　　　　　　　　　(d) 90 m/s

图 5.2　不同燃气速度下 EPDM 绝热材料炭化层表面电镜照片

（0.8 m/s），燃气对炭化层内的液态 SiO_2 的抽吸作用较小，析出表面的 SiO_2 较少，表面较为平整。随着燃气速度增大（20 m/s 和 60 m/s），对液态 SiO_2 的抽吸作用逐渐增强，析出表面的 SiO_2 增多。虽然表面燃气对液态 SiO_2 也有剥蚀作用，但此时由于速度并不是很高，留在表面的 SiO_2 相对较多，冷却后就形成表面粗糙的形貌。当燃气速度较大时（90 m/s），燃气流对表面液态 SiO_2 的剥蚀作用变强，大部分液态 SiO_2 被燃气吹走，滞留在表面的 SiO_2 量很少，加上燃气对炭化层的表面的机械剥蚀作用也变强，一些突起的炭化层会被剥蚀掉，这样炭化层表面整体就显得较为平整。

不同燃气速度条件下 EPDM 绝热材料炭化层断面电镜照片如图 5.3 所示，所有工况上表面为燃气侧。从图 5.3 中可以看出，所有工况的炭化层断面均呈现出上部相对较为致密、中下部较为疏松的结构。

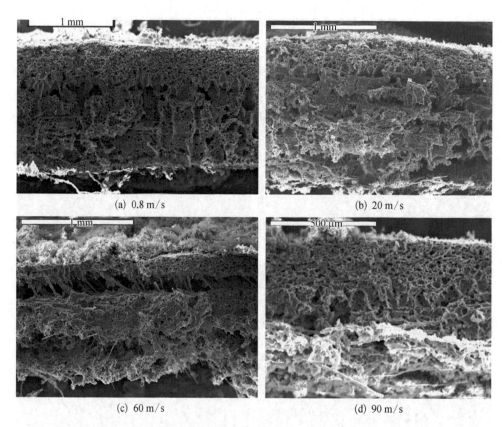

图 5.3　不同燃气速度下 EPDM 绝热材料炭化层断面电镜照片

图 5.4 给出了 EPDM 绝热材料炭化层厚度随燃气速度的变化曲线，炭化层厚度是从炭化层断面扫描电镜上进行统计得到的平均值。可以看出，炭化层厚度为

0.60~1.47 mm,燃气速度越高炭化层越薄。当燃气速度从 0.8 m/s 增大到 20 m/s,炭化层厚度变化很小;但是随着燃气速度从 20 m/s 增大到 90 m/s,炭化层厚度减小幅度就比较大。炭化层厚度的减少主要体现了气流的机械剥蚀效应造成的影响。当气流速度较小时,还不足以造成炭化层的显著剥蚀,所以炭化层厚度随气流速度的变化不明显;当气流速度超过某个临界值以后,炭化层表面强度不再能抵御气流的机械剥蚀,此时炭化层厚度随气流速度增大而显著减小。

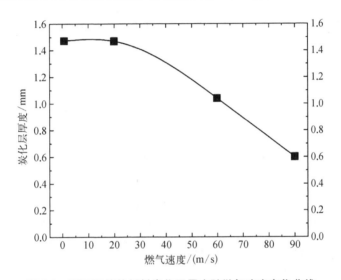

图 5.4 EPDM 绝热材料炭化层厚度随燃气速度变化曲线

3. 对炭化层元素分布的影响

对炭化层进行了电镜能谱分析,图 5.5 给出了不同燃气速度下沿 EPDM 绝热材料炭化层厚度方向主要元素分布,其中 0 为炭化层表面,10 为炭化层背面。可以看出,炭化层的主要元素为 C、O、Si,还有少量 Al,只分布在炭化层表面。表面的 Al 元素应该是燃气中 Al_2O_3 粒子在炭化层表面的沉积造成的。C、O、Si 分布趋势与第 4 章图 4.10 展示的元素分布特征基本一致,体现了液态 SiO_2 在热解气体驱动下向表面的迁移。

5.1.2 炭化层冷流剥蚀实验研究

虽然采用无铝或少铝推进剂的烧蚀发动机实验能够排除粒子侵蚀的影响,但是高温燃气条件下热化学烧蚀与气流剥蚀是同时发生的,很难获得单纯的气流剥蚀规律。气流剥蚀作用的主要对象是炭化层,虽然气流剥蚀有多种效应,但是最值得关注的还是气流对炭化层的机械剥蚀作用。目前绝大多数固体发动机的燃温还没有超过碳的熔点,发动机工作时炭化层的本体依然保持固相。虽然常温与高温

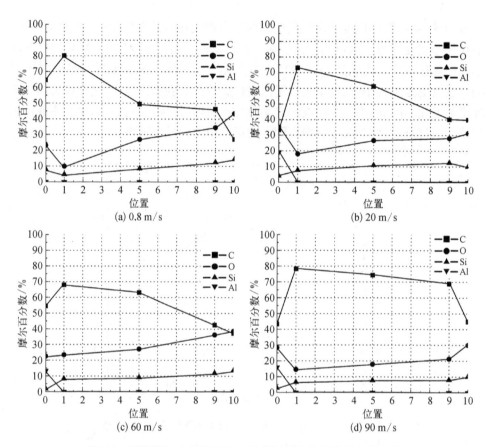

图 5.5 不同燃气速度下 EPDM 绝热材料炭化层断面元素分布

条件下炭化层的力学特性会有差异,但是由于相态没有变化,这种差异应该是比较小的。开展常温条件下的冷流剥蚀和炭化层的力学实验,就可以排除热化学烧蚀的影响,获得一些热态条件下无法得到的规律或机理。为此,本节设计了一种炭化层冷流剥蚀实验装置和炭化层抗剪强度的简易测试装置,开展了炭化层冷流剥蚀规律的实验研究,力图揭示气流剥蚀对炭化层的机械作用[3]。

1. 炭化层的制备

要开展冷流剥蚀实验和炭化层强度测试,首先需要有炭化层试件。为了获得接近真实状态的炭化层,最好能在固体发动机环境下生成炭化层。为了保持炭化层的原始状态,制备过程要尽量减少粒子侵蚀和气流剥蚀的影响。由于炭化层易碎,因此在提取过程中要尽量避免炭化层的损坏。为此专门设计了一种炭化层制备的烧蚀发动机,并采取如下几项措施来保证获得较为理想的炭化层:

(1)采用无铝或低含铝推进剂,尽量减少粒子侵蚀的影响;

(2)尽可能降低试件表面的气流速度,最大程度减少气流剥蚀的影响;

（3）采用试件夹等措施来减少在拆卸过程对炭化层的损坏。

图 5.6 为炭化层制备发动机结构示意图,由前封头、装药、燃烧室、实验段、试件和喷管等组成。它本质上也是一个烧蚀发动机,但其实验段通道直径比较大,前后平缓过渡,以尽量降低气流速度,减少气流剥蚀的影响。流场数值模拟表明,设计状态下炭化层表面的气流速度约为 0.5 m/s。发动机采用了含铝 1%、燃温 2 707 K 的丁羟推进剂,以减少粒子侵蚀的影响。试件做成 T 型结构,插入到钢制的试件夹中,试件夹再插入到实验段的 T 型槽中。实验段可以同时插入 16 个试件,这样可以在相同的实验条件下获得足够多的炭化层试样,以保证炭化层试件的一致性。

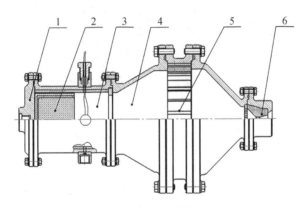

图 5.6　炭化层制备发动机结构示意图

1. 前封头;2. 装药;3. 燃烧室;4. 实验段;5. 试件;6. 喷管

图 5.7 为 EPDM 绝热材料炭化层制备实验前后的照片。可以看出制备出的炭化层非常完整,没有与基体脱离,表面比较平整。

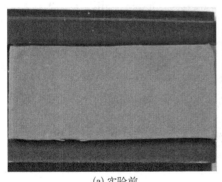

(a) 实验前　　　　　　　　　　　　　(b) 实验后

图 5.7　炭化层制备实验前后试件的形态

图 5.8 为制备出的炭化层表面和断面的扫描电镜照片。从表面电镜照片可以看到,炭化层表面较为致密,有少量的颗粒状沉积物,EDS 分析为氧化铝粒子的沉积。从断面电镜照片可看出孔隙较为均匀,有部分纤维暴露,炭化层的厚度为 1.2 ~ 1.3 mm。

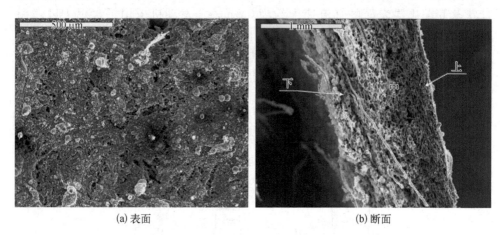

(a) 表面　　　　　　　　　　　　　　　(b) 断面

图 5.8　制备炭化层的扫描电镜照片

2. 冷态气流剥蚀实验

实验对象是制备好的炭化层试件,实验目的是观察炭化层在不同速度条件下的剥蚀模式。冷态气流剥蚀实验装置结构如图 5.9 所示,由转接段、整流段、实验段和喷管等组成,各段采用法兰连接。转接段左侧与气源供应系统连接,右侧与整流段连接,中间有圆转方的结构。整流段的作用是通过一个比较长的通道使气流

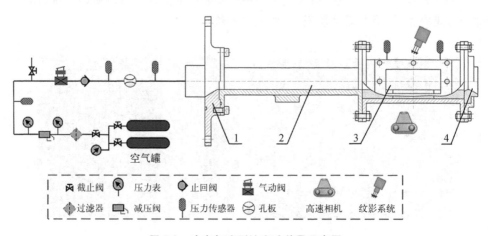

图 5.9　冷态气流剥蚀实验装置示意图

1. 转接段;2. 整流段;3. 实验段;4. 喷管

变得更加均匀。实验段底部设有 T 型槽,用来固定试件,安装试件后横截面与整流段一样,均为 20 mm×20 mm 的正方形。实验段前后两侧安装有石英玻璃的透明窗,用来观察剥蚀过程。

实验装置的气流速度在 150~230 m/s 可调,压强在 0.3~0.8 MPa 可调。冷流气源为干燥的压缩空气,压力由减压阀调节,流量由声速孔板和减压阀控制。实验过程测量实验段的压力,同时监测气源的压力。采用激光纹影和高速摄像机对剥蚀过程进行拍摄,采用扫描电镜对剥蚀前后炭化层的微观形貌进行分析。

最初的实验发现所有炭化层均发生整体剥落,即便是气流速度较低的情况。冷态条件下炭化层与基体间的连接是非常脆弱的,在拆卸过程也很容易发生剥落。炭化层本体主要组分是 C,还有少量的 SiO_2 以及添加剂留下的少量其他物质,冷、热态条件下其物理特性差别不是很大。但是炭化层与基体之间通过很薄的热解层连接,热解层是绝热材料基体向炭化层转变的过渡层,冷、热态条件下状态差别应该是比较大的。为了能够开展冷流剥蚀实验,需要对炭化层与基体之间进行必要的处理,具体做法是实验前将炭化层整体剥开,然后用 AB 胶与基体粘接,固化后再进行冷流剥蚀实验。

在来流总压为 0.5 MPa 条件下,分别开展了不同气流速度的剥蚀实验。研究发现当速度小于 180 m/s,表面的剥蚀不是很明显,只有少量的磨损。图 5.10 为气流速度 180 m/s 的冷流实验前后试件表面形貌的对比,可以看出实验后炭化层表面基本比较完整,上游可以看到轻微磨损的痕迹。

(a) 实验前　　　　　　　　　　　(b) 实验后

图 5.10　180 m/s 剥蚀实验前后试件宏观形貌对比

图 5.11 为 180 m/s 剥蚀实验前后的炭化层上游部位表面的电镜图片。可以看出,实验前炭化层表面整体较为平整致密,局部有一些裂缝和孔洞;实验后炭化层表面有轻度局部剥落,露出表面层下的孔洞,表面上的球形微粒是被气流从其他部位冲到这里的氧化铝粒子。

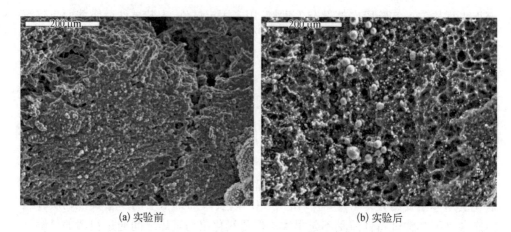

(a) 实验前　　　　　　　　　　　　　(b) 实验后

图 5.11　180 m/s 剥蚀实验前后试件表面扫描电镜照片

当气流速度达到 200 m/s 时,实验后炭化层大部分区域出现了表层脱落的现象(图 5.12),试件表面仍残留有一薄层炭化层,局部露出黄色基体。

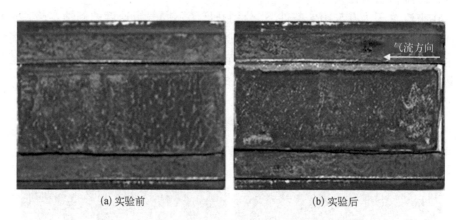

(a) 实验前　　　　　　　　　　　　　(b) 实验后

图 5.12　200 m/s 剥蚀实验前后试件宏观形貌对比

　　200 m/s 剥蚀实验前后的炭化层表面的扫描电镜照片见图 5.13。实验前表面相对比较致密,有少量的氧化铝粒子沉积物;实验后炭化层表面的粒子沉积物被吹走,表层结构被气流破坏,露出下面的大尺度孔洞结构。高速摄像拍摄到了炭化层剥落的过程,如图 5.14 所示,整个剥落过程约 2 ms,可以看出,炭化层并不是整片或者大片被剥落,而是碎成粒状被吹走的。

　　230 m/s 剥蚀实验后炭化层几乎完全脱落(图 5.15),表面有残留的淡黑色,可以看出基体的黄色。高速摄像可以观察到与 200 m/s 工况类似的炭化层脱落过程。

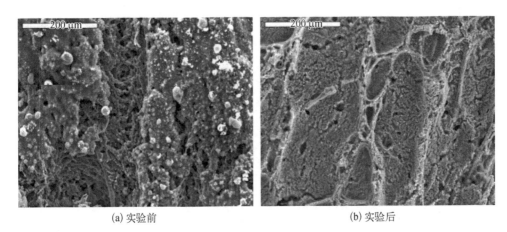

(a) 实验前　　　　　　　　　　　　　(b) 实验后

图 5.13　200 m/s 剥蚀实验前后试件表面扫描电镜照片

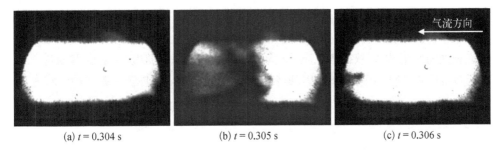

(a) $t = 0.304$ s　　　　　　(b) $t = 0.305$ s　　　　　　(c) $t = 0.306$ s

图 5.14　200 m/s 剥蚀实验拍摄的炭化层剥落过程

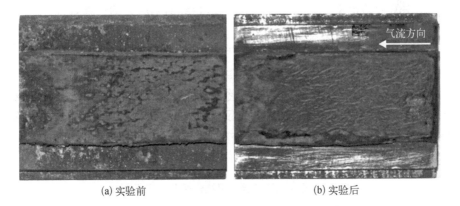

(a) 实验前　　　　　　　　　　　　　(b) 实验后

图 5.15　230 m/s 剥蚀实验前后试件宏观形貌对比

　　230 m/s 剥蚀实验前后炭化层表面的扫描电镜照片如图 5.16 所示。实验后试件表面的形貌与一般的炭化层底部或者断面结构有明显差别,应该是残留的热解层的形态,可见 230 m/s 条件下炭化层被剥蚀得很彻底。

(a) 实验前

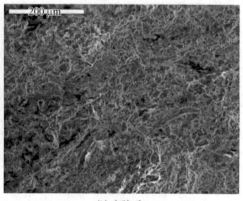
(b) 实验后

图 5.16　230 m/s 剥蚀实验前后试件表面扫描电镜照片

3. 气流剪切应力的计算

通常认为平行气体流动造成炭化层剥蚀的应该是气流的剪切力。为了便于分析气流剥蚀的作用,需要获得各工况下气流对炭化层表面的剪切应力。实验条件下的雷诺数范围为 $2.81\times10^6 \sim 3.59\times10^6$,适合该雷诺数范围的表面摩擦系数经验公式为[4]

$$\frac{C_f}{2} = (2.236 \ln Re - 4.639)^{-2} \tag{5.1}$$

式中, C_f 为表面摩擦系数; Re 为雷诺数。

将摩擦系数的定义 $\dfrac{C_f}{2} = \dfrac{\tau}{\rho u^2}$ 代入式(5.1)得到剪切应力的计算式:

$$\tau = \rho u^2 (2.236 \ln Re - 4.639)^{-2} \tag{5.2}$$

式中, τ 为剪切应力; ρ 和 u 分别为气流的密度和速度。

根据实验条件,由式(5.2)计算得到冷流剥蚀实验各工况的剪切应力如表 5.3 所示。其中特征长度取实验段的横截面边长 $l = 0.02$ m,温度取实验时的室温 $T = 290$ K,空气气体常数为 $R = 287$ J/(kg·K),动力黏性系数为 $\mu = 1.86\times10^{-5}$ Pa·s。可以看出,计算得到的各工况的气流剪切应力都很小。

表 5.3　冷流剥蚀实验工况炭化层表面剪切应力

实　验	气流速度/(m/s)	剪切应力/Pa
1	180	273
2	200	331
3	230	428

4. 炭化层拉伸和剪切实验

为了评估气流对炭化层的剪切作用,有必要对炭化层的抗剪强度进行测量。热解气体产生的压力也有可能造成炭化层的破坏,因此同时也对炭化层沿厚度方向的抗拉强度进行测量。由于炭化层很薄、易碎,很难制成规则的试件用标准的力学性能测试方法进行测量,因此设计了一种简易的拉伸和剪切测试方法。该方法主要基于小量程的推拉力计采用手动方式进行测量。

炭化层抗拉强度测试装置如图 5.17 所示,将制备好的试件底面用胶粘牢在台架上,然后再用胶将上平板与试件的炭化层表面粘接。由于炭化层是多孔材料,为了避免胶对炭化层本体结构的影响,采用了渗透力较弱的 AB 胶。测试时将推拉力计与上平板连接,手动慢慢地向上拉推拉力计,直到炭化层被拉掉。推拉力计可以记录最大的力,由于炭化层是典型的脆性材料,因此最大值可以当作炭化层破坏时受到的

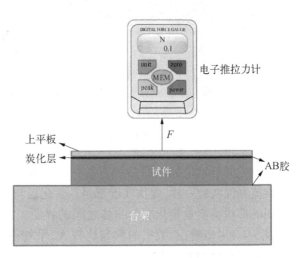

图 5.17　炭化层冷态抗拉强度测量示意图

力。作用力的最大值除以试件表面积即可得到冷态条件下炭化层的抗拉强度。

抗剪强度测量原理基本与抗拉强度类似,只是作用力的方向是沿切向的。实验装置如图 5.18 所示,将试件底面与台架用胶粘牢,表面与上平板粘牢,用推拉力计沿平行表面的方向推上平板的端面,推拉力计将记录炭化层剪切破坏时的作用力,再除以试件表面积就可以得到炭化层的抗剪强度。

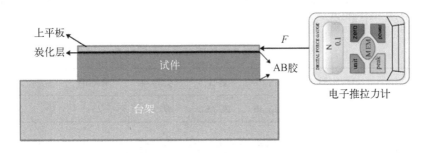

图 5.18　炭化层冷态抗剪强度测量示意图

为了评估 AB 胶在炭化层中的渗透程度,图 5.19 给出了炭化层与上平板以及炭化层与基体粘接的断面扫描电镜照片,可以看出,AB 胶基本上处于界面,没有渗透进炭化层中。

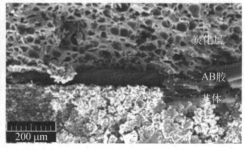

(a) 炭化层与上平板   (b) 炭化层与基体

图 5.19 炭化层粘接部位断面扫描电镜照片

首先开展试件处于原始状态的抗拉强度实验,炭化层与基体没有人为粘接。与冷流剥蚀实验一样,每次实验都是从炭化层与基体之间破坏,说明冷态条件下最薄弱的部位确实是炭化层与基体之间的界面。共开展了 4 次重复测量,测量结果见表 5.4。可以看出,数据的散布比较大,平均值为 23.2 kPa。数据散布大主要还是炭化层自身的特性造成的。

表 5.4 炭化层与基体间的抗拉强度测试结果

	实验 1	实验 2	实验 3	实验 4	平均值	标准偏差
抗拉强度/kPa	34.03	15.96	17.18	25.46	23.2	8.4

为了测量炭化层本体的抗拉强度,用 AB 胶将炭化层与基体进行粘接,等固化后再进行测试。表 5.5 为炭化层本体抗拉强度实验数据,散布也比较大,平均值为 231 kPa。可以看出,冷态条件下炭化层与基体界面间的抗拉强度比炭化层本体的抗拉强度小一个量级。

表 5.5 炭化层本体的抗拉强度测试结果

	实验 1	实验 2	实验 3	实验 4	平均值	标准偏差
抗拉强度/kPa	177.81	256.36	200.06	291.67	231	52

抗剪强度测试也是分为炭化层与基体界面的抗剪强度以及炭化层本体的抗剪强度,界面的测试结果如表 5.6 所示,本体的测试结果如表 5.7 所示。从测试结果

可以看出,冷态条件下,炭化层与基体界面间的抗剪强度平均值为 2.12 kPa,而炭化层本体的抗剪强度平均值为 169 kPa。可以看出,界面的抗剪强度比本体的抗剪强度小了近两个数量级。此外,抗剪强度均比抗拉强度小,界面的抗剪强度是抗拉强度的 9%,而本体的抗剪强度是抗拉强度的 73%。

表 5.6　炭化层与基体间的抗剪强度测试结果

	实验 1	实验 2	实验 3	实验 4	平均值	标准偏差
抗剪强度/kPa	1.88	2.44	2.77	1.40	2.12	0.61

表 5.7　炭化层本体的抗剪强度测试结果

	实验 1	实验 2	实验 3	实验 4	平均值	标准偏差
抗剪强度/kPa	152.42	104.08	205.83	214.71	169	51

5. 气流剥蚀条件下炭化层破坏模式的分析

前面冷流剥蚀实验结果显示,0.5 MPa 条件下,当平行气流速度达到 200 m/s 时已经发生明显的剥蚀,速度达到 230 m/s 时出现较为严重的剥蚀。230 m/s 条件下计算得出的气流剪切力为 428 Pa,远远低于冷态条件下炭化层本体的抗剪强度(169 kPa),甚至低于冷态界面的抗剪强度(2.12 kPa),即便是计算和实验都存在一定的误差,也不会造成数量级上的影响,为什么会出现这种情况呢?

从图 5.11(a)、图 5.13(a)和图 5.16(a)实验前炭化层表面的扫描电镜照片可以看出,炭化层表面虽然比较致密,但非常粗糙,因此实际的作用力肯定比式(5.2)计算的剪切力大。另一个重要的影响因素是炭化层表面的缺陷。从扫描电镜照片可以看到炭化层局部存在开裂、起翘和分层等缺陷或不规则形态,这种缺陷会使局部强度严重变差。另外,当气流流经表面时,气流对炭化层表面的作用就不是简单的剪切力,而是会吹入开裂、起翘的薄层内部,在气动力作用下很容易造成开裂、起翘部分的剥落。局部的剥落又有可能形成新的缺陷,使得炭化层表面变得粗糙。图 5.20 为烧蚀发动机实验中某个炭化层表面的扫描电镜照片,可以看出,炭化层表面的开裂和起翘较为明显。图 5.21 为另一个炭化层的断面扫描电镜照片,可以看出,炭化层局部有明显的分层现象,这种分层使得炭化层局部强度严重变差,更容易被剥落。

抗拉强度和抗剪强度测试时同样存在这些缺陷,但是由于这些缺陷往往是局部的,而实验中炭化层受力都是整体的,相对比较均匀的,与气流作用在开裂、起翘和分层的情况不同。这样就会出现测试整体强度较高,但在气流作用下强度非常

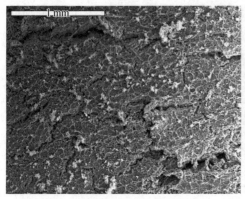

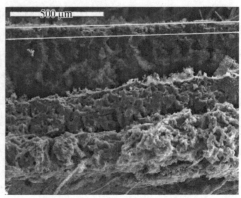

图 5.20　炭化层表现的起翘和开裂现象　　　　图 5.21　炭化层的分层现象

差的现象。这种炭化层的气流剥蚀破坏模式可以为绝热材料研制提供新思路。为了提高绝热材料抗剥蚀能力,除了要提高炭化层的整体强度,还应设法减少炭化层局部缺陷,改善炭化层的完整性和平整度。

关于冷态实验结果的适用性问题,前面已经分析过,由于无论是高温还是冷态条件下炭化层都是固体状态,炭化层本体的机械强度在两种情况下差别不会很大,因此可以认为除了界面,冷态实验得到的主要结论也基本适用于热态条件下。当然,这方面还需要开展更进一步的实验验证。

5.1.3　气流剥蚀机理的总结

综合来看,气流剥蚀主要包含了四个方面的效应:热效应、机械破坏效应、抽吸效应和剪切效应。热效应指气流速度变化影响燃气对炭化层表面的对流换热;机械破坏效应是指气流造成的炭化层机械破坏和剥落;抽吸效应指横向气流对热解气体和液态 SiO_2 的抽吸作用,抽吸效应会加快热解气体的溢出以及液态 SiO_2 向表面的迁移;剪切效应指气流对炭化层表面液态 SiO_2 的剪切作用,当气流速度增大到一定程度会将表面的液态 SiO_2 剥蚀掉。通常这四种效应都会随着气流速度的增大而增强。

冷态条件下炭化层与基体之间的抗拉和抗剪强度明显低于炭化层本体的强度,炭化层本体的抗剪强度低于抗拉强度。随着气流速度的增大,气流对绝热材料炭化层的机械剥蚀会出现三种模式:磨损、局部剥落和整体剥落。炭化层的机械破坏不单纯是由气流的剪切力造成的,炭化层的裂缝、起翘和分层不仅降低了局部的强度,还会增加气流的破坏力,这是导致炭化层局部剥蚀的重要原因。

5.2　粒子侵蚀

随着含铝推进剂的广泛使用,固体发动机工作时高温燃气中含有大量的氧化铝粒子,发动机内属于高温两相流状态。氧化铝粒子的侵蚀会增大绝热层的烧蚀,而稠密粒子射流对绝热层会造成更加严重的侵蚀,有时甚至会导致发动机失效。例如 Titan Ⅳ 发动机后封头绝热层的烧蚀导致 K-11 火箭在升空后 100 s 爆炸[5],通过对发动机残骸绝热层的检测发现,烧蚀最严重的区域是那些暴露在燃气中时间最长、粒子冲刷最严重的区域。

粒子侵蚀一般包含热效应和机械效应两部分。热效应主要指粒子与壁面碰撞过程带来的附加热流(热增量),通常包含粒子碰撞和黏附时对壁面的热传导以及粒子碰撞过程动能转换成的热能。机械效应是粒子碰撞导致的炭化层破坏或者剥落。随着粒子浓度和速度的增加,粒子对绝热层的侵蚀作用会显著加剧。飞行过载条件下固体发动机内的粒子会发生偏转,形成稠密粒子流,会严重加剧绝热层的烧蚀。稠密粒子流的侵蚀是固体发动机中较为常见而且影响比较大的烧蚀状态,是粒子侵蚀研究中的重点。

本节首先通过过载模拟烧蚀发动机实验研究稠密粒子对绝热层的侵蚀特性;然后通过热流测量装置获得稠密粒子侵蚀的热增量;最后通过冷态实验研究粒子对炭化层的破坏,并获得炭化层的强度特性。

5.2.1　稠密粒子侵蚀条件下绝热材料烧蚀特性

形成稠密粒子流的主要条件包括飞行过载和通道的汇聚效应等。飞行过载尤其是横向过载会造成发动机内的粒子向一侧发生偏转,局部高浓度聚集(图 5.22)。采用翼柱型装药的发动机,翼型通道也会造成粒子的聚集和加速,在翼出口正对的部位会出现烧蚀加剧的现象。此外,随着粒子速度的增大,对绝热层的侵蚀也会加剧。大部分固体发动机后封头部位的粒子速度都比较高,因此后封头绝热层的侵蚀通常也比较严重。

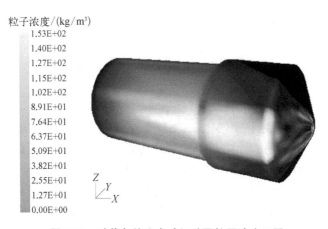

图 5.22　过载条件下发动机壁面粒子浓度云图

稠密粒子冲刷条件下绝热层的烧蚀率往往会成倍提高,其烧蚀行为与正常的烧蚀有很大差别,需要针对其烧蚀规律和烧蚀机理开展深入地研究。下面将采用过载模拟烧蚀发动机产生稠密粒子射流,针对 EPDM 绝热材料开展不同冲刷状态的烧蚀实验,揭示稠密粒子侵蚀条件下的烧蚀特性[6]。

1. 过载模拟烧蚀发动机实验

地面过载模拟常用的实验方法是旋转实验,但是由于科氏加速度的影响,旋转实验的冲刷状态往往比飞行过载严酷。而且该方法一般用于发动机考核实验,很难直接对冲刷状态参数进行调节,不太适合烧蚀规律的研究。过载模拟烧蚀发动机结构如图 5.23 所示。该发动机采用固体推进剂作为燃气源,通过收敛通道产生的聚集效应,使燃气中的氧化铝粒子聚集,形成稠密粒子射流,来模拟飞行过载条件下固体发动机内的粒子聚集状态。收敛通道末端有一个可更换的调节环,可以获得不同的聚集效果。烧蚀实验段内安装绝热层试件,试件表面与粒子射流形成一定角度,来模拟粒子流与绝热层的冲刷角度。通过更换不同直径的调节环和不同偏转角度的烧蚀实验段,可获得不同的冲刷状态(粒子浓度、速度和角度)。过载模拟烧蚀发动机与飞行过载条件下发动机冲刷状态的对应关系如图 5.24 所示。

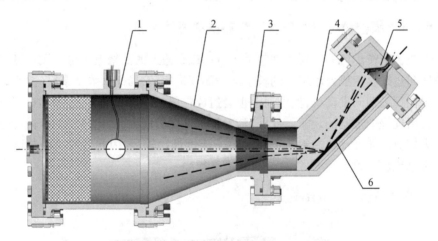

图 5.23　过载模拟烧蚀发动机结构示意图

1. 燃气发生器;2. 收敛通道;3. 调节环;4. 烧蚀实验段;5. 喷管;6. 绝热层试件

过载条件下发动机绝热层的烧蚀,不仅与过载大小和方向有关,还与发动机结构和过载作用的历程有关,针对某一发动机的研究结果很难推广到其他发动机上去。通过上面的分析可以知道过载条件下的烧蚀实际上包含了两个问题:一个是对过载条件下冲刷状态的预示;一个是稠密粒子侵蚀条件下绝热材料的烧蚀规律和机理。这两个过程是相对独立的,第一个过程可以通过建立适合的两相流数值模型来解决,第二个则需要开展不同冲刷状态的绝热层烧蚀实验来获得。

稠密粒子冲刷状态参数主要包括粒子浓度、冲刷速度和角度。考虑到稠密粒子侵蚀与过载密切的背景关系,在工况的选择时,参考了典型过载条件下发动机两相流数值模拟研究得到的冲刷状态参数范围,并进行了适当延展。开展的有效实验工况和烧蚀结果如表 5.8 所示。实验采用的推进剂为含铝 17% 的复合推进剂,燃温为 3 420 K,设计工作压强为 6 MPa,工作时间为 6 s。绝热材料采用 EPDM 绝热材料基础配方,试件安装在金属试件夹中,然后再安装在烧蚀实验段的 T 型槽中,试件和试件夹如图 5.25 所示。

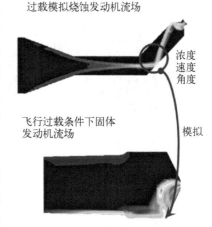

图 5.24　过载条件下冲刷状态模拟的示意图

表 5.8　过载模拟烧蚀实验工况及结果

| 实验序号 | 发动机状态参数 | | 粒子冲刷状态(数值模拟) | | | 烧蚀结果 |
	转折角/(°)	调节环直径/mm	速度/(m/s)	角度/(°)	浓度/(kg/m³)	最大炭化率/(mm/s)
1	10	40	43	8	123.7	0.72
2	30	40	44	30	71.0	0.97
3	30	45	36	24	54.9	0.57
4	30	50	31	29	49.6	0.39
5	30	80	15	18	14.3	0.29
6	45	40	42	45	63.6	1.52
7	45	50	30	43	43.0	0.40
8	45	60	28	42	21.0	0.29
9	45	80	13	40	17.7	0.29
10	60	40	39	62	58.8	1.58
11	60	50	26	60	39.4	0.35
12	60	60	20	58	29.7	0.28
13	60	80	11	57	22.7	0.23
14	90	40	38	87	117.8	1.39

(a) 绝热材料试件

(b) 安装在试件夹中的试件

图 5.25　试件与试件夹

2. 稠密粒子冲刷参数对炭化烧蚀率的影响

图 5.26 为典型工况(实验 6)实验后绝热层试件的照片,可以看到绝热层表面有一个明显的侵蚀凹坑,凹坑周围的炭化层有起翘和开裂的现象。实验后绝大部分绝热层试件表面都有侵蚀造成的凹坑,粒子速度越高侵蚀凹坑越明显;粒子速度较低的工况凹坑不太明显。为了测量烧蚀凹坑的型面特征,对绝热层试件采取了划分网格的测量方法,实验前测量各网格点的试件厚度;实验后剥离炭化层,测量相应位置的剩余厚度;两者相减就得到了炭化烧蚀量,再除以发动机的工作时间,就得到了该点的炭化烧蚀率(简称炭化率)。如果侵蚀凹坑最深处没有落在网格点上,则在该处增加测点,这样可以更加准确地获得最大炭化率。

图 5.26　实验后的绝热层试件(实验 6)

分析表 5.8 的数据可以看出,虽然粒子浓度和速度是联动变化的,但粒子冲刷速度对炭化率的影响比较明显,而浓度影响的规律不太显著。为了便于直观地进行分析,根据表中的数据画出了炭化率随冲刷速度变化的曲线(图 5.27),以及炭化率随冲刷角度变化的曲线(图 5.28)。

从图 5.27 可以看出,冲刷速度对炭化率的影响存在"临界速度效应":当冲刷速度低于临界速度时,炭化率随速度增大变化很缓慢;当冲刷速度大于临界速度后,炭化率随速度急剧增大。随着冲刷角度的增大,临界速度有所下降。实验条件下 EPDM 绝热材料的临界速度为 26~32 m/s。

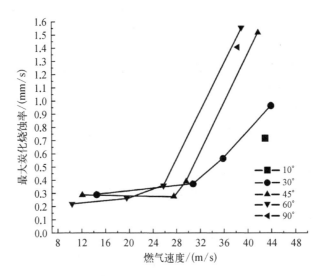

图 5.27　最大炭化率与粒子冲刷速度的关系

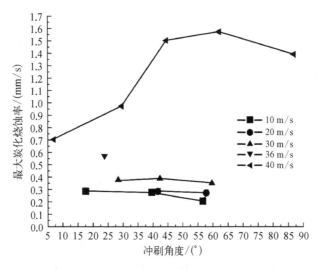

图 5.28　最大炭化率与粒子冲刷角度的关系

从图 5.28 可以看出,冲刷速度小于临界速度时,角度变化对炭化率影响不大;当冲刷速度大于临界速度时,角度变化对炭化率的影响非常显著。冲刷速度为 40 m/s 时,冲刷角度从 10°到 60°,炭化率随角度增大而增大,但从 60°到 90°,炭化率随角度增大有所下降。

从表 5.8 中还可以发现,当粒子浓度增大到一定程度,随浓度增加炭化率反而减小。分析认为造成这种现象的原因是:随着粒子浓度的增大,相互之间的碰撞概率也大大增加,当增大到一定程度,粒子的沉积和反弹都会对后面的粒子产生阻碍作用,从而在一定程度上削弱了粒子对炭化层的侵蚀作用。

下面分析图 5.27 中的临界速度效应产生的原因。虽然炭化层是多孔疏松的脆性材料,但其表面存在致密结构,有一定的抵御粒子机械破坏的能力。当冲刷速度小于临界速度时,炭化层表面能够抵抗稠密粒子的机械破坏,炭化层结构保持相对完整,冲刷状态参数(速度、角度)的变化对炭化率的影响不显著。当冲刷速度超过临界速度以后,炭化层表面已经不能抵抗稠密粒子的破坏,因而炭化率随粒子速度增加而快速增大。此外,由于粒子侵蚀热增量也是随速度增大而增大,炭化层的形成速率显著增加,也导致炭化率迅速增大。

对于图 5.28 中速度 40 m/s 的炭化率随角度的曲线变化则可以用以下两个效应的共同作用来解释:① 沿侵蚀方向的侵蚀退移量与测量退移量之间的差异;② 炭化层的抗压强度优于抗剪强度[7]。

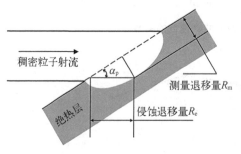

图 5.29 侵蚀退移量与测量退移量之间的关系

如图 5.29 所示,当稠密粒子射流以一定的冲刷角度 α_p 对绝热层进行侵蚀时,侵蚀引起的退移量 R_e 是沿射流方向的,但测量退移量(烧蚀量)R_m 则垂直于绝热层表面,这两者之间的关系可以表示为

$$R_m = R_e \sin \alpha_p \qquad (5.3)$$

式中,α_p 为粒子冲刷角度。

可以看出,测量退移量 R_m 与侵蚀退移量 R_e 之间是正弦函数关系,当冲刷角度 α_p 很小时,测量退移量 R_m 会非常小。假设侵蚀退移量 R_e 保持不变,随着 α_p 的增加,R_m 增长速率变大,但超过 45°后其增长速率将减慢。这与图 5.28 中 60°之前曲线的变化趋势比较一致。

炭化层是多孔脆性材料,通常其抗压强度要明显优于抗剪强度。冷态粒子对炭化层的侵蚀实验表明,EPDM 绝热材料炭化层的抗压强度为 46.4 kPa,而抗剪强度为 3.0 kPa[8]。

上述两种效应的结合可以解释图 5.28 曲线的演化规律。当冲刷角度较小时,炭化层主要承受的是剪切作用,虽然炭化层抗剪强度较弱,侵蚀退移量较大,但由于角度很小,测量退移量与侵蚀退移量间的正弦关系占主导,测量退移量比较小,炭化率也比较小。随着冲刷角度的增大,测量退移量迅速增大,炭化率也快速增大。当冲刷角大于 45°时,此时测量退移量随角度增长开始变缓,粒子对炭化层的主导作用也逐渐由剪切力向压缩力转变,炭化率的增加也开始减慢。当冲刷角度大于 60°时,粒子对炭化层的侵蚀逐渐变为压应力主导,由于炭化层的抗压强度相对较强,炭化率随角度增大反而呈现下降趋势。

此外需要注意的是,随着侵蚀凹坑的形成,凹坑各处粒子的冲刷角度发生了变化,已经不是初始的冲刷角度了。凹坑前沿的实际冲刷角度变小,后沿的实际冲刷角度变大。凹坑越深,这种变化也越大。但是上述角度对炭化率影响分析的基本规律还是适用的。

3. 稠密粒子侵蚀条件下炭化层特征

利用扫描电镜(SEM)分析了不同实验条件下炭化层表面和断面的微观形貌。通过对大量 SEM 图像的分析比较,发现有三种典型的侵蚀模式:弱侵蚀模式、氧化铝沉积模式和强侵蚀模式。调节环直径为 80 mm 的实验一般为弱侵蚀模式,粒子冲刷速度范围为 11～15 m/s;调节环直径为 50、60 mm 的实验大多为氧化铝沉积模式,粒子冲刷速度为 20～31 m/s;调节环直径为 40 mm 的实验为强侵蚀模式,粒子冲刷速度为 35～43 m/s。下面将分别介绍三种模式下炭化层的结构特征。

1）弱侵蚀模式

图 5.30 为实验 13 过载模拟烧蚀实验后的绝热层试件,烧蚀实验段角度为60°,调节环直径为 80 mm。图中箭头表示两相流的方向,椭圆环示意性地标记了稠密粒子射流侵蚀的区域,字母 A、B、C 表示用于 SEM 分析的炭化层的取样特征位置。位置 A 是试件 1 的侵蚀区,通常位于侵蚀坑底部;位置 B 位于试件 1 的非侵蚀区,一般位于远离侵蚀区的边上;位置 C 位于试件 2 的上游中间区域。由图 5.30可以看出,炭化层总体较为完整,有少量脱落。试件 1 的侵蚀区和试件 2 的上游均有侵蚀痕迹,试件 1 的侵蚀凹坑不是很明显。

→ 流动方向

(a) 试件1　　　　　　　　　　　　　　　　(b) 试件2

图 5.30　实验后的试件宏观形貌(实验 13)

图 5.31 为实验 13 试件 1 炭化层侵蚀区(图 5.30 中的 A 位置)表面 SEM 图像。可以看出,炭化层表面较为平整和均匀,呈蜂窝状孔隙结构。蜂窝孔结构在图5.31(b)所示的高倍 SEM 图像中更加清晰。

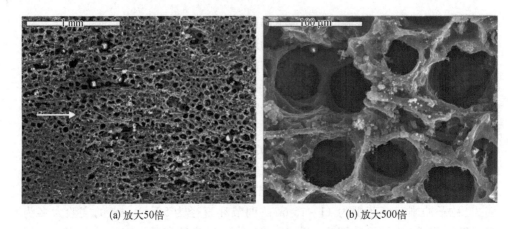

(a) 放大50倍　　　　　　　　　　　(b) 放大500倍

图 5.31　试件 1 侵蚀区炭化层表面 SEM 图像(实验 13)

图 5.32 展示了实验 13 试件 1 的非侵蚀区(图 5.30 中的 B 位置)的表面 SEM 图像。与侵蚀区相比,非侵蚀区的表面更为致密,没有明显的蜂窝状孔隙结构。

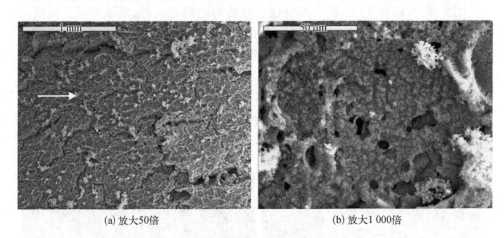

(a) 放大50倍　　　　　　　　　　　(b) 放大1 000倍

图 5.32　试件 1 上的非侵蚀区炭化层表面 SEM 图像(实验 13)

图 5.33 展示了实验 13 试件 2 的表面 SEM 图像。可以看出,其表面形态与试件 1 上的侵蚀区较为类似,只是中间有一条相对致密的区域,主要原因是冲刷试件 2 的是经过反弹后的粒子,其分布不是很均匀。

图 5.34 展示了试件 1 和试件 2 炭化层断面的 SEM 照片,与表面形貌相比两个试件炭化层断面均呈现出疏松和不规则的形貌,但是靠近上部的区域相对较为致密。

2) 氧化铝沉积模式

实验 7(转折角 45°,调节环内径 50 mm)过载模拟烧蚀实验后的试件照片如图

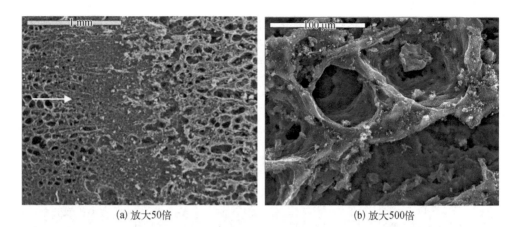

(a) 放大50倍　　　　　　　　　　　　　(b) 放大500倍

图 5.33　试件 2 炭化层表面 SEM 图像(实验 13)

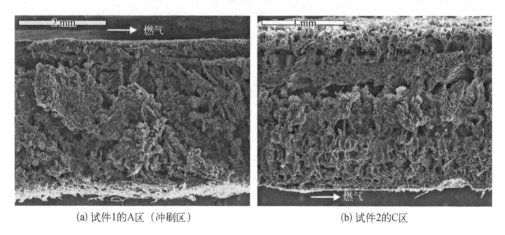

(a)试件1的A区 （冲刷区）　　　　　　　　(b)试件2的C区

图 5.34　炭化层断面 SEM 照片(实验 13)

5.35 所示。试件 1 上有一个较大的侵蚀凹坑,侵蚀区表面有许多微球沉积,EDS 分析表明微球沉积应该是氧化铝粒子。

图 5.35　实验后的试件宏观形貌(实验 7)

97

炭化层侵蚀区的表面和断面 SEM 图像如图 5.36 所示。侵蚀区炭化层表面有大量氧化铝沉积。断面 SEM 图像中,炭化层上表面依然可以看到球形氧化铝沉积,此外炭化层上部和底部是疏松的,而中部是致密的,呈现出"疏松/致密/疏松"的结构。

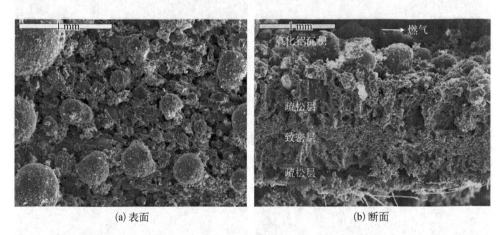

(a) 表面 (b) 断面

图 5.36　氧化铝沉积模式炭化层侵蚀区域 SEM 照片(实验 7)

3)强侵蚀模式

图 5.37 显示了实验 6(转折角 45°,调节环内径 40 mm)侵蚀区炭化层表面和断面的 SEM 图像。稠密粒子冲刷速度为 42 m/s,大于临界速度。在这种模式下,炭化层厚度比其他模式的更薄,炭化层整体结构更加致密,表面没有明显的氧化铝沉积。

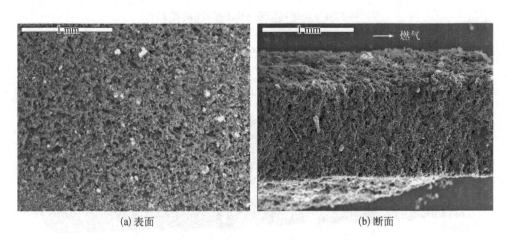

(a) 表面 (b) 断面

图 5.37　强侵蚀模式下炭化层侵蚀区域 SEM 照片(实验 6)

表 5.9 为三种模式下炭化层表面特征部位 EDS 测试结果,其中弱侵蚀模式分别给出了侵蚀区(A)、非侵蚀区(B)和侵蚀下游区(C)三个特征位置的 EDS 结果,而氧化铝沉积和强侵蚀模式给出了侵蚀区的结果。其中 Al 主要来源于 Al_2O_3 沉积;Si 主要来源于绝热材料中的 SiO_2;S 和 Zn 是绝热材料中的硫化剂和阻燃剂的产物;Cl 可能是燃气中含 Cl 组分的沾染。分析表 5.9 中数据可以看出,所有工况表面都有 Al_2O_3 沉积,但是氧化铝沉积模式的沉积量最大。非侵蚀区(实验 13 的 B 区)表面 Si 的含量相对较高,而其他侵蚀区域的 Si 含量很低。这主要是由于侵蚀区粒子带来的热增量很高,造成炭化层表面温度升高,超过 SiO_2 的汽化温度,使得更多的 SiO_2 发生汽化。

表 5.9　稠密粒子侵蚀条件下炭化层表面元素测试结果

模　式	实验序号	位置	C 含量 /%	O 含量 /%	Si 含量 /%	Al 含量 /%	Cl 含量 /%	S 含量 /%	Zn 含量 /%
弱侵蚀	实验 13	A	90.64	7.23	0.08	1.78	0.17	—	—
		B	69.45	16.48	4.61	2.91	0.15	2.66	3.64
		C	95.17	2.00	0.13	2.12	0.31		
氧化铝沉积	实验 7	A	50.27	28.72	0.24	20.77	—		
强侵蚀	实验 6	A	94.56	2.47	0.09	0.91	—		

4. 炭化层疏松/致密/疏松现象形成机理

氧化铝沉积模式下为什么出现疏松/致密/疏松现象呢?这与炭化层中液态 SiO_2 位置有很大关系。由于沉积模式下炭化层表面有很多 Al_2O_3 沉积物,使得正常情况下以对流和辐射为主的换热方式,变成了 Al_2O_3 沉积物与绝热层表面直接的热传导。由于 Al_2O_3 沉积物的温度很高(约 3 400 K),大幅度提高了表面的热流密度,从而提高了炭化层内部温度分布。炭化层中上部区域温度将超过 SiO_2 的汽化温度 2 503 K,在该区域 SiO_2 将会发生汽化。虽然 SiO_2 汽化会带走一些热量,但相对于高温 Al_2O_3 沉积物带来的高热流密度,汽化潜热对温度分布的影响很小。

图 5.38 给出了沉积模式下中间致密层形成机理的示意图。由于沉积物的直接导热作用,炭化层底部到表面的温度分布变为 800~3 400 K,SiO_2 熔化温度线 1 996 K 以上 SiO_2 开始融化,在热解气体的驱动下向上迁移,使得紧邻 SiO_2 汽化温度线(2 503 K)下部的区域液态 SiO_2 含量较高,对热解气体阻滞作用增强,加上该区域温度也较高,因此热解气体的气相沉积速率较快,沉积量相对较大,形成了中部的致密结构。2 503 K 温度线向上 SiO_2 开始汽化,液态 SiO_2 含量急剧减少,对热解气体的阻滞下降,加上相当的热解气体被中部沉积所消耗,虽然该区域温度很

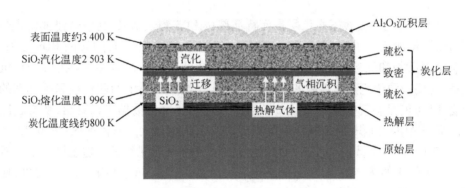

图 5.38　氧化铝沉积模式下中间致密层形成机理的示意图

高,气相沉积量却相对较小,保持较为疏松的状态。

5. 不同模式下的侵蚀特性分析

弱侵蚀模式下,粒子的冲刷速度相对较低,粒子侵蚀引起的机械作用不足以完全破坏炭层的致密结构,因此仍然存在致密/疏松的结构,炭化率随冲刷速度的增加而缓慢增加。

氧化铝沉积模式下,由于表面氧化铝沉积层的保护作用和粒子速度相对较低,即使炭化层上部疏松,也没有受到粒子侵蚀的太多破坏,得以保持。该模式下炭化率的增加主要是由粒子带来的强热流造成的。

强侵蚀模式下,粒子冲刷速度超过临界速度,此时气流速度也较大,粒子很难在表面沉积,由于缺少沉积层的保护,加上粒子速度较高,粒子对炭化层的机械破坏显著增大,较为疏松的结构都被破坏掉了,此时剩余的是那些较为致密的炭化层,而且厚度也变薄了。在这个模式下,炭化速率随粒子冲刷速度的增大而快速增大。

6. 炭化烧蚀率拟合公式

针对不同粒子冲刷状态炭化率的实验数据,可以通过数据拟合的方法来建立炭化率与冲刷状态参数之间的经验关系式。粒子的冲刷状态参数主要包括粒子浓度、速度和角度,采用如下的公式形式:

$$\dot{r}_{\max} = a n_{p}^{b} v_{p}^{c} (\cos \alpha_{p})^{d} \tag{5.4}$$

式中,$\dot{r}_{\max}$ 为实验条件下绝热层的最大炭化烧蚀率;n_{p} 为粒子浓度;v_{p} 为粒子速度;α_{p} 为粒子冲刷角度;a、b、c、d 为待定系数。

在前面冲刷角度影响分析中,侵蚀烧蚀量与测量烧蚀量之间是正弦函数关系。这里之所以采用余弦函数,主要原因是:① 角度影响包含了两个方面,除了侵蚀退移量与测量退移量的正弦函数关系,还包括了炭化层抗剪强度弱于抗压强度,这个影响与角度的关系是减函数,余弦函数较为适合;② 采用余弦函数的实际拟合效果要比正弦函数更好一些。

　　研究发现针对所有工况采用统一的公式进行拟合效果并不理想,考虑到存在临界速度效应,对实验数据分两段进行拟合,获得了较为满意的拟合效果。分界速度 35 m/s 比临界速度值略大一点,这里可以当作临界速度来看待。针对表 5.8 中的数据最终得到的拟合公式如下:

　　当冲刷速度 $v_p < 35$ m/s 时

$$\dot{r}_{max} = 0.096\,9 n_p^{0.209} v_p^{0.187} (\cos \alpha_p)^{0.247} \tag{5.5}$$

　　当冲刷速度 $v_p \geqslant 35$ m/s 时

$$\dot{r}_{max} = 1.057 \times 10^{-5} n_p^{-4.096} v_p^{7.615} (\cos \alpha_p)^{-0.967} \tag{5.6}$$

　　首先可以看出,式(5.5)中冲刷速度的幂次比较小,而式(5.6)中冲刷速度的幂次非常大,这体现了临界速度效应的影响。另外,式(5.6)中粒子浓度的幂次是负值,这表明在大于等于 35 m/s 的条件下炭化率随粒子浓度增大而下降,这主要是由于当粒子冲刷浓度较大时,粒子间相互碰撞增强,碰壁的粒子会对后面的粒子产生阻碍作用。最后,式(5.5)中余弦的幂次是正数,炭化率与角度是减函数关系,式(5.6)中余弦的幂次是负数,炭化率与角度是增函数关系,而且其幂次的绝对值更大,角度影响也更大。

　　该经验公式是针对过载模拟烧蚀实验数据拟合的,因此有一定的适用范围,其适用范围为: EPDM 绝热材料基础配方;粒子浓度 10～80 kg/m³;粒子冲刷速度 10～65 m/s;冲刷角度 15°～70°。

5.2.2　粒子侵蚀的热增量

　　粒子侵蚀除了机械破坏外,还会带来热增量,即增加表面的热流密度。粒子侵蚀热增量主要包括两部分:一部分是高温粒子与壁面接触时直接传导给壁面的热流;另一部分则是粒子与壁面碰撞过程粒子动能转换成的热能。这两种热流均与粒子浓度有关,浓度越高则热流越大。在浓度一定的情况下,接触传导热流与粒子和壁面的温差以及粒子接触时间有关,温差越大、粒子接触时间越长,接触传导热流也越大。动能转热能的热流与粒子质量和速度有关,粒子质量越大、速度越高,则这部分热流也越大。

　　粒子侵蚀热增量是绝热材料烧蚀机理分析的基础数据,是绝热层烧蚀预示的热环境边界参数,也是发动机热防护设计重要的依据。传统的固体发动机传热分析主要针对的是气相燃气对壁面的传热,对于粒子侵蚀传热的认识还不够深入,建立的粒子侵蚀热增量模型大多借鉴再入飞行器气动热的研究成果,主要考虑粒子撞击后的动能转热能。因此在固体发动机真实工作条件下,发展强热流测试方法,获得凝相粒子对壁面的侵蚀热增量的测试结果,建立粒子侵蚀热增量模型,对于固体发动机热防护研究来说是非常必要的。

1. 粒子侵蚀热增量测试方法

前面介绍的过载模拟烧蚀发动机采用固体推进剂,与真实发动机很接近,通过改变调节环内径和实验段角度,可以获得不同的粒子冲刷状态参数。如果采用不同含铝量的推进剂,则可以在更大范围内调节粒子冲刷状态参数。如果有一种热流测量装置,安装在过载模拟烧蚀发动机冲刷部位,就可以获得稠密两相流侵蚀的总热流,然后扣除对流和辐射换热的热流,就可以得到粒子侵蚀热增量。

基于上述思路设计的粒子侵蚀热增量实验研究的总体方案如图 5.39 所示。基于过载模拟烧蚀发动机来获得不同的粒子侵蚀状态;设计一种适合高温侵蚀环境下的热流测量装置,安装在过载模拟烧蚀发动机侵蚀部位测量热流密度;通过开展两相流场数值模拟获得各实验工况的两相流冲刷状态参数;开展不同工况的热流测量实验,获得各工况的总热流密度;利用两相流数值模拟获得的相关参数,计算对流和辐射换热的热流,进而获得粒子侵蚀热增量;最后根据实验数据拟合出粒子侵蚀热增量与粒子冲刷状态之间的经验关系式[9]。

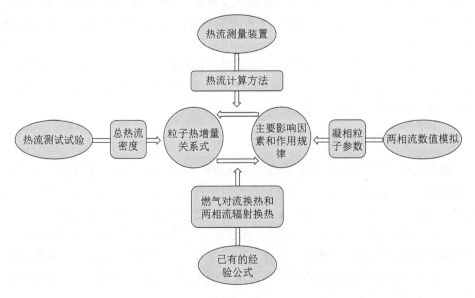

图 5.39 粒子侵蚀热增量实验研究方案

2. 实验系统

针对过载模拟烧蚀发动机中高温强侵蚀的严酷环境,设计了一套热流测量装置,如图 5.40 所示。热流测量装置的基本原理是利用冷却剂的强迫对流将传入的热量带走,这样既保证测量装置表面不被高温两相流烧坏,同时利用冷却剂的焓值变化可以计算出表面的热流密度。该装置主要由铜质换热试件、绝热板、背板、冷却剂进出口和热电偶组成。其中与高温燃气接触的换热试件采用铜质材料,以提高其导热能力。换热试件背面加工出环形冷却铣槽,保证冷却剂均匀分布和顺畅流动。测量装置主通道上下及环侧均布置绝热件,主要作用是防止热量的损失,同时尽量使热量沿轴向接近一维传热,便于参数的计算。在冷却剂出口处安装 K 型热电偶,用来测量冷却剂的温升。

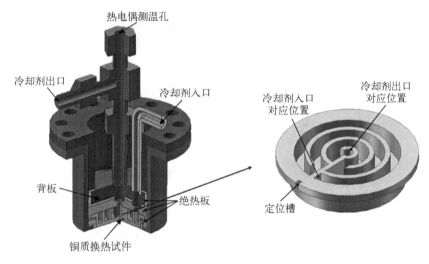

图 5.40　热流测量装置结构示意图

　　为了能安装热流测量装置,需要对过载模拟烧蚀发动机进行必要的改造。主要是在烧蚀实验段正对粒子射流的部位开孔并设置与热流测量装置匹配的接口,实验前将热流测量装置安装到这个位置。改造后的发动机命名为"侵蚀热流实验发动机",其结构如图 5.41 所示。通过改变推进剂含铝量、调节环内径及试验段的转折角,来实现对两相流燃气冲刷状态参数的调节。

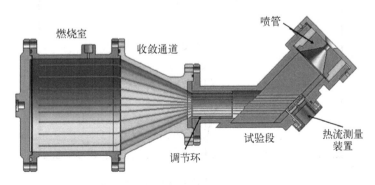

图 5.41　侵蚀热流实验发动机示意图

本实验中冷却剂直接采用水,利用高压气源挤压驱动冷却水流经热流测量装置,实验中还需要对冷却水的流量进行控制和检测。如图 5.42 所示,整个实验系统包括侵蚀热流实验发动机、热流测量装置、高压氮气气源、高压水罐、流量计、电磁阀和尾水收集罐等。

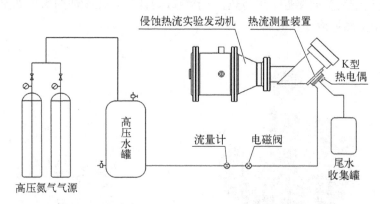

图 5.42　粒子侵蚀热流测量实验系统示意图

3. 热流测量的传热分析

　　利用热流测量装置进行测量时,燃烧产物与装置的热交换过程包括:燃烧产物与装置表面的对流换热、辐射换热和凝相粒子热增量,装置壁面内的热传导,壁面与冷却剂间的对流换热等。热流测量装置壁面两侧温度分布如图 5.43 所示,其中,T_g 为燃气静温;T_{aw} 为绝热壁温;T_{wg} 为装置的燃气侧壁面温度;T_{wc} 为装置的冷却剂侧壁面温度;T_c 为冷却剂的平均温度;u_g 是燃气主流流速,u_c 是冷却剂主流流速。

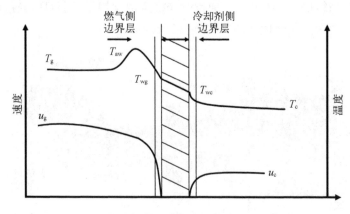

图 5.43　热流测量装置温度和流速分布示意图

在燃气侧具有静温 T_g 的燃气,以一定速度由前部向后方流动。除室壁附近外,可以假设横截面上各点的燃气温度和速度是均匀一致的。在壁面附近存在具有层流底层的湍流附面层。沿附面层厚度方向向下,燃气速度降低,温度升高,逐渐接近于滞止温度。由于传热的影响该温度不等于滞止温度,而等于绝热壁温 T_{aw}。在层流底层中,主要依靠热传导进行热量的传递。由于气体的导热系数很小,具有很大的热阻,因此层流底层中的温度几乎成线性急速下降,从 T_{aw} 降至燃气侧的壁温 T_{wg}。热量传给燃气侧的壁面后,在测量装置壁面内部以热传导的方式传到冷却剂侧的壁面,温度由 T_{wg} 降至冷却剂侧的壁温 T_{wc}。热量再以对流换热的方式传递给换热试件背侧的冷却剂,冷却剂的温度从壁面上的温度 T_{wc} 下降到 T_c。

由于发动机实际工作中热流测量装置与燃烧产物间的换热过程较为复杂,计算热流时需要对该过程做适当的简化处理,现假设如下:

(1)热流测量装置的主动冷却不影响燃烧室内的工作状态;

(2)热流测量装置壁面上各处受热均匀;

(3)燃烧产物与热流测量装置间的传热只沿垂直壁面方向进行,忽略径向、周向的温度变化;

(4)认为发动机工作过程中传热近似达到热平衡,此时燃气侧传入热流测量装置的总热流等于冷却剂带走的热流。

由于热流测量装置内部有冷却剂的强迫冷却,其表面温度肯定低于热防护材料表面的温度,这时需要考虑表面温度变化对对流和辐射换热的影响。此外,由于换热试件背面铣槽起到肋板的作用,还要考虑铣槽对冷却剂对流换热的强化作用。

实验条件下燃烧产物向热流测量装置的总传热热流可以分为三部分:

$$\dot{q} = \dot{q}_{con} + \dot{q}_{rad} + \dot{q}_p \tag{5.7}$$

式中,$\dot{q}$ 为总传热热流密度;$\dot{q}_{con}$ 为对流换热热流密度;$\dot{q}_{rad}$ 为辐射换热热流密度;$\dot{q}_p$ 为粒子热增量。

根据热流计的测量原理,以冷却剂的焓值变化表征传热量。根据实验测得的冷却水质量流率、温升和比热容可以计算出总传热热流密度,计算公式如下:

$$\dot{q} = \frac{\dot{m}c_p \Delta T}{A} \tag{5.8}$$

式中,$\dot{m}$ 为冷却水质量流率;c_p 为水的比热容;ΔT 为平均温升;A 为与燃气接触的铜质换热试件表面积。

由于冷却剂在狭窄冷却通道内的流速较大,因此可认为冷却剂在冷却通道内的对流换热过程属于充分发展的湍流流动。对于在冷却剂亚临界压力下的非沸腾亚临界温度区域内,对流换热系数可以应用米海耶夫公式计算[10]:

$$Nu_f = 0.021Re_f^{0.8}Pr_f^{0.43}\left(\frac{Pr_f}{Pr_w}\right)^{0.25} \tag{5.9}$$

式中, Nu 为努塞尔数; Pr 为普朗特数;下标 f 表示以冷却剂平均温度为定性温度;下标 w 表示以冷却剂侧壁温为定性温度。

由于换热试件背侧的环形铣槽起到了冷却肋的作用,在计算对流换热时必须考虑肋的影响。肋的存在一方面增大了传热面积,另一方面降低了平均液壁温。当壁面材料导热系数足够大时,肋的加入可以带走更多热量。传热计算中通常假设肋不改变传热面积和平均液温,而将传热量的变化归因于对流换热系数的变化。因而引入肋效率的概念,定义为肋片的实际传热量与该肋片全部表面保持肋基温度时的传热量的比值。图 5.44 为铜质换热试件背侧冷却通道的横截面示意图。

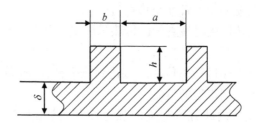

图 5.44 换热试件背侧冷却通道横截面

计算中应用考虑肋效应的对流换热系数修正公式:

$$h_c = \eta_b h_{c0} \tag{5.10}$$

式中, h_{c0} 为未考虑肋效应时的对流换热系数, $h_{c0} = \dfrac{Nu_{c0}k_c}{d_e}$, Nu_{c0} 为未考虑肋效应的努塞尔数, k_c 为冷却剂的导热系数, d_e 为冷却通道的当量直径; η_b 为冷却剂的肋效率, $\eta_b = \dfrac{a}{e} + \dfrac{2}{e}\dfrac{\text{th}(mh)}{m}$, e 为槽间距, $e = a + b$, a 、 b 为槽宽和肋宽, m 为常量, $m = \sqrt{\dfrac{2h_{c0}}{k_b b}}$, k_b 为肋片材料的导热系数, h 为肋的高度。

在热平衡条件下,认为冷却剂将传入的热量全部带走,因此利用测得的总热流密度和冷却剂对流换热系数可计算出换热试件冷却剂侧的壁面温度 T_{wc} 。

$$\dot{q} = \frac{\dot{m}c_p \Delta T}{A} = h_c(T_{wc} - T_c) \tag{5.11}$$

式中，T_{wc} 为冷却剂侧壁面温度；T_c 取冷却剂的平均温度。

在换热试件内的导热可以用无内热源的一维稳态导热公式计算[10]：

$$\dot{q} = \frac{k}{l}(T_{wg} - T_{wc}) \tag{5.12}$$

式中，T_{wg} 为装置的燃气侧壁面温度；k、l 分别为换热试件的导热系数和壁厚。应用式(5.12)即可计算试件燃气侧的壁面温度 T_{wg}。

在得到燃气侧壁温 T_{wg} 后，两相燃烧产物对热流测量装置的辐射热流计算可使用斯特潘-玻尔兹曼定律的经验修正形式：

$$\dot{q}_{rad} = \varepsilon_{eff}\sigma(T_g^4 - T_{wg}^4) \tag{5.13}$$

式中，ε_{eff} 为有效辐射系数，$\varepsilon_{eff} = \dfrac{1}{\dfrac{1}{\varepsilon_{wg}} + \dfrac{1}{\varepsilon_g} - 1}$，$\varepsilon_g$、$\varepsilon_{wg}$ 为两相燃气的发射率和燃气侧壁面发射率；σ 为斯特潘-玻尔兹曼常数，其值为 $5.67 \times 10^{-8}[\text{W}/(\text{m}^2 \cdot \text{K}^4)]$。

计算中，取两相燃烧产物发射率 $\varepsilon_g = 0.83$，热流测量装置的换热试件为铜质材料，参考无光泽的黄铜发射率，取 $\varepsilon_{wg} = 0.22$。

目前针对固体发动机环境已经发展出了一些计算燃气对流换热的经验公式，比较有代表性的主要有湍流换热关联式和 Bartz 公式。Bartz 公式中对速度的修正主要是通过面积比来实现的，由于调节环的加入改变了实验段迎风斜面附近的流场，但实验段横截面积并没有改变，因此采用调节环进行速度调节的方法难以在 Bartz 公式中得到直接体现，而湍流换热关联式可以直接反映燃气速度的影响，因此本节采用湍流换热关联式计算燃气的对流换热系数[11]：

$$h_{cg} = 0.023\frac{\lambda}{D}\left(\frac{\rho u D}{\mu}\right)^{0.8}\left(\frac{4\gamma}{9\gamma - 5}\right)^{0.34} \tag{5.14}$$

式中，ρ、λ、u 分别是燃气的密度、导热系数和流动速度；D、P 分别是当量直径和流道湿周长，$D = 4A/P$，A 为流道面积；γ 为燃气比热比；μ 为燃气的动力黏度，可按经验公式(5.15)计算：

$$\mu = (1.187 \times 10^{-7})Ma^{0.5}T^{0.6} \tag{5.15}$$

式中，Ma 为燃气马赫数；T 为燃气温度。

调节环和转折通道的组合使得实验段内燃气速度分布呈现较强的三维特征，采用一维气动关系式计算燃气速度偏差太大，本节使用 FLUENT 软件对侵蚀热流实验发动机内的两相流进行数值模拟，以获得较为准确的燃气速度参数。

燃气的对流换热热流密度可按式(5.16)计算：

$$\dot{q}_{con} = h_{cg}(T_g - T_{wg}) \tag{5.16}$$

两相燃烧产物总热流密度主要由辐射换热热流密度、燃气对流换热热流密度和凝相粒子热增量三部分组成。实验测得总热流密度,利用上面介绍的方法可以得到燃气的对流换热热流密度和两相燃烧产物的辐射热流密度,利用式(5.17)就可以得到出凝相粒子的热增量:

$$\dot{q}_p = \dot{q} - \dot{q}_{con} - \dot{q}_{rad} \tag{5.17}$$

4. 热流测量实验

实验主要通过改变推进剂含铝量、调节环内径和实验段转折角来调节粒子的浓度、冲刷速度和角度参数。将45°转折角、Φ40 mm调节环和含铝量17%推进剂作为基本工况,在此基础上改变调节环内径(Φ30 mm和Φ50 mm)、改变实验段角度(30°和60°)和改变推进剂含铝量(1%和5%),获得不同的实验状态。实验工况如表5.10所示,其中实验3和实验4、实验6和实验9、实验7和实验10是相同工况的重复实验。

表 5.10　热流测量实验

实验序号	推进剂含铝量/%	实验段角度/(°)	调节环内径/mm
1	17	45	50
2	17	45	40
3	17	45	30
4	17	45	30
5	5	45	40
6	1	45	40
7	1	45	30
8	1	45	50
9	1	45	40
10	1	45	30
11	17	30	40
12	17	60	40
13	17	60	50

实验2为基本工况,图5.45和图5.46分别为实验2燃烧室压强-时间曲线和出口冷却水温度-时间曲线。发动机工作时间为8 s,燃烧室平均压强为7.1 MPa,冷却水平均温升为17 K,冷却水平均流量为0.072 kg/s。

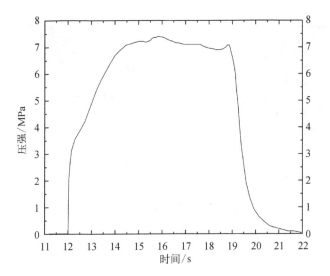

图 5.45　实验 2 燃烧室压强-时间曲线

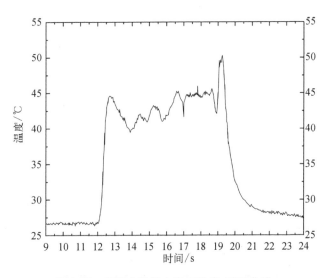

图 5.46　实验 2 冷却水出口温度-时间曲线

5. 粒子热增量关系式

应用前面介绍的传热计算方法得到粒子热增量,再通过两相流数值模拟得到粒子冲刷状态参数,就可以拟合出粒子热增量经验关系式。针对各实验工况开展了两相流数值模拟,图 5.47 为数值模拟得到的实验 2 发动机对称面上的粒子浓度云图;表 5.11 为计算得到各工况的冲刷状态参数;表 5.12 为计算得到的粒子热增量。

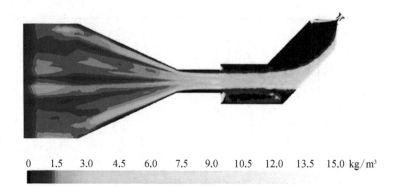

0   1.5   3.0   4.5   6.0   7.5   9.0   10.5   12.0   13.5   15.0 kg/m³

图 5.47   数值模拟得到的粒子浓度分布(实验 2)

表 5.11   数值模拟得到的粒子冲刷状态参数

实验序号	粒子冲刷角度 /(°)	调节环内径 /mm	粒子速度 /(m/s)	粒子浓度 /(kg/m³)
8	45	50	11.2	0.225
9	45	40	16.6	0.807
10	45	30	26.7	1.53
1	45	50	12.3	4.11
2	45	40	18.0	12.7
3	45	30	30.0	23.5
5	45	40	15.8	3.36
11	30	40	20.6	8.83
12	60	40	20.8	10.2
13	60	50	13.9	5.11

表 5.12   粒子热增量计算结果

实验序号	总热流密度 /(W/m²)	燃气侧壁温 /K	辐射热流密度 /(W/m²)	对流换热系数 /[W/(m²·K)]	粒子热增量 /(W/m²)
8	2.210×10^6	405.1	6.406×10^5	284.9	9.136×10^5
9	2.497×10^6	426.1	6.405×10^5	365.8	1.022×10^6
10	3.025×10^6	443.3	6.405×10^5	533.8	1.176×10^6
1	3.276×10^6	454.7	1.437×10^6	252.8	1.116×10^6
2	5.968×10^6	540.3	1.437×10^6	319.4	3.645×10^6

实验序号	总热流密度/(W/m²)	燃气侧壁温/K	辐射热流密度/(W/m²)	对流换热系数/[W/(m²·K)]	粒子热增量/(W/m²)
3	7.155×10^6	646.5	1.436×10^6	459.9	4.494×10^6
5	3.182×10^6	443.5	1.151×10^6	301.3	1.220×10^6
11	3.152×10^6	442.3	1.438×10^6	399.3	5.684×10^5
13	2.863×10^6	426.6	1.438×10^6	260.2	6.739×10^5

参考炭化烧蚀率经验公式,粒子热增量拟合公式的形式仍然采用浓度、速度和角度三角函数的幂函数相乘形式。采用 60° 实验段的热流测量装置表面沉积比较严重,影响测量结果;但是若只采用 30° 和 45° 工况,则可能由于数据太少引入较大误差。因此本书借鉴相关研究[12],认为热流测量实验中粒子热增量与粒子冲刷角度之间成正弦关系,这样就减少了拟合参数。拟合公式的形式为

$$\dot{q}_p = a \cdot n_p^b \cdot v_p^c \cdot \sin \alpha_p \tag{5.18}$$

式中,$\dot{q}_p$ 为粒子热增量;n_p 为粒子浓度;v_p 为粒子冲刷速度;α_p 为粒子冲刷角度;a、b、c 为要拟合的常数。

拟合主要采用 45° 实验段的 7 个实验数据,使用 Levenberg-Marquardt 方法进行拟合。拟合参数如表 5.13 所示,拟合出的粒子热增量经验关系式见式(5.19):

$$\dot{q}_p = 7.160 \times 10^5 \cdot n_p^{0.50} \cdot v_p^{0.18} \cdot \sin \alpha_p \tag{5.19}$$

表 5.13　粒子热增量关系式拟合参数

实验序号	粒子热增量/(W/m²)	粒子浓度/(kg/m³)	粒子冲刷速度/(m/s)	粒子冲刷角度/(°)
8	9.136×10^5	0.025	11.2	45
9	1.022×10^6	0.807	16.6	45
10	1.176×10^6	1.53	26.7	45
1	1.116×10^6	4.11	12.3	45
2	3.645×10^6	12.7	18.0	45
3	4.494×10^6	23.5	30.0	45
5	1.220×10^6	3.36	15.8	45

可以看出浓度的幂次比速度的要高,表明粒子侵蚀条件下浓度对热增量的影响更大。表 5.14 给出了实验得到的粒子热增量、拟合公式计算的热增量和两者的

相对误差。可以看出,实验 8 和实验 1 的相对误差比较大。对比发现,当推进剂含铝量很低时(1%),粒子热增量随粒子参数变化并不明显,基本稳定在一个特定的数值附近;而当含铝量较高时,粒子热增量随粒子冲刷状态参数变化较为明显。总体来看,该公式比较适合粒子稠密状态,不太适合含铝量极低的情况。

表 5.14　粒子热增量拟合误差

实验序号	含铝量/%	调节环内径/mm	实验粒子热增量/(W/m^2)	计算粒子热增量/(W/m^2)	相对偏差/%
8	1	50	9.136×10^5	1.231×10^5	86.5
9	1	40	1.022×10^6	7.615×10^5	25.5
10	1	30	1.176×10^6	1.147×10^6	2.47
1	17	50	1.116×10^6	1.636×10^6	46.6
2	17	40	3.645×10^6	3.097×10^6	15.0
3	17	30	4.494×10^6	4.640×10^6	3.25
5	5	40	1.220×10^6	1.548×10^6	26.9

5.2.3　冷态粒子侵蚀条件下炭化层的强度特性

虽然过载模拟烧蚀发动机实验能够获得较为真实的粒子侵蚀特性以及热增量,但同时也无法排除热分解、热化学烧蚀和粒子沉积等因素的干扰,无法获得单纯的粒子侵蚀机械破坏特性。此外由于发动机稠密两相流侵蚀条件非常恶劣,很难对侵蚀过程进行精细化地测量。粒子侵蚀对绝热材料的机械效应本质上是粒子对炭化层的机械破坏,这显然与粒子冲刷的强弱和炭化层自身强度有关。虽然在 5.1 节中给出了炭化层的抗拉和抗剪切强度,但是粒子侵蚀条件下炭化层的破坏主要是由粒子局部碰撞造成的,与气流剥蚀的纯剪切破坏模式不完全相同,因此有必要通过冷态粒子侵蚀实验研究炭化层的机械破坏和强度特性。

1. 冷态粒子侵蚀实验系统

为了开展粒子对炭化层的侵蚀实验,获得炭化层的强度特性,建立了一套冷态粒子侵蚀实验系统,如图 5.48 所示。该系统主要由气源供应系统、粒子弹射装置、炭化层固定装置、阴影成像系统、高速摄像机和计算机等组成。粒子弹射装置由气缸、活塞、发射杯和限位台等组成。实验系统的工作原理是:实验前将粒子放在发射杯中;实验时打开阀门,利用高压气源推动活塞在气缸中运动,活塞推动发射杯中的粒子一起向上运动;当活塞运动到气缸上部的限位台时停止运动;粒子则由于惯性继续向上运动,碰撞上面的炭化层试件。通过调节气源压力,可以获得不同的粒子运动速度。通过改变炭化层固定装置的角度,可以调节粒子与炭化层的碰撞角度。采用活塞驱动方式的好处是尽量排除气流的影响,可以获得比较单纯的粒子侵蚀。粒子与炭化层的碰撞过程采用阴影系统来成像,用高速摄像机进行拍摄。

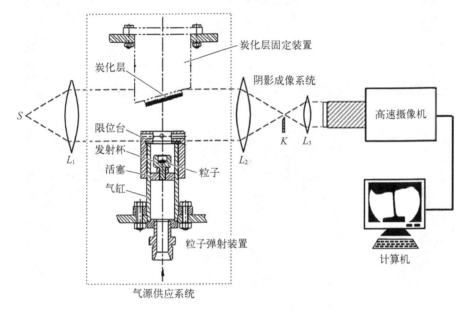

图 5.48　冷态粒子侵蚀实验系统示意图

2. 数据处理方法

利用阴影成像系统和高速摄像机可以获得粒子侵蚀炭化层过程的动态图像,通过对图像的处理可以获得粒子的侵蚀速度和侵蚀作用时间。图 5.49 为粒子质量 0.5 g、气源压力 3 MPa 工况粒子侵蚀过程中典型时刻的图像,图 5.49(a)为粒子开始运动时刻 t_1,图 5.49(c)为粒子侵蚀开始时刻 t_2,也就是刚开始接触炭化层表面的时刻,图 5.49(d)为粒子侵蚀结束时刻 t_3。则粒子运动时间为

$$\Delta t_1 = t_2 - t_1 \tag{5.20}$$

粒子侵蚀作用时间为

$$\Delta t_2 = t_3 - t_2 \tag{5.21}$$

认为粒子上升运动过程速度变化不大,则粒子的侵蚀速度为

$$v_p = \frac{L}{\Delta t_1} \tag{5.22}$$

式中,L 为活塞到达最高位置时发射杯边缘至炭化层表面的距离。

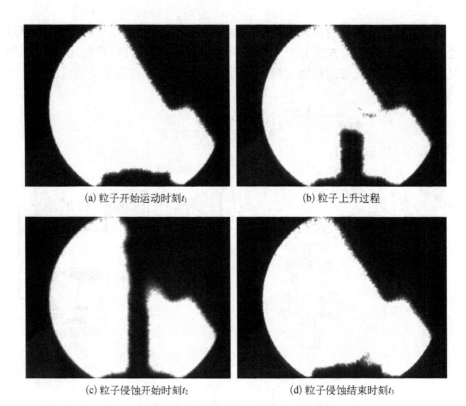

| (a) 粒子开始运动时刻t_1 | (b) 粒子上升过程 |

(c) 粒子侵蚀开始时刻t_2 (d) 粒子侵蚀结束时刻t_3

图 5.49　粒子侵蚀过程典型时刻图像

应用动量定理可以获得粒子侵蚀的平均作用力。根据动量定律有

$$F'\mathrm{d}t = \mathrm{d}(m_p v_p) = m_p \mathrm{d}v_p + v_p \mathrm{d}m_p \qquad (5.23)$$

式中，F' 为炭化层对粒子流的作用力；m_p 和 v_p 分别为粒子的质量和速度。假设粒子流为均质的射流，那么可以得到：

$$F'\mathrm{d}t = \mathrm{d}(m_p v_p) = m_p \mathrm{d}v_p \qquad (5.24)$$

对式（5.24）两边同时积分，可得

$$F'\Delta t_2 = m_p \Delta v_p \qquad (5.25)$$

式中，Δv_p 为粒子碰撞过程的速度变化量。进而可以得到：

$$F' = \frac{m_p \Delta v_p}{\Delta t_2} = \frac{m_p}{\Delta t_2} \Delta v_p = \dot{m}_p \Delta v_p \qquad (5.26)$$

式中，$\dot{m}_p$ 为粒子的质量流率。

粒子侵蚀时炭化层的受力情况如图 5.50 所示,F 为粒子对炭化层的作用力,$F = -F'$,α_p 为粒子流运动方向与炭化层表面的夹角,作用力 F 可以分解为法向力 F_n 和切向力 F_t。从粒子流侵蚀过程的动态图像上看,粒子流碰撞过程没有非常明显的反射,因此可近似认为碰撞过程粒子不反弹,即 $\Delta v_p = 0 - v_p = -v_p$,这种简化处理方式得到的结果会偏保守一些。这样就可求得粒子作用在炭化层表面上的法向力和切向力:

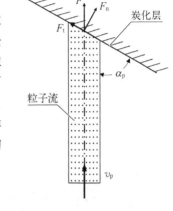

图 5.50 炭化层受力示意图

$$F_n = -\dot{m}_p \Delta v_{pn} = \dot{m}_p v_p \sin \alpha_p \quad (5.27)$$

$$F_t = -\dot{m}_p \Delta v_{pt} = \dot{m}_p v_p \cos \alpha_p \quad (5.28)$$

从图 5.49 上看,粒子流运动过程基本保持初始的截面形状,因此可以认为侵蚀炭化层的粒子流的横截面积近似等于发射杯面积 S 在炭化层表面的投影,炭化层表面所受的法向应力 σ_n 和切向应力 σ_t 分别为

$$\sigma_n = \frac{F_n}{(S/\sin \alpha_p)} = \frac{4\dot{m}_p v_p \sin^2 \alpha_p}{\pi d^2} \quad (5.29)$$

$$\sigma_t = \frac{F_n}{(S/\sin \alpha_p)} = \frac{4\dot{m}_p v_p \sin \alpha_p \cos \alpha_p}{\pi d^2} \quad (5.30)$$

式中,d 为发射杯直径。

通过调节高压气源压力,可调节粒子对炭化层表面作用的应力,当炭化层在某一气源压力条件下破坏,相应的炭化层表面所受应力可认为是粒子侵蚀条件下炭化层破坏的强度。

3. 实验结果

刘洋等[13]开展的实验表明,聚集状态下凝相粒子平均粒度为 43.68 μm。参考这个粒度,实验中采用平均粒度为 40 μm 的 Al 粉作为侵蚀粒子,分别开展了 30°、60°和 90°三种侵蚀角度的冷态粒子侵蚀实验。

表 5.15 给出了侵蚀角度为 30°工况的实验结果。粒子质量为 0.5 g,气源压强从 2 MPa 至 3 MPa 变化。粒子侵蚀实验后炭化层的形貌如图 5.51 所示。气源压力 2 MPa 时粒子侵蚀对炭化层基本没有明显损伤;气源压力 2.6 MP 时,炭化层表面出现了裂纹;气源压力 3 MPa 时炭化层出现了比较明显的破损。

表 5.15　侵蚀角 30° 的实验结果

实验序号	气源压力 /MPa	侵蚀作用 时间/ms	法向应力 σ_n /kPa	切向应力 σ_t /kPa	炭化层 状态
1	2	17.3	1.49	2.58	无损
2	2.6	16.5	1.74	3.01	裂纹
3	3	16.0	2.19	3.79	破损

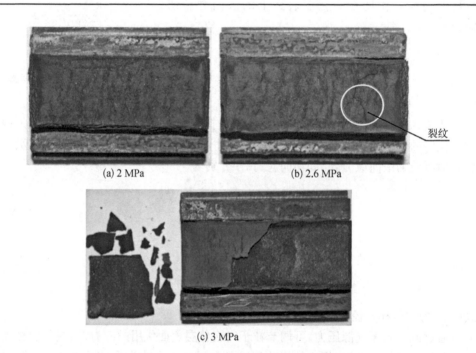

(a) 2 MPa　　　　(b) 2.6 MPa

裂纹

(c) 3 MPa

图 5.51　侵蚀角 30° 实验后的炭化层形貌

　　表 5.16 给出了侵蚀角度为 60° 工况的实验结果。粒子质量依然为 0.5 g，气源压力从 2 MPa 至 4.5 MPa 变化。粒子侵蚀实验后炭化层的形貌如图 5.52 所示。气源压力为 3 MPa 时粒子侵蚀对炭化层基本没有明显损伤；气源压力 3.5 MP 时，炭化层表面出现了裂纹；气源压力 4 MPa 时炭化层开始出现破损；4.5 MPa 时炭化层几乎全部破损。

　　表 5.17 给出了侵蚀角度为 90° 工况的实验结果。粒子质量从 0.5~1.2 g 变化，气源压力从 3.5 MPa 至 5 MPa 变化。粒子侵蚀实验后炭化层的形貌如图 5.53 所示。实验 1~5 的炭化层基本没有明显损伤；实验 6 的炭化层表面出现了裂纹；实验 7 的炭化层出现了破损。

表 5.16　侵蚀角 60°的实验结果

实验序号	气源压力 /MPa	侵蚀作用 时间/ms	法向应力 σ_n /kPa	切向应力 σ_t /kPa	炭化层状态
1	2	17.3	4.48	2.58	无损
2	2.5	16.5	5.22	3.01	无损
3	3	16.0	6.56	3.79	无损
4	3.5	14.0	8.36	4.83	裂纹
5	4	12.5	10.30	5.95	破损
6	4.5	11.0	13.28	7.67	破损

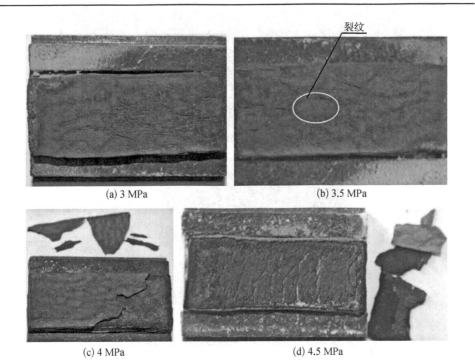

(a) 3 MPa　　　　(b) 3.5 MPa

(c) 4 MPa　　　　(d) 4.5 MPa

图 5.52　侵蚀角 60°实验后的炭化层形貌

表 5.17　侵蚀角 90°的实验结果

实验序号	粒子质量 /g	气源压力 /MPa	侵蚀作用 时间/ms	法向应力 σ_n /kPa	炭化层状态
1	0.5	3.5	14.0	10.85	无损
2	0.5	4	12.5	14.13	无损

实验序号	粒子质量/g	气源压力/MPa	侵蚀作用时间/ms	法向应力σ_n/kPa	炭化层状态
3	0.5	4.5	11.0	19.30	无损
4	0.7	4.5	11.0	27.10	无损
5	1.0	4.5	11.0	38.61	无损
6	1.2	4.5	11.0	46.38	裂纹
7	1.2	5	11.0	50.85	破损

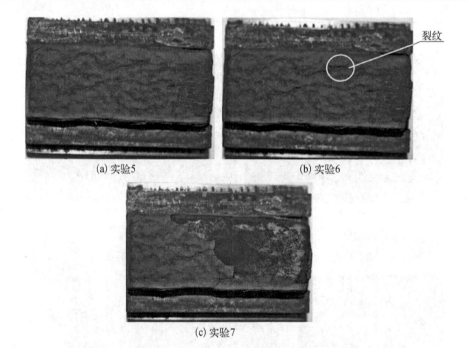

图 5.53　侵蚀角 90°实验后的炭化层形貌

4. 炭化层抗压强度与剪切强度

从实验结果可以看出,炭化层的抗压强度明显高于剪切强度。粒子流侵蚀角度为 90°时只有法向压应力,当法向压应力为 46.38 kPa 时炭化层出现裂纹,因此可以认为粒子侵蚀条件下炭化层的抗压强度为 46.38 kPa。侵蚀角度为 30°时,当剪切应力为 3.01 kPa、法向应力为 1.74 kPa 时炭化层出现裂纹。侵蚀角度为 60°时,当剪切应力为 4.83 kPa、法向应力为 8.36 kPa 时炭化层出现裂纹。由于 30°和 60°粒子流侵蚀的法向压应力远没有达到炭化层的抗压强度,炭化层的破坏主要由剪切应力造成。按照最小强度理论,可以认为粒子侵蚀条件下炭化层的剪切强度为

3.01 kPa。5.1.2 小节采用推拉力计测量的炭化层抗剪强度为 2.12 kPa,考虑到炭化层特性散布比较大,应该说两者还是比较一致的。

5.2.4　粒子侵蚀机理的总结

(1) 粒子侵蚀主要包含机械破坏效应和热增量,机械破坏效应指粒子流碰撞造成的炭化层破坏,热增量指粒子与绝热层碰撞带来的附加热流,包括接触导热和粒子碰撞时的动能转热能两部分。

(2) 稠密粒子侵蚀条件下绝热材料的炭化率随粒子速度变化存在"临界速度效应",当粒子速度小于临界速度,炭化率随速度增加比较缓慢;当粒子速度大于临界速度,炭化率随粒子速度增加快速增大。实验条件下获得的 EPDM 绝热材料的临界速度为 26~32 m/s。

(3) 绝热材料的炭化率随粒子冲刷角度变化也与临界速度有关,当小于临界速度时,炭化率随角度变化很小;当大于临界速度,炭化率随角度先增大,当大于 60° 后开始缓慢下降。

(4) 随着粒子冲刷速度增大,稠密粒子侵蚀条件下绝热材料的烧蚀可分为弱侵蚀、氧化铝沉积和强侵蚀三种模式:弱侵蚀模式炭化层表面致密,中下部疏松;氧化铝沉积模式炭化层表面有很多氧化铝沉积,炭化层呈现疏松/致密/疏松的结构;强侵蚀模式炭化层比较薄、整体比较致密。

(5) 根据过载模拟发动机烧蚀实验和热流测量实验,分别拟合出了炭化率与冲刷状态参数的经验关系,以及粒子热增量与冲刷状态参数的经验公式。

(6) 冷态粒子侵蚀实验表明炭化层的抗压强度显著高于抗剪强度,实验获得的炭化层抗压强度为 46.38 kPa,抗剪切强度为 3.01 kPa。

参考文献

[1] 刘泽祥,胡春波,李江,等.燃气流速对 EPDM 绝热材料炭化层结构特征的影响[J].固体火箭技术,2009,32(6): 686‑689.

[2] 刘泽祥.绝热材料炭化层结构特征及剥落机理研究[D].西安: 西北工业大学,2009.

[3] Li J, Ma K, Lv X, et al. Experimental study on erosion characteristics of char layer of EPDM composite by cold flow[J]. Acta Astronautica, 2019, 157: 332‑340.

[4] 王书贤,何国强,刘佩进,等.气相燃气速度对 EPDM 绝热材料烧蚀的影响[J].推进技术,2010,31(2): 235‑239.

[5] Melia P F. Flow and ablation patterns in titan Ⅳ SRM aft closures[C]. San Diego: 31st AIAA/ASME/SAE/ASEE Joint Propulsion Conference and Exhibit, 1995.

[6] 王娟.过载条件下三元乙丙绝热材料烧蚀机理与模型[D].西安: 西北工业大学,2010.

[7] Li J, Guo M F, Lv X, et al. Erosion characteristics of ethylene propylene diene monomer composite insulation by high-temperature dense particles[J]. Acta Astronautica, 2018, 145: 293‑303.

［8］ 徐义华,胡春波,李江.粒子侵蚀下三元乙丙绝热材料炭化层破坏特性实验研究[J].工程力学,2011,28(5)：251－256.

［9］ 张翔宇.固体火箭发动机两相冲刷条件下的传热特性研究[D].西安：西北工业大学,2010.

［10］ 杨世铭,陶文铨.传热学[M].第4版.北京：高等教育出版社,2006.

［11］ 休泽尔 D K.液体火箭发动机现代工程设计[M].朱宁昌,译.北京：中国宇航出版社,2004.

［12］ 姜贵庆,王淑华.喷管内粒子热增量机理研究[J].固体火箭技术,1990,(2)：18－22.

［13］ 刘洋,何国强,李江,等.聚集状态下凝相颗粒的收集与测量[J].推进技术,2005,26(5)：477－480.

第 6 章

基于分层结构的热化学烧蚀模型

固体发动机绝热层的烧蚀机理比较复杂,而且不同体系的绝热材料烧蚀也存在差别,但从"气动热化学烧蚀"这一点上来讲,又有共同之处。所谓"气动热化学烧蚀"是指这样的过程:高温燃气流流过绝热层内壁面,在壁面附近形成边界层;主流中具有氧化性的组分通过边界层扩散到壁面,与绝热层中可氧化的组分发生热化学反应;热化学反应使绝热材料消耗,形成壁面的烧蚀退移;绝热材料的烧蚀带走大量的热,因此有效地保护了发动机结构。研究表明,在气流剥蚀、粒子侵蚀或沉积不严重的部位,以气动热化学烧蚀为基础来考虑烧蚀问题是比较恰当的。

固体发动机绝热材料的烧蚀与传热紧密结合、相互影响,但又是范畴不同、相对独立的研究课题。通常采用的研究方法是:在烧蚀计算中,以详细解决烧蚀问题为重点,传热计算粗糙一些;相反在传热计算中,传热模型比较细致,烧蚀计算粗糙一些;然后以耦合的办法将它们有机地结合起来,使问题解决得更好。

本章将从物理模型、控制方程组、计算方法和算例等几个方面介绍基于分层结构的绝热材料热化学烧蚀模型。值得注意的是,本章并不对描述模型的方程做详细的推导,仅引用控制方程的最后形式,而叙述的重点放在计算方法上。关于控制方程的推导,可参看相关文献。

6.1　物理模型

当燃气流经绝热层表面时,燃气与绝热层表面之间发生能量和质量的传递。在加热初期,传到绝热层表面的能量只是单纯地增加材料表面的温度,此时材料起吸热作用。所发生的能量传递有燃气与材料表面之间的热辐射、对流换热以及材料内部的热传导。当材料表面被加热到热解温度时,表面材料开始分解,此时高聚物裂解会吸收大量的热量。随着热交换过程的进一步进行,材料表面温度达到炭化温度时,材料中极大部分高聚物分解成低分子气体溢出表面,留下多孔焦炭状残渣,并和原先加入基体的不分解的填料一起形成炭化层。随着热解炭化过程的进行,炭化层与热解层之间的交界面和热解层与材料基体之间的交界面就向材料内

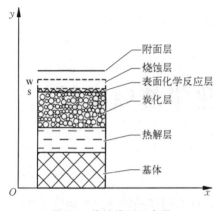

图 6.1 烧蚀模型示意图

部深处推移,推移的速度由加热的激烈程度决定。当材料形成炭化层、热解层和基体三层结构以后,热解层产生的气体通过多孔炭化层扩散并进一步裂解成简单分子进入边界层。在炭化层表面,来流气体中的氧化组分(CO_2、H_2O 等)与碳发生热化学反应,消耗炭化层质量,表面向内移动。当炭化层内移速度刚好等于内部两交界面的内移速度时,就达到稳态的烧蚀过程。根据上述描述,建立如图 6.1 所示的绝热层烧蚀模型。

图 6.1 中各层的意义如下。

（1）基体：也称为原始层,此层中没有任何化学反应,仅有热传导。

（2）热解层：高聚物在此层发生裂解,放出热解气体并流向炭化层。在此层中存在高聚物的裂解、热解气体流动和热传导。

（3）炭化层：炭化层是疏松多孔体,热解气体流经此层时发生二次分解,成为简单分子。分解气体的最终产物主要为 CO、H_2、N_2、H_2O、CO_2 及简单的烃类气体。在此假设氧化性气体流过炭化层时不与碳发生反应,但与炭化层发生对流换热,换热热量由气体温升所增加的焓带走。

（4）表面反应层：在此层中,来流气体中的氧化组分和材料中高聚物的最终裂解产物中氧化组分与表面碳发生化学反应。由于炭化层的多孔性,化学反应渗入炭化层,消耗了部分次表面的积碳并吸收部分热量。因此可以认为化学反应在表面的一薄层内进行。

（5）烧蚀层：表面及次表面碳的质量损耗,烧蚀表面下移所致。

（6）附面层：也称为边界层,表面边界层可以认为是二维冻结边界层层流流动,在此层中有质量引射和边界层与表面反应层之间的能量传递。

在实际烧蚀过程中,各层的物理化学过程是十分复杂的。要如实地对所有情形进行数学描述是不可能的。为此,在保持事物本质的前提下,对绝热层烧蚀的物理模型作了一些合理地简化,得到上述简化的烧蚀模型。

在物理模型的基础上,从质量守恒和能量守恒这两条基本原则出发,对材料的质量损失与环境参数、材料性能参数之间的关系,环境给材料的气动加热、辐射加热、反应吸热及各种热传递之间的关系加以数学描述。为了简化问题,进行了以下基本假设：

（1）绝热层表面气流流动按二维冻结流计算,成分的比定压热容 c_p、比定容热容 c_V 和比热比 γ 等物性参数都不随温度变化；

（2）表面化学反应均为一级反应；

（3）组元气体服从理想气体关系式；

（4）忽略体积力；

（5）除高聚物的裂解反应外,所有组元的化学反应都发生在表面反应层内；

（6）边界层内垂直于表面的压力梯度为零,即 $\dfrac{\partial p}{\partial y} = 0$；

（7）边界层中温度场与浓度场相似,即 $Pr = 1,Le = 1$；

（8）低速流动的燃气具有的静焓甚大于其动能,忽略流动方向的压降；

（9）忽略粒子侵蚀或沉积、气流剥蚀等效应。

6.2　表面能量和质量守恒方程

图 6.2 展示了绝热层烧蚀过程中形成炭化层之后的控制体能量守恒关系。图中, $\dot{q}_{\mathrm{int}}$ 为传入炭化层内部的热流率；$(\dot{q}_{\mathrm{rad}})_{\mathrm{net}}$ 为燃气与气动壁之间的净热辐射热流率；$(\rho v)_{\mathrm{w}} h_{\mathrm{w}}$ 为气体喷射总体运动时带走的焓；$\dot{q}_{\mathrm{a}}$ 为单位时间单位面积内化学反应热效应；$-\sum_{i=1}^{16}\left(\rho D h_i \dfrac{\partial Y_i}{\partial y}\right)_{\mathrm{w}}$ 是由分子扩散带走的焓；$-\left. k_{\mathrm{g}} \dfrac{\partial T}{\partial y}\right|_{\mathrm{w}}$ 为层流边界层与炭化层表面气动壁之间的热传导热流率；$\dot{m} h_{\mathrm{s}}$ 为热分解气体物质流带入控制体的焓。

上述各项的单位都为 $\mathrm{kJ/(m^2 \cdot s)}$。其中,$\rho$ 为密度；T 为温度；v 为 y 方向的速度分量；h 为燃气静焓；D 为气体分子的扩散系数；Y_i 为摩尔浓度；k_{g} 为混合气体导热系数。下标 g 表示气体；下标 s 表示烧蚀壁面；下标 w 表示气动壁面；下标 i 表示第 i 种气体组分。

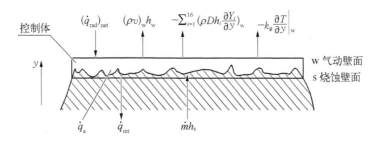

图 6.2　炭化层表面能量控制体

根据上述能量关系得到守恒方程式(6.1)：

$$\dot{m} h_{\mathrm{s}} + \dot{q}_{\mathrm{a}} + (\dot{q}_{\mathrm{rad}})_{\mathrm{net}} = \dot{q}_{\mathrm{int}} + (\rho v)_{\mathrm{w}} h_{\mathrm{w}} - \left. k_{\mathrm{g}} \frac{\partial T}{\partial y}\right|_{\mathrm{w}} - \sum_{i=1}^{16}\left(\rho D h_i \frac{\partial Y_i}{\partial y}\right)_{\mathrm{w}} \quad (6.1)$$

现对式(6.1)右端的热传导项和分子扩散带走的焓这两项进行变换:

$$k_{\mathrm{g}}\left.\frac{\partial T}{\partial y}\right|_{\mathrm{w}} + \sum_{i=1}^{16}\left(\rho D h_i\frac{\partial Y_i}{\partial y}\right)_{\mathrm{w}} = \left(\frac{k_{\mathrm{g}}}{c_p}\right)_{\mathrm{w}} \cdot \left[\left.\left(c_p\frac{\partial T}{\partial y}\right)\right|_{\mathrm{w}} + Le\sum_{i=1}^{16} h_i\left.\frac{\partial Y_i}{\partial y}\right|_{\mathrm{w}}\right]$$

(6.2)

式中,无量纲参数 $Le = \dfrac{\rho D c_p}{k_{\mathrm{g}}}$,表示组分扩散速率与热扩散速率的比值;$c_p$ 为气体的比定压热容。

$$c_p = \sum_{i=1}^{16} c_{p_i} \cdot Y_i \tag{6.3}$$

$$h = \sum_{i=1}^{16} h_i \cdot Y_i \tag{6.4}$$

再由假设知 $Le = 1$,得

$$\left.\frac{\partial h}{\partial y}\right|_{\mathrm{w}} = \sum_{i=1}^{16}\left.\left(Y_i\frac{\partial h_i}{\partial y}\right)\right|_{\mathrm{w}} + \sum_{i=1}^{16}\left.\left(h_i\frac{\partial Y_i}{\partial y}\right)\right|_{\mathrm{w}} \tag{6.5}$$

把式(6.5)代入式(6.2)得

$$k_{\mathrm{g}}\left.\frac{\partial T}{\partial y}\right|_{\mathrm{w}} + \sum_{i=1}^{16}\left.\left(\rho D h_i\frac{\partial Y_i}{\partial y}\right)\right|_{\mathrm{w}} = \left.\left(\frac{k_{\mathrm{g}}}{c_p} \cdot \frac{\partial h}{\partial y}\right)\right|_{\mathrm{w}} \tag{6.6}$$

表示传热传质问题的最常用的系数为斯坦顿数 St,定义如下:

$$St = \left.\left(\frac{k_{\mathrm{g}}}{c_p} \cdot \frac{\partial h}{\partial y}\right)\right|_{\mathrm{w}} \Big/ [\rho_{\mathrm{e}} u_{\mathrm{e}}(h_{\mathrm{r}} - h_{\mathrm{w}})] \tag{6.7}$$

式中,下标 e 表示燃气流;ρ_{e}、u_{e} 分别为燃气流密度和速度;h_{w} 为气动壁面的静焓;h_{r} 为恢复焓,其表达式为

$$h_{\mathrm{r}} = c_p T_{\mathrm{e}}\left(1 + \frac{k-1}{2}Ma_{\mathrm{e}}^{\ 2}\right) \tag{6.8}$$

式中,Ma_{e} 为燃气流的马赫数;T_{e} 为燃气流的温度。

把式(6.6)、式(6.7)代入式(6.1)得

$$\dot{m}h_{\mathrm{s}} + \dot{q}_{\mathrm{a}} + (\dot{q}_{\mathrm{rad}})_{\mathrm{net}} = \dot{q}_{\mathrm{int}} + (\rho v)_{\mathrm{w}} h_{\mathrm{w}} - \rho_{\mathrm{e}} u_{\mathrm{e}} St(h_{\mathrm{r}} - h_{\mathrm{w}}) \tag{6.9}$$

考虑上述控制体中的质量守恒关系,根据扩散的概念,扩散是相对平均流速度而言的,所以各组元的扩散通量总和为零,得到如图 6.3 所示的质量守恒关系。

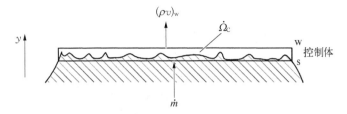

图 6.3　炭化层表面质量守恒控制体

其质量守恒方程为

$$\dot{\Omega}_c + \dot{m} = (\rho v)_w \tag{6.10}$$

式中，$\dot{\Omega}_c$ 为由化学反应产生的气体质量增加率，即消耗的碳量；$\dot{m}$ 为由高聚物分解气体产生的物质流；$(\rho v)_w$ 为气体喷射总体运动物质流。

令无因次烧蚀率为

$$B = \frac{\dot{m}}{\rho_e u_e St} \tag{6.11}$$

将式(6.10)、式(6.11)代入式(6.9)，得

$$\dot{q}_{int} = \dot{m}(h_s - h_w) + \dot{q}_a + (\dot{q}_{rad})_{net} - \dot{\Omega}_c h_w + \frac{\dot{m}}{B}(h_r - h_w) \tag{6.12}$$

式(6.12)和式(6.10)分别为烧蚀表面发生化学反应时的能量和质量守恒方程。在绝热层的烧蚀过程中，当表面温度小于材料初始热解温度时，烧蚀表面无质量引射，无热化学反应发生。此时气动壁面与烧蚀壁面合二为一，即 $T_s = T_w$。传入表面的能量关系为

$$\dot{q}_{int} = (\dot{q}_{rad})_{net} + k_g \left.\frac{dT}{dy}\right|_w \tag{6.13}$$

在层流流动中，各层里的流体微团保持一定的顺序流动而不互相超越。在流体中和流体与壁面的交界面上热量将以分子导热的方式在层与层之间传递。式(6.13)中的对流换热项 $k_g \left.\dfrac{dT}{dy}\right|_w$ 可以通过求解层流边界层微分方程的数值解获得。

当烧蚀表面温度大于热解温度而小于炭化温度时，即 $T_F < T_s < T_C$（T_F 是绝热材料的热解温度；T_C 为绝热材料的炭化温度）时，表面无热化学反应发生，气膜厚度为零，即 $T_s = T_w$，外边界能量方程变为

$$\dot{q}_{int} = (\dot{q}_{rad})_{net} + \frac{\dot{m}}{B}(h_r - h_w) \tag{6.14}$$

6.3　气相层流边界层方程及数值解

通常燃烧室内气流的速度不是很高,对于尺寸不是很大的发动机来说,为了便于分析,可以认为绝热层表面是层流流动,这样就能用非定温绕流平壁时的温度型方程来求解燃气与绝热层之间的热传导热流。如果是湍流流动,可以参考相关湍流边界层的理论进行计算。

6.3.1　层流边界层方程

二维边界层流动的守恒方程如下。
连续方程:

$$\frac{\partial \rho}{\partial t} + \frac{\partial (\rho u)}{\partial x} + \frac{\partial (\rho v)}{\partial y} = 0 \tag{6.15}$$

动量方程:

$$\rho \frac{\partial u}{\partial t} + \rho u \frac{\partial u}{\partial x} + \rho v \frac{\partial u}{\partial y} = -\frac{\partial p}{\partial x} + \frac{\partial}{\partial y}\left(\mu \frac{\partial u}{\partial y}\right) + \rho g_x \tag{6.16}$$

能量方程:

$$\rho \frac{\partial H}{\partial t} + \rho u \frac{\partial H}{\partial x} + \rho v \frac{\partial H}{\partial y} - \frac{\partial p}{\partial t} + \frac{\partial q_y}{\partial y} = \frac{\partial}{\partial y}\left(\mu u \frac{\partial u}{\partial y}\right) + \rho u g_x \tag{6.17}$$

组分方程:

$$\rho u \frac{\partial Y_i}{\partial x} + \rho v \frac{\partial Y_i}{\partial y} = \frac{\partial}{\partial y}\left(\rho D_i \frac{\partial Y_i}{\partial y}\right) \tag{6.18}$$

式中,μ 为动力黏性系数;g_x 为 x 方向的重力加速度分量;h 为焓;q_y 为 y 方向热流密度。

根据基本假设,可以得到简化的方程组:

$$\frac{\partial u}{\partial x} + \frac{\partial v}{\partial y} = 0 \tag{6.19}$$

$$u \frac{\partial u}{\partial x} + v \frac{\partial u}{\partial y} = \nu \frac{\partial^2 u}{\partial y^2} \tag{6.20}$$

$$u \frac{\partial T}{\partial x} + v \frac{\partial T}{\partial y} = \alpha \frac{\partial^2 T}{\partial y^2} \tag{6.21}$$

$$u \frac{\partial Y_i}{\partial x} + v \frac{\partial Y_i}{\partial y} = D_i \frac{\partial^2 Y_i}{\partial y^2} \tag{6.22}$$

式中，$\nu = \dfrac{\mu}{\rho}$；$\alpha = \dfrac{k_{\mathrm{g}}}{\rho c_p}$。

边界条件如下。

$y = 0$，即在烧蚀表面：$u = 0$，$v = v_{\mathrm{w}}$，$T = T_{\mathrm{w}}$，$Y_i = (Y_i)_{\mathrm{w}}$，$i = 1, 2, \cdots, 16$。

$y \to \infty$，即在边界层外缘：$u = u_{\mathrm{e}}$，$v = 0$，$T = T_{\mathrm{e}}$，$Y_i = (Y_i)_{\mathrm{e}}$，$i = 1, 2, \cdots, 16$。

式(6.19)~式(6.22)给出了二维常物性、无化学反应的层流边界层微分方程组，描述了对流换热过程中的动量传递、热量传递和质量传递关系。

6.3.2　微分方程的无因次变化

根据连续方程(6.19)定义流函数 Ψ：

$$\begin{cases} u = \dfrac{\partial \Psi}{\partial y} \\[2mm] v = -\dfrac{\partial \Psi}{\partial x} \end{cases} \tag{6.23}$$

把式(6.23)代入式(6.20)，得

$$\frac{\partial \Psi}{\partial y} \cdot \frac{\partial^2 \Psi}{\partial x \partial y} - \frac{\partial \Psi}{\partial x} \cdot \frac{\partial^2 \Psi}{\partial y^2} = \nu \frac{\partial^3 \Psi}{\partial y^3} \tag{6.24}$$

令如下无因次变量：

$$\eta = y \sqrt{\frac{u_{\mathrm{e}}}{\nu \cdot x}} \tag{6.25}$$

根据层流边界层实验结果知，边界层厚度 δ 有以下关系：

$$\delta = C \sqrt{\frac{\nu \cdot x}{u_{\mathrm{e}}}} \tag{6.26}$$

式中，C 为常数。

由式(6.25)、式(6.26)得 $\eta = C \dfrac{y}{\delta}$，又有 $\dfrac{u}{u_{\mathrm{e}}} = \dfrac{y}{\delta}$，代入得

$$\frac{u}{u_{\mathrm{e}}} = \frac{\eta}{C} = F(\eta) \tag{6.27}$$

利用上述结果并积分,得

$$\Psi = \sqrt{\nu \cdot x \cdot u_e} \int F(\eta) \, \mathrm{d}\eta \tag{6.28}$$

令 $f(\eta) = \int F(\eta) \, \mathrm{d}\eta$,则有

$$\Psi = \sqrt{\nu \cdot x \cdot u_e} \, f(\eta) \tag{6.29}$$

代入式(6.24)得

$$f(\eta) \frac{\mathrm{d}^2 f(\eta)}{\mathrm{d}\eta^2} + 2 \frac{\mathrm{d}^3 f(\eta)}{\mathrm{d}\eta^3} = 0$$

即

$$2f''' + f \cdot f'' = 0 \tag{6.30}$$

相应的边界条件如下。

当 $\eta = 0$ 时,$f' = 0$,$f = -2 \dfrac{v_w}{u_e} \sqrt{Re_x}$。

当 $\eta = 1$ 时,$f' = 1$。

同理,令无因次温度为

$$\vartheta = \frac{T - T_w}{T_e - T_w} \tag{6.31}$$

假定任意 x 位置边界层的温度型相似,即 $\vartheta = \vartheta(\eta)$,$\vartheta$ 仅是 η 的函数

$$T = T_w + \vartheta(T_e - T_w) \tag{6.32}$$

把式(6.32)代入能量方程(6.21)得

$$\frac{\partial^2 \vartheta}{\partial \eta^2} + \frac{1}{2} Pr \cdot f \cdot \frac{\partial \vartheta}{\partial \eta} = 0 \tag{6.33}$$

即

$$\vartheta'' + \frac{1}{2} Pr \cdot f \cdot \vartheta' = 0 \tag{6.34}$$

边界条件如下。

当 $\eta = 0$ 时:$\vartheta = 0$,$f = -2 \dfrac{v_w}{u_e} \sqrt{Re_x}$;

当 $\eta = 1$ 时:$\vartheta = 1$。

求解常微分方程(6.30)可得到层流边界层气流速度的数值解,即函数 f 的数值解。再联合常微分方程(6.34),即可求得层流边界层内的无因次温度场分布的数值解,从而可获得对流换热量的数值解:

$$\dot{Q}_f = k_g \frac{T_e - T_w}{2C} \sqrt{Re_x} \frac{\vartheta_2 - \vartheta_1}{\Delta\eta}\bigg|_w \qquad (6.35)$$

式中,ϑ_2、ϑ_1 和 $\Delta\eta$ 分别为无因次温度的两节点数值解和无因次变量 η 的步长。

6.3.3　常微分方程的数值解

上面把微分方程进行了布拉休斯变换,得到了高价常微分方程。下面介绍的数值解法用来求解边界层内无因次温度分布的数值解。

Runge-Kutta 型公式是常微分方程数值解法中使用最广泛的公式之一。其原理如下。

先把下列边值问题:

$$\frac{\mathrm{d}^2 y}{\mathrm{d}x^2} + D\frac{\mathrm{d}y}{\mathrm{d}x} + Ey = h(x) \qquad (6.36)$$

$$\begin{cases} y(0) = y_0 \\ y(L) = y_L \end{cases} \qquad (6.37)$$

转化成下列初值问题:

$$A\frac{\mathrm{d}^2 y}{\mathrm{d}x^2} + B\frac{\mathrm{d}y}{\mathrm{d}x} + C = g(t) \qquad (6.38)$$

$$\begin{cases} y(0) = y_0 \\ \dfrac{\mathrm{d}y}{\mathrm{d}t}(0) = U \end{cases} \qquad (6.39)$$

式中,U 为待定量,按 $y(L) = 0$ 用打靶法来取值。

打靶法是一种把边值问题转换为等价的初值问题的有效方法,其目的是通过打靶法求 U 值,把边值问题再现出来,即要求满足

$$y_L(U) = y(L) = 0 \qquad (6.40)$$

若 $y(L) \neq 0$,则所找的初值问题不能与原边值问题等价。对式(6.40)而言,先提供其根的两个估计值 U_0 及 U_{00},再由 Runge-Kutta 公式求得 $y_L(U_{00})$ 及

$y_L(U_0)$。随后可用式(6.41)求得 U 的一个新值 U_1：

$$U_1 = U_0 - \frac{y_L(U_0)}{[y_L(U_0) - y_L(U_{00})]/(U_0 - U_{00})} \tag{6.41}$$

其过程继续到收敛为止。

在 Runge-Kutta 公式中常用的为四阶的 Runge-Kutta 公式：

$$y_{j+1} = y_j + \Delta t \left[\frac{1}{6}f(y_j, t_j) + \frac{1}{3}f(y_{j+\frac{1}{2}}^*, t_{j+\frac{1}{2}}) + \frac{1}{3}f(y_{j+\frac{1}{2}}^{**}, t_{j+\frac{1}{2}}) + \frac{1}{6}f(y_{j+1}^*, t_{j+1}) \right] \tag{6.42}$$

式中，$y_{j+\frac{1}{2}}^* = y_j + \frac{\Delta t}{2}f(y_j, t_j)$；$y_{j+\frac{1}{2}}^{**} = y_j + \frac{\Delta t}{2}f(y_{j+\frac{1}{2}}, t_{j+\frac{1}{2}})$；$y_{j+1}^* = y_j + \Delta t \cdot f(y_{j+\frac{1}{2}}^{**}, t_{j+\frac{1}{2}})$；$f(y, t) = \mathrm{d}y/\mathrm{d}t$。中间值 $y_{j+\frac{1}{2}}^*$、$y_{j+\frac{1}{2}}^{**}$ 和 y_{j+1}^* 必须按给定顺序计算。这样通过迭代就可以得到一系列 y 的数值解。

6.4 气膜分析法

当表面发生化学反应时,气动壁温度 T_w 与烧蚀壁面温度 T_s 存在一定的温差。这一温差主要是由质量喷射和表面化学反应吸热引起的。为此,本节将利用气膜分析法找出 T_w 和 T_s 的关系。

图 6.4 为气膜模型示意图,除高聚物裂解反应外,所有的化学反应都发生在气膜内。气膜厚度 a 也就是表面化学反应层的厚度。在气膜模型中,假设炭化层表面被理想的几何球面化学反应面覆盖,构成理想的化学反应层。这一假设可以从炭化层表面微观形貌的电镜照片得到支持。炭化层表面凹凸不平,如用化学反应面来计算表面温度势必引起一定的误差。图 6.5 的电镜照片展示的炭化层气孔,是热解气体进入气膜的通道,可以将它们等效为理想的几何形状,如图 6.6 所示。

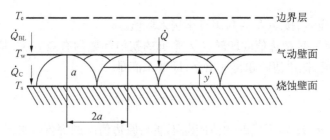

图 6.4　气膜模型示意图

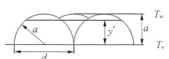

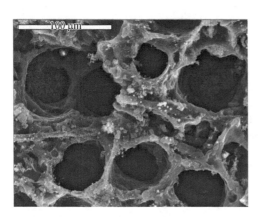

图 6.5　炭化层中气孔分布图

图 6.6　气膜等效几何图

现考虑气膜内的能量守恒关系。气膜层内的 y' 处,找到一理想的几何面,如图 6.6 所示,y' 截面处的面积为

$$A(y') = \frac{\pi}{2}\left[\frac{(2\sqrt{3}-\pi)a^2}{\pi} + y'^2\right] \qquad (6.43)$$

流过此截面的热流为

$$\dot{Q} = -k_g \frac{dT}{dy}\bigg|_{y'} \cdot A(y') \qquad (6.44)$$

积分式(6.44)得

$$2\dot{Q} = \left(\sqrt{\frac{\pi}{2\sqrt{3}-\pi}}\arctan\sqrt{\frac{\pi}{2\sqrt{3}-\pi}}\right)^{-1} \cdot \pi \cdot k_g \cdot a(T_w - T_s) \qquad (6.45)$$

即

$$\dot{Q} = 0.127\pi k_g a(T_w - T_s) \qquad (6.46)$$

考虑边界层与气膜之间热流率与温度的关系,得到如图 6.7 所示的热阻网络图,它们之间的关系式如式(6.47)~式(6.49)所示。

$$T_e - T_w = \dot{Q}_{BL} \cdot R_{BL} \qquad (6.47)$$

$$T_w - T_s = \dot{Q}_C \cdot R_C \qquad (6.48)$$

$$\dot{Q}_C = \dot{Q}_{BL} - \dot{q}_a \cdot A \qquad (6.49)$$

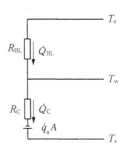

图 6.7　热流与温度关系等效热阻示意图

131

式中,

$$\dot{Q}_{BL} = \rho_e u_e St c_p (T_e - T_w) \cdot A \tag{6.50}$$

联合求解方程式(6.43)~式(6.49)可得

$$T_w - T_s = \frac{12\sqrt{3}\,a}{\pi k_g} \cdot \left[\frac{\dot{m}}{B} c_p (T_e - T_w) - \dot{q}_a \right] \tag{6.51}$$

分析式(6.51)可知,温差跟气膜厚度 a、气体喷射率 $\dot{m}$ 和化学反应吸热 $\dot{q}_a$ 成正比。式(6.51)中,气膜厚度 a 由扫描电镜测得。

6.5 材料内部热响应

材料内部热响应计算是烧蚀计算中的重要环节。通过此项计算可以得到烧蚀壁面温度 T_s 的变化情况和材料内部炭化线和热解线的退移情况。烧蚀过程中,材料炭化后留下的残渣,虽然在低流速下没有被气流剥蚀掉,起着一定的隔热作用,但此时炭化层已失去了力学性能,所以在烧蚀率计算时采用炭化烧蚀率,把炭化层厚度计入总烧蚀厚度之内。而在热传导计算中,仍认为其热性能有效。

6.5.1 材料热响应控制方程

由物理模型知,绝热层在烧蚀过程中会形成炭化层、热解层和基体三层。为便于数学分析,认为绝热层烧蚀时的内部热传导是一维的,其控制方程如下所示。

炭化层:

$$k_1 \frac{\partial^2 T}{\partial y^2} + \dot{m} c_{1g} \frac{\partial T}{\partial y} = \rho_1 c_1 \frac{\partial T}{\partial t} \tag{6.52}$$

热解层:

$$k_2(T) \frac{\partial^2 T}{\partial y^2} + \rho_2(T) \cdot H_p = \rho_2(T) c_2(T) \frac{\partial T}{\partial t} \tag{6.53}$$

基体:

$$k_3(T) \frac{\partial^2 T}{\partial y^2} = \rho_3(T) c_3(T) \frac{\partial T}{\partial t} \tag{6.54}$$

式(6.52)~式(6.54)中下标 $m = 1$、2、3 分别表示炭化层、热解层和基体;k_m、ρ_m、c_m 分别为各层的导热系数、密度和比热容;c_{1g} 为炭化层内气体的比热;H_p 是绝热材料热解吸热量。

初始条件：

$t = 0$ 时，$T = T_0$，T_0 为绝热层的初温。

外边界条件：

$y = 0$ 处，即绝热层背面，$\left.\dfrac{\mathrm{d}T}{\mathrm{d}y}\right|_{y=0} = 0$，按绝热壁处理。

$y = L$ 处，即烧蚀表面，当 $T_s < T_F$ 时，

$$\dot{q}_{\text{int}} = (\dot{q}_{\text{rad}})_{\text{net}} + \dot{q}_f \tag{6.55}$$

式中，壁面气体分子间的导热项 $\dot{q}_f$ 为

$$\dot{q}_f = k_g \left.\frac{\mathrm{d}T}{\mathrm{d}y}\right|_w$$

当 $T_F \leqslant T_s < T_C$ 时，

$$\dot{q}_{\text{int}} = (\dot{q}_{\text{rad}})_{\text{net}} + \frac{\dot{m}}{B}(h_r - h_w) \tag{6.56}$$

式中，$h_r - h_w = c_p(T_r - T_w)$。

当 $T_s \geqslant T_C$ 时，

$$\dot{q}_{\text{int}} = \dot{m}(h_s - h_w) + \dot{q}_a + (\dot{q}_{\text{rad}})_{\text{net}} - \dot{\Omega}_c h_w + \frac{\dot{m}}{B}(h_r - h_w) \tag{6.57}$$

内边界条件：

在炭化线上，$T_{C1} = T_{C2}$，$\dot{q}_{C1} = \dot{q}_{C2}$；

在热解线上，$T_{F2} = T_{F3}$，$\dot{q}_{F2} = \dot{m}H_p + \dot{q}_{F3}$。

6.5.2　数值处理

对于上述各区的控制方程，建立如图 6.8 所示的差分网格。差分网格采用均匀网格，空间坐标 y 的网格节点用 i 表示，网格间距为 Δy；时间坐标 t 的网格节点用 j 表示，网格间距为 Δt。图中还示意性地展现了烧蚀线、炭化线和热解线随时间的发展过程。

应用 Crank-Nicolson 方法把各区的控制方程离散化，并进行低松弛迭代[1]，以求得材料内部温度场分布情况。

对Ⅲ区而言，在 $j+1$ 时刻内部各节点温度的迭代方程为

$$T_{i,j+1}^{n+1} = \frac{\omega}{2 + A_1}\left[T_{i+1,j+1}^n + T_{i-1,j+1}^n + T_{i+1,j} + T_{i-1,j} - (2 - A_1)T_{i,j}\right] + (1 - \omega)T_{i,j+1}^n \tag{6.58}$$

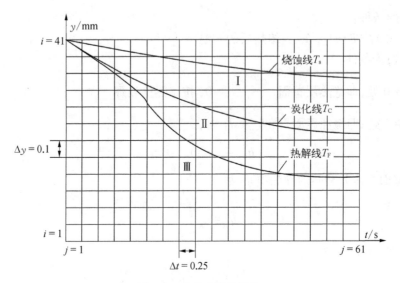

图 6.8 差分计算的网格

式中,上标 n 和 $n+1$ 表示迭代的步数;ω 是松弛因子,对于低松弛迭代 $\omega \in (0, 1)$。

利用外部边界条件得到外边界节点温度值的迭代方程如下:

$$T_{1, j+1}^{n+1} = \left(\frac{4}{3} T_{2, j+1}^{n} - \frac{1}{3} T_{3, j+1}^{n} \right) \cdot \omega + (1 - \omega) T_{1, j+1}^{n} \tag{6.59}$$

$$T_{41, j+1}^{n+1} = \frac{\omega}{\dfrac{3k_3}{2\Delta y} + \varepsilon_{\text{eff}} \cdot \sigma \left(T_{41, j+1}^{n} \right)^3} \left(\varepsilon_{\text{eff}} \cdot \sigma \cdot T_e^4 + \frac{2k_3}{\Delta y} T_{40, j+1}^{n} - \frac{k_3}{2\Delta y} T_{39, j+1}^{n} + \dot{q}_{\text{f}} \right)$$
$$+ (1 - \omega) T_{41, j+1}^{n} \tag{6.60}$$

对 II 区而言,在 $j+1$ 时刻内部各点温度值的迭代方程为

$$T_{i, j+1}^{n+1} = \frac{\omega}{2 + A_2} \left[T_{i+1, j+1}^{n} + T_{i-1, j+1}^{n} + T_{i+1, j} + T_{i-1, j} - (2 - A_2) T_{i, j} + \frac{2 (\Delta y)^2 \cdot H_{\text{p}} \cdot \rho_2}{k_2} \right]$$
$$+ (1 - \omega) T_{i, j+1}^{n} \tag{6.61}$$

利用外部边界条件得到外边界节点温度值的迭代方程如下:

$$T_{1, j+1}^{n+1} = \left(\frac{4}{3} T_{2, j+1}^{n} - \frac{1}{3} T_{3, j+1}^{n} \right) \cdot \omega + (1 - \omega) T_{1, j+1}^{n} \tag{6.62}$$

$$T_{41,j+1}^{n+1} = \frac{\omega}{A_3} \cdot A_4 + (1 - \omega) \cdot T_{41,j+1}^{n} \tag{6.63}$$

对 I 区而言,在 $j + 1$ 时刻内部各点温度值的迭代方程为

$$T_{i,j+1}^{n+1} = \frac{\omega}{A_5} \left\{ \frac{k_1}{2(\Delta y)^2}(T_{i+1,j} + T_{i-1,j}) - \left[\frac{k_1}{(\Delta y)^2} - \frac{\rho_1 c_1}{\Delta t}\right]T_{i,j} + \frac{k_1}{2(\Delta y)^2}T_{i-1,j+1}^{n} \right.$$
$$\left. + \left(\frac{k_1}{2(\Delta y)^2} + \frac{\dot{m}c_{1g}}{\Delta y}\right)T_{i+1,j+1}^{n} \right\} + (1 - \omega)T_{i,j+1}^{n} \tag{6.64}$$

利用外部边界条件得到外边界节点温度值的迭代方程如下:

$$T_{s,j+1}^{n+1} = \frac{\omega}{A_8 - \frac{3k_1}{2\Delta y}}\left(\frac{k_1}{2\Delta y}T_{s-2,j+1}^{n} - \frac{2k_1}{\Delta y}T_{s-1,j+1}^{n} - A_9\right) + (1 - \omega)T_{s,j+1}^{n} \tag{6.65}$$

$i = s$ 表示外边界节点处于烧蚀线上。

上列迭代方程中系数 $A_1 \sim A_9$ 的表达式分别为

$$A_1 = \frac{2\rho_3 \cdot c_3 \cdot (\Delta y)^2}{k_3 \cdot \Delta t} \tag{6.66}$$

$$A_2 = \frac{2\rho_2 \cdot c_2 \cdot (\Delta y)^2}{k_2 \cdot \Delta t} \tag{6.67}$$

$$A_3 = \frac{3k_2}{2\Delta y} + \frac{1}{A_7}\left[\varepsilon_{\text{eff}} \cdot \sigma \frac{(A_6 + T_{41,j+1}^{n})^3}{A_7^3} + \frac{\dot{m}}{B}c_p\right] \tag{6.68}$$

$$A_4 = \varepsilon_{\text{eff}}\sigma T_e^4 + \frac{\dot{m}}{B}c_p T_r - \frac{A_6}{A_7}\left[\varepsilon_{\text{eff}} \cdot \sigma \frac{(A_6 + T_{41,j+1}^{n})^3}{A_7^3} + \frac{\dot{m}}{B}c_p\right] + \frac{2k_2}{\Delta y}T_{40,j+1}^{n} + \frac{k_2}{2\Delta y}T_{39,j+1}^{n} \tag{6.69}$$

$$A_5 = \frac{k_1}{(\Delta y)^2} + \frac{\dot{m}c_{1g}}{\Delta y} + \frac{\rho_1 c_1}{\Delta t} \tag{6.70}$$

$$A_6 = \frac{12\sqrt{3}d}{\pi k_g}\left(\frac{\dot{m}}{B}c_p T_e - \dot{q}_a\right) \tag{6.71}$$

$$A_7 = \frac{12\sqrt{3}\,d}{\pi k_g} \frac{\dot{m}}{B} c_p + 1 \tag{6.72}$$

$$A_8 = \dot{m}c_p - \frac{1}{A_7}\left[\dot{m}c_p + \varepsilon_{\text{eff}}\sigma \frac{1}{A_7^3}(A_6 + T_{41,\,j+1}^n)^3 + \Omega_c c_p + \frac{\dot{m}}{B}c_p\right] \tag{6.73}$$

$$A_9 = \dot{q}_a + \varepsilon_{\text{eff}}\sigma T_e^4 + \frac{\dot{m}}{B}c_p T_r - \frac{A_6}{A_7}\left[\dot{m}c_p + \varepsilon_{\text{eff}}\sigma \frac{1}{A_7^3}(A_6 + T_{41,\,j+1}^n)^3 + \Omega_c c_p + \frac{\dot{m}}{B}c_p\right]$$
$$\tag{6.74}$$

由于在数值计算时采用了固定坐标网格,所以当节点温度超过热解温度或初始炭化温度时,必须对原先网格进行修正。使前一节点和后一节点成为内部节点,内部节点温度等于 T_F 或 T_C。当修正后的温度与 T_F 或 T_C 矛盾时,热解线或炭化线就要上下移动,自动修正热解或炭化节点的位置,直到 $j+1$ 时刻上的各温度值稳定(即收敛)为止。下面介绍热解线和炭化线内部边界的处理。

热解线所处位置如图 6.9 所示。在 $j+1$ 时刻,针对热解线上下的几个节点,列出相应的差分方程,并与内边界条件联合求解可以修正热解线上下各节点的温度和热解节点的位置[2]。

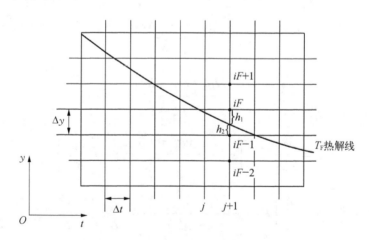

图 6.9 热解线内边界局部网格

位于Ⅲ区的节点温度离散方程为

$$k_3 \frac{h_2 T_{iF-2,\,j+1} + \Delta y T_F - (h_2 + \Delta y)T_{iF-1,\,j+1}}{\frac{1}{2}h_2 \Delta y (h_2 + \Delta y)} = \rho_3 c_3 \frac{T_{iF-1,\,j+1} - T_{iF-1,\,j}}{\Delta t} \tag{6.75}$$

位于 II 区的节点温度离散方程为

$$k_2 \frac{h_1 T_{iF+1,j+1} + \Delta y T_{\mathrm F} - (h_1 + \Delta y) T_{iF,j+1}}{\frac{1}{2} h_1 \Delta y (h_1 + \Delta y)} + \rho_2 H_{\mathrm p} = \rho_2 c_2 \frac{T_{iF,j+1} - T_{iF,j}}{\Delta t} \quad (6.76)$$

热流平衡方程为

$$k_2 \frac{T_{iF,j+1} - T_{\mathrm F}}{h_1} = \dot{m} H_{\mathrm p} + k_3 \frac{T_{\mathrm F} - T_{iF-1,j+1}}{h_2} \quad (6.77)$$

$$h_1 + h_2 = \Delta y \quad (6.78)$$

方程(6.75)~方程(6.78)构成非线性方程组,利用拟牛顿法求解方程,可以得到 h_1、h_2、$T_{iF,j+1}$ 和 $T_{iF-1,j+1}$ 四个值。

炭化线所处位置如图 6.10 所示,同理得到下列一组非线性方程:

$$k_2 \frac{h_2 T_{iC-2,j+1} + \Delta y T_{\mathrm C} - (h_2 + \Delta y) T_{iC-1,j+1}}{\frac{1}{2} h_2 \Delta y (h_2 + \Delta y)} + \rho_2 H_{\mathrm p} = \rho_2 c_2 \frac{T_{iC-1,j+1} - T_{iC-1,j}}{\Delta t} \quad (6.79)$$

$$k_1 \frac{h_1 T_{iC+1,j+1} + \Delta y T_{\mathrm C} - (h_1 + \Delta y) T_{iC,j+1}}{\frac{1}{2} h_1 \Delta y (h_1 + \Delta y)} + \dot{m} c_{1\mathrm g} \frac{(\Delta y)^2 T_{\mathrm C} - h_1^2 T_{iC+1,j+1} - [(\Delta y)^2 - h_1^2] T_{iC,j+1}}{h_1 \Delta y (h_1 + \Delta y)}$$

$$= \rho_1 c_1 \frac{T_{iC,j+1} - T_{iC,j-1}}{\Delta t} \quad (6.80)$$

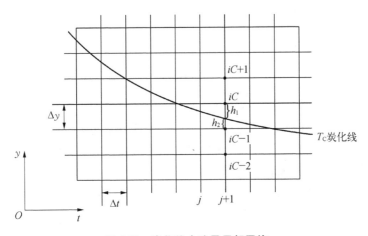

图 6.10　炭化线内边界局部网格

$$\Delta y = h_1 + h_2 \tag{6.81}$$

$$k_1 \frac{T_{iC, j+1} - T_C}{h_1} = k_2 \frac{T_C - T_{iC-1, j+1}}{h_2} \tag{6.82}$$

求解式(6.79)~式(6.82)可得 h_1、h_2、$T_{iC, j+1}$ 和 $T_{iC-1, j+1}$ 四个未知数。

至此,可以利用式(6.58)~式(6.82),求得材料内部的温度场分布。即可得到热解线、炭化线、烧蚀壁面温度 T_s 及材料内部温度分布的数值解。

6.6 表面化学反应热效应和组分方程

通过热力计算,可以得到燃烧室内燃气的温度和燃气组分。忽略那些浓度很低的组分之后,得到以下 16 种组分:H、Cl、O、S、Ca、CO、CO_2、HCN、HCl、H_2、H_2O、NO、N_2、Cl_2、$AlCl_3$、AlO。为了便于计算,认为炭化层表面仅是碳组分,其他各组分之间的反应不予考虑。绝热层热分解产物主要考虑 N_2、H_2、CO、H_2O、CO_2 等简单分子。在气膜中,上述各种组分间可能会发生多种化学反应。为了便于数值处理,取炭化层表面的主要化学反应为(上标 * 表示固相)

$$C^* + H_2O \longrightarrow CO + H_2 \tag{6.83}$$

$$C^* + CO_2 \longrightarrow 2CO \tag{6.84}$$

$$C^* + O \longrightarrow CO \tag{6.85}$$

由于气膜的温度比较高,上面三个化学反应的速率主要是由边界内和热解气体中的氧化性组分扩散到气膜内的浓度决定的。

6.6.1 表面化学反应热效应

表面消耗积碳的量为

$$\dot{\Omega}_c = \left[\sum_{n=1}^{3} \alpha_n \cdot \frac{(K_n)_e + B \cdot f_n}{1 + f \cdot B} \right] \cdot M_c \tag{6.86}$$

式中,$n = 1, 2, 3$,分别代表 H_2O、CO_2、O、α_n 为各组元气体的反应分数;$(K_n)_e$ 为表面化学反应平衡常数;f_n 为第 n 种气体在炭化层表面的气化分数;f 为炭化层表面热解气体的总气化分数;M_c 为碳的摩尔质量。

因而得到表面碳层的推移速率为

$$V_{re} = \frac{\dot{\Omega}_c}{\rho_{cha}} \tag{6.87}$$

式中，ρ_{cha} 为处于气膜中多孔疏松积碳的密度。

表面化学反应的平衡常数可由反应式两边物质的自由能变化关系获得，其计算公式如下：

$$\lg K_n = \frac{-\Delta F_T^{\circ}}{2.303RT} \tag{6.88}$$

式中，ΔF_T° 为反应式两端物质的自由能之差；R 为气体常数；T 为化学反应时的定性温度。

对于 $C^* + CO_2 \longrightarrow 2CO$ 反应，有

$$(\Delta F_T^{\circ})_1 = 2(F_T^{\circ})_{CO(g)} - (F_T^{\circ})_{C(gra)} - (F_T^{\circ})_{CO_2(g)} \tag{6.89}$$

式中，下标 gra 表示石墨。

对于 $C^* + H_2O \longrightarrow CO + H_2$ 反应，有

$$(\Delta F_T^{\circ})_2 = (F_T^{\circ})_{CO(g)} + (F_T^{\circ})_{H_2(g)} - (F_T^{\circ})_{C(gra)} - (F_T^{\circ})_{H_2O(g)} \tag{6.90}$$

对于 $C^* + O \longrightarrow CO$ 反应，有

$$(\Delta F_T^{\circ})_3 = (F_T^{\circ})_{CO(g)} - (F_T^{\circ})_{C(gra)} - (F_T^{\circ})_{O(g)} \tag{6.91}$$

式中，

$$F_T^{\circ} = H_T^{\circ} - TS_T^{\circ} \tag{6.92}$$

求解式(6.86)~式(6.92)，并利用参考文献[3]所给的 H_T°、S_T° 值得表面化学反应平衡常数 K_1、K_2、K_3 和烧蚀表面化学反应热效应：

$$\dot{q}_a = \sum_{n=1}^{3} \dot{m}_n \cdot (\Delta F_T^{\circ})_n = \sum_{n=1}^{3} \left[\alpha_n \frac{(K_n)_e + B \cdot f_n}{1 + f \cdot B} M_c (\Delta F_T^{\circ})_n \right]$$

$$n = H_2O, CO_2, O \tag{6.93}$$

6.6.2　表面组分守恒方程

根据前面的分析，气膜内存在的气体有 H、Cl、O、S 等 16 种组分，按冻结边界层考虑，气膜内组分守恒关系如图 6.11 所示。图中，$\dot{m}f_i$ 为第 i 种气体组分流入气膜的质量；$(\rho v)_w (Y_i)_w$ 为总体物质流带走的第 i 种气体组分的质量；$\rho D \dfrac{\partial Y_i}{\partial y}\bigg|_w$ 为由浓度梯度引起的分子扩散；$\dot{\Omega}_i$ 为由化学反应产生的第 i 种组分的质量。

对于 H、Cl、S、Ca、HCN、HCl、NO、Cl$_2$、AlCl$_3$、AlO 10 种气体组分有以下控制方程：

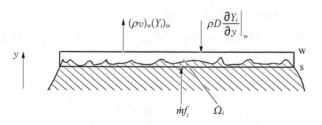

图 6.11 气膜内组分守恒关系图

$$(Y_i)_w = \frac{1}{1 + f \cdot B} \cdot (Y_i)_e \quad i = 1, 2, \cdots, 10 \tag{6.94}$$

对于 O、N_2、CO、CO_2、H_2O、H_2 6 种气体组分,其组分控制方程的形式分别为

$$(1 + f \cdot B) \cdot (Y_O)_w = (Y_O)_e + B \cdot f_O - \frac{B}{\dot{m}} M_O \frac{(Y_O)_e + B \cdot f_O}{1 + f \cdot B} \cdot \alpha_O \tag{6.95}$$

$$(Y_{N_2})_w = \frac{1}{1 + f \cdot B} \cdot [(Y_{N_2})_e + B \cdot f_{N_2}] \tag{6.96}$$

$$(1 + f \cdot B) \cdot (Y_{CO})_w - \frac{B}{\dot{m}} M_{CO} \frac{(Y_{H_2O})_e + B \cdot f_{H_2O}}{1 + f \cdot B} \cdot \alpha_{H_2O} - 2\frac{B}{\dot{m}} M_{CO} \frac{(Y_{CO_2})_e + B \cdot f_{CO_2}}{1 + f \cdot B} \cdot$$

$$\alpha_{CO_2} - \frac{B}{\dot{m}} M_{CO} \frac{(Y_O)_e + B \cdot f_O}{1 + f \cdot B} \cdot \alpha_O = (K_{CO})_e + B \cdot f_{CO} \tag{6.97}$$

$$(1 + f \cdot B) \cdot (Y_{CO_2})_w + \frac{B}{\dot{m}} M_{CO_2} \frac{(Y_{CO_2})_e + B \cdot f_{CO_2}}{1 + f \cdot B} \cdot \alpha_{CO_2} = (Y_{CO_2})_e + B \cdot f_{CO_2} \tag{6.98}$$

$$(1 + f \cdot B) \cdot (Y_{H_2O})_w + \frac{B}{\dot{m}} M_{H_2O} \frac{(Y_{H_2O})_e + B \cdot f_{H_2O}}{1 + f \cdot B} \cdot \alpha_{H_2O} = (Y_{H_2O})_e + B \cdot f_{H_2O} \tag{6.99}$$

$$(1 + f \cdot B) \cdot (Y_{H_2})_w - \frac{B}{\dot{m}} M_{H_2} \frac{(Y_{H_2O})_e + B \cdot f_{H_2O}}{1 + f \cdot B} \cdot \alpha_{H_2O} = (Y_{H_2})_e + B \cdot f_{H_2} \tag{6.100}$$

再由前面三个化学反应平衡常数与各组分浓度之间的关系得

$$K_1 = \frac{(Y_{CO})_w^2}{(Y_{CO_2})_w} \tag{6.101}$$

$$K_2 = \frac{(Y_{CO})_w \cdot (Y_{H_2})_w}{(Y_{H_2O})_w} \tag{6.102}$$

$$K_3 = \frac{(Y_{CO})_w}{(Y_O)_w} \tag{6.103}$$

至此,已有方程(6.10)、方程(6.12)、方程(6.51)、方程(6.94)~方程(6.103)共 22 个。这些方程中所含未知量有壁面浓度 $(Y_i)_w$,$i=1,2,\cdots,16$,反应分数 α_{CO_2}、α_{H_2O}、α_O,以及无因次质量烧蚀率 B、热解气体质量流率 $\dot{m}$、气动壁面温度 T_w 和烧蚀壁面温度 T_s 共 23 个,其中烧蚀壁面温度 T_s 可通过材料内部热响应数值解获得。

6.7 计算方法

在 6.6 节已经构建了一组完整的非线性方程组,利用梯度法和拟牛顿法联合求解,可以降低对未知量初值的要求。通过计算(包括材料内部温度场计算),可获得表面烧蚀参数、炭化线和热解线变化情况。

6.7.1 非线性方程组解法

1. 梯度法

梯度法是一种逐步逼近的方法,每次的逼近都是以 $F(x)$ 值减小最快的方向选取的,所以对初值的要求不高。

令 F 为自变量 x 的函数,设有一实系数非线性联立方程组:

$$f_i(x_1, x_2, \cdots, x_n) = 0 \quad i = 1, 2, \cdots, n \tag{6.104}$$

给定一组初值 $x_{1,m}, x_{2,m}, \cdots, x_{n,m}$,计算其对应值:

$$F_m = F(x_{1,m}, x_{2,m}, \cdots, x_{n,m}) = 0 \tag{6.105}$$

求解导数得

$$\frac{\partial F_m}{\partial x_{i,m}} = \frac{[F(x_{1,m}, x_{2,m}, \cdots, x_{i-1,m}, x_{i,m} + h_i, x_{i+1,m}, \cdots, x_{n,m}) - F(x_{1,m}, x_{2,m}, \cdots, x_{n,m})]}{h_i}$$

$$\tag{6.106}$$

式中,$h_i = H_{con} \cdot x_{i,m}$,$H_{con}$ 为控制收敛的常数。

计算:

$$\lambda_m = \frac{F(x_{1,m}, x_{2,m}, \cdots, x_{n,m})}{\sum_{i=1}^{n} \left(\frac{\partial F_m}{\partial x_{i,m}} \right)^2} \quad i = 1, 2, \cdots, n \tag{6.107}$$

然后用式(6.108)求得迭代值:

$$x_{i, m+1} = x_{i, m} - \lambda_m \left(\frac{\partial F_m}{\partial x_{i, m}} \right) \quad i = 1, 2, \cdots, n \tag{6.108}$$

如此反复直至 $F_m <$ EPS, 即函数 F_m 值满足精度为止,其中 EPS 为数值计算中的控制精度。

2. 拟牛顿法

拟牛顿法是求解非线性方程组的常用方法,其基本思想是把非线性问题逐步线性化。

设非线性方程组为

$$f_i(x_1, x_2, \cdots, x_n) = 0 \quad i = 1, 2, \cdots, n \tag{6.109}$$

方程组的第 K 次近似解为

$$\boldsymbol{X}_0^{(K)} = (x_1^{(K)}, x_2^{(K)}, \cdots, x_n^{(K)}) \tag{6.110}$$

若对于每个 i,都有 $|f_i(\boldsymbol{X}_0^{(K)})| <$ EPS, 则 $\boldsymbol{X}_0^{(K)}$ 为方程组的解。否则令 $h^{(K)} > 0$ 为已知数,构成几个新点:

$$\boldsymbol{X}_j^{(K)} = (x_1^{(K)}, \cdots, x_{j-1}^{(K)}, x_j^{(K)} + h^{(K)}, x_{j+1}^{(K)}, \cdots, x_n^{(K)}) \quad j = 1, 2, \cdots, n \tag{6.111}$$

对每一个函数 f_i 作 $\boldsymbol{X}_0^{(K)}$ 和 $\boldsymbol{X}_j^{(K)}$ 的一次内插多项式:

$$\omega_i^{(K)} = f_i(X_j^{(K)}) \quad j = 0, 1, 2, \cdots, n \quad i = 1, 2, \cdots, n \tag{6.112}$$

内插多项式形如

$$\omega_i^{(K)}(\boldsymbol{X}) = f_i(\boldsymbol{X}_0^{(K)}) + \sum_{j=1}^n g_{i, j}^{(K)}(x_j - x_j^{(K)}) \tag{6.113}$$

式中, $g_{i, j}^{(K)} = \dfrac{f_i(X_j^{(K)}) - f_i(X_0^{(K)})}{h^{(K)}}$

把线性方程组式(6.114)的解作为原方程组解的第 $K+1$ 次近似,直到满足 $|f_i(\boldsymbol{X}_0^{(K)})| <$ EPS 为止:

$$\omega_i^{(K)}(\boldsymbol{X}) = 0 \quad i = 1, 2, \cdots, n \tag{6.114}$$

为保证式(6.113)解的存在和唯一,而且易于求解方程组(6.114)的解,因此选取内插点为

$$X_i^{(K+1)} = X_i^{(K)} - \frac{z_i^{(K)} h^{(K)}}{\alpha^{(K)}} \quad i = 1, 2, \cdots, n$$

$$(6.115)$$

式中，$z^{(K)} = (z_1^{(K)}, z_2^{(K)}, \cdots, z_n^{(K)})$ 是线性方程组(6.116)的解：

$$\sum_{j=1}^{n} f_i(X_j^{(K)}) \cdot z_j = f_i(X_0^{(K)})$$

$$i = 1, 2, \cdots, n \quad (6.116)$$

而 $\alpha^{(K)}$ 值由关系式(6.117)决定：

$$\alpha^{(K)} = 1 - \sum_{m=1}^{n} z_m^{(K)} \quad (6.117)$$

6.7.2　计算流程

在整个绝热层烧蚀率计算中需要进行以下工作：

（1）发动机装药燃烧组分和输运参数的计算，以求得燃气中各组分的摩尔浓度和燃气的物性参数；

（2）用最小自由能法计算绝热层烧蚀时喷射气体中各组分的摩尔浓度；

（3）炭化层表面化学反应的平衡常数和热效应计算；

（4）在层流情况下求解边界层与烧蚀壁面的热传导热流率；

（5）在上述计算的基础上，对材料内部的温度场、烧蚀率、炭化线及热解线的移动情况进行计算；

（6）用梯度法和拟牛顿法求解烧蚀表面组元的控制方程组。

绝热层烧蚀计算主程序流程图、绝热层内部温度场计算流程图和边界层对流换热计算流程图分别如图6.12、图6.13和图6.14所示。

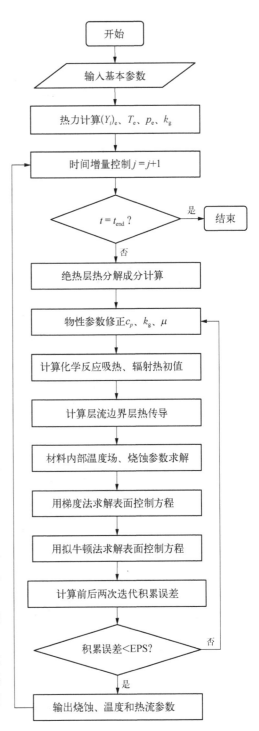

图 6.12　绝热层烧蚀计算主程序流程图

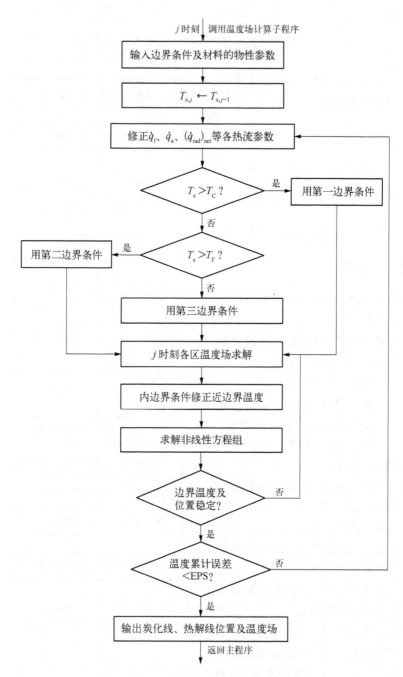

图 6.13　绝热层内部温度场计算流程图

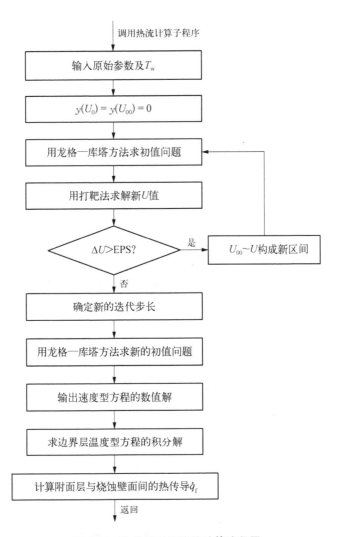

图 6.14　边界层对流换热计算流程图

6.8　算例及验证

　　算例的绝热材料是以炭黑为填料的丁腈橡胶绝热材料,烧蚀实验装置采用透明窗发动机[4]。透明窗发动机与烧蚀发动机类似,只是在烧蚀实验段安装了透明窗,可以采用高速摄影拍摄绝热层烧蚀的实时退移过程。实验燃烧室压强为 6 MPa,推进剂燃温为 3 070 K。烧蚀计算的主要结果如图 6.15～图 6.19 所示。

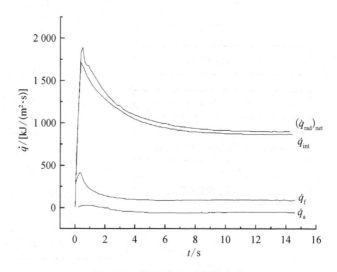

图 6.15　热流率随时间的变化

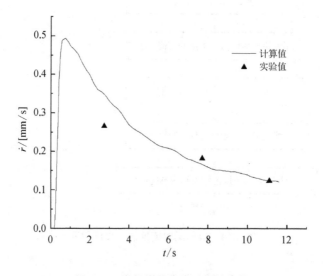

图 6.16　炭化烧蚀率随时间的变化

　　图 6.15 为绝热层表面各热流率随时间的变化,可以看出,在燃烧室低速层流边界层对流传热的情况下,对流热流率 $\dot{q}_f$ 是比较小的,化学反应热流率 $\dot{q}_a$ 也很小,主要的热流是净辐射热流率 $(\dot{q}_{rad})_{net}$。 这与喷管中不同,在喷管中对流热流率起主导作用。图 6.16 为炭化烧蚀率随时间的变化,图中实验点是透明窗发动机实验得到的结果,可以看出计算结果与实验结果是比较吻合的。图 6.17 为炭化线和热

解线位置随时间的变化,由图可见,开始的 3 s 炭化线和热解线退移较快,然后随着时间的推移热解层厚度趋于稳定。图 6.18 为壁温随时间的变化,可以看出开始 3 s 温度上升速率很快,然后随着时间推移温度趋于恒定。图 6.19 为不同时刻材料内部的温度分布。

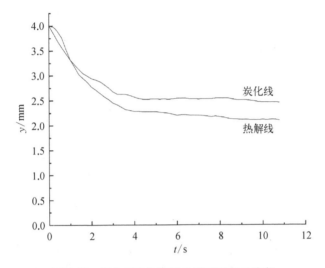

图 6.17　炭化线和热解线位置随时间的变化

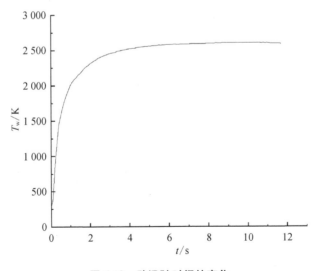

图 6.18　壁温随时间的变化

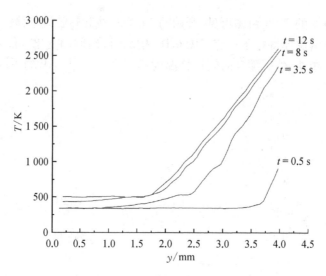

图 6.19　材料内部温度随时间的变化

参考文献

[1]　蔡体敏.偏微分方程数值解及其应用[M].西安：西北工业大学出版社,1983.

[2]　Lazaridis A. A numerical solution of the multidimensional solidification (or melting) problem [J]. International Journal of Heat & Mass Transfer, 1970, 13(9)：1459－1477.

[3]　McBride B J. Thermodynamic properties to 6000 K for 210 substances involving the first 18 elements[M]. United States：National Aeronautics and Space Administration, 1963.

[4]　何国强.包覆层烧蚀性能计算及实验分析[D].西安：西北工业大学,1988.

第 7 章

基于多孔介质的热化学体烧蚀模型

第 6 章建立的基于分层结构的热化学烧蚀模型,虽然能够描述绝热材料烧蚀中的传热、热分解和热化学烧蚀等过程,但是,如果想考虑炭化层内部复杂的流动、相变、化学反应和炭化层的破坏过程就比较困难,例如二氧化硅相变和迁移、热解气体的沉积、粒子侵蚀和气流剥蚀与热化学烧蚀的耦合作用等。造成这种局限性的主要原因是该模型对炭化层做了一定的简化,没有体现炭化层的孔隙结构及其演化过程。从结构上看炭化层属于多孔介质,绝热层烧蚀时炭化层表面和内部都会发生很多复杂的物理化学现象,因此在建模时需要考虑这种孔隙结构。

本章将炭化层当作一种可渗透的多孔介质,借用多孔介质的理论和方法来描述炭化层内部的流动、传热和反应等过程,进而建立体烧蚀模型。

7.1 物理模型

7.1.1 绝热材料烧蚀过程

固体发动机绝热材料的整个烧蚀过程通常可以分为四个阶段,如图 7.1 所示。第一阶段从高温燃气作用于绝热材料表面、材料受热升温开始,至绝热材料刚开始有热解气体产生为止,这一阶段没有热解和线性烧蚀,绝热材料内部只有热传导。第二阶段开始于热解气体的形成,至表面开始有炭化层形成,在此阶段表面的线性烧蚀依然可以忽略,但是热解使得材料的密度降低,材料中存在热传导和热解气体的溢出。第三阶段开始于炭化层的形成,至炭化层开始消耗之前,在此阶段炭化层的强度开始明显下降,若有气流剥蚀或粒子侵蚀,材料表面可能出现线性烧蚀;第三阶段的物理过程与第二阶段相似,但此时炭化层的物性参数与基体层的有很大差别。第四阶段为形成稳定的炭化层、热解层和基体层三层结构,热解层的气体会经炭化层流出表面,而燃气也会向炭化层中扩散,热解气体和燃气中的氧化性组分会在炭化层孔隙内与碳发生氧化反应,导致碳的消耗,使得炭化层更加疏松。化学反应主要由组分扩散和温度场分布决定,通常越靠近炭层表面的温度越高,氧化性气体组分浓度越高,对炭化层的消耗也越多。炭化层的孔隙率是非均匀分布的,当局部炭化层的强度小于能够抵挡气流剥蚀或粒子侵蚀的临界值,则这部分炭化层将被剥落,造成炭化层的退移。当炭化层的向内退移速率刚好等于内部交界面的退移速度,就达到了稳态烧蚀过程。

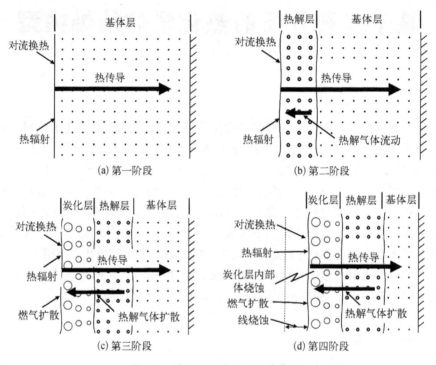

图 7.1　绝热材料烧蚀过程示意图

7.1.2　体烧蚀模型概念

根据前面对烧蚀机理的认识可知,炭化层是绝热材料抵御烧蚀的重要屏障,也是热化学烧蚀、剥蚀和侵蚀发生的场所,只有合理描述炭化层的孔隙变化才能准确反映各种复杂物理化学过程的耦合作用。

绝热材料的烧蚀过程中,热化学烧蚀是造成炭化层消耗的主要原因。热化学烧蚀以体积烧蚀的方式消耗炭化层,使炭化层更加疏松,削弱其力学强度。而当炭化层疏松到一定程度,其强度无法抵御气流剥蚀或粒子侵蚀的作用力,就会发生破坏和剥落。可见,建立描述炭化层体积烧蚀和孔隙变化的热化学烧蚀模型是将烧蚀过程中各种物理化学过程关联起来的纽带,或者说是建立耦合烧蚀模型的基础。

体积烧蚀(体烧蚀)的概念是相对于面烧蚀而言的,面烧蚀是指烧蚀仅发生在物体的表面,而体烧蚀则是指烧蚀发生在物体内部或者一定深度内。由于炭化层是多孔疏松材料,内部大部分孔隙相互连通,燃气中的氧化性组分能够扩散进入炭化层一定深度,热解气体也是经过炭化层流出表面,因此绝热材料的热化学烧蚀不仅发生在炭化层表面,也发生在内部,属于体烧蚀。第 6 章建立的基于分层结构的烧蚀模型,其热化学烧蚀是发生在表面一薄层内,更接近于面烧蚀。这样做的优点是可以简化问题,便于建模;缺点是无法描述烧蚀造成炭化层孔隙的变化,因此就很难体现剥蚀、侵蚀与热化学的耦合作用。

本章建立体烧蚀模型的关键是将炭化层当作一种非均质可渗透的多孔材料,这样就可以借鉴多孔介质的相关理论和模型,建立起描述炭化层内部传热、流动、热化学反应消耗以及孔隙变化过程的体烧蚀模型,为耦合烧蚀模型的建立提供重要基础。

虽然基于多孔介质的体烧蚀模型能够统一处理原始层、热解层、炭化层,甚至气相区域,但为了表述方便,这里还沿用三层的表述。

7.1.3　炭化层多孔介质物理模型

多孔介质定义为多孔固体骨架构成的孔隙空间,孔隙中充满多相流体。整个固体骨架遍及多孔介质所占据的体积空间,而孔隙则相互连通,其内可以是气相、液相或气液两相流体。多孔介质的主要物理特征是孔隙尺寸极其微小、比表面积很大。通过对多种绝热材料炭化层的分析,认为炭化层为结构复杂的非均质多孔疏松材料,其结构特点满足多孔介质的定义,可以将炭化层当作多孔介质,方便描述炭化层内的流动、传热和化学反应[1]。

1. 多孔介质限制条件

实际上并不是所有多孔材料都适用多孔介质理论,多孔介质理论对于多孔材料几何特征有一些限制和要求的。炭化层是一种非均质的多孔结构,为了应用多孔介质的理论,需要对炭化层的几何特性做一些限制:

(1)炭化层中的孔隙空间是相互连通的;

(2)孔隙的尺寸与流体分子平均自由程相比要大得多;

(3)孔隙的尺寸必须足够小,这样流体的流动才会受到流体和固体界面上的黏附力以及流体与流体界面上的黏着力(对多相系而言)的控制。

第一个限制的数学意义是显而易见的,如果想要描述炭化层内的气体流动,则要求孔隙必须是相通的。EPDM 绝热材料炭化层孔隙率测试数据表明炭化层的开孔占比高达 93%,说明绝大多数孔隙是连通的,因此符合第一个限制。

第二个限制作用是保证在微小的孔隙内部流体的连续性假设依然成立。根据第 4 章炭化层结构测试可知,炭化层的孔隙尺寸是微米级的,而炭化层中的气体分子多为小分子,其自由程为分子直径的 10 倍,远小于炭化层的孔隙尺寸,所以也满足第二个限制。

第三个限制是对多孔介质结构类型的限制。有些多孔介质结构,例如网络状管道多孔介质,就不太符合这个限制;而蜂窝状多孔介质就符合这个限制。根据第4章的介绍,炭化层孔隙的尺度是微米级的,而且从扫描电镜可以看出炭化层的多孔结构基本上都是类似于蜂窝状的,所以第三个限制也是满足的。

2. 多孔介质的基本表征参数

炭化层的结构可采用多孔介质的主要表征参数来描述,主要包括孔隙率和比表面积。

1)孔隙率

孔隙率指多孔介质内孔隙的总体积与该多孔介质总体积的比值,其表达式为

$$\varepsilon = \frac{V_f}{V} \times 100\% \tag{7.1}$$

式中,V_f 为多孔介质孔隙总体积;V 为多孔介质的总体积,包含骨架和孔隙。

这里值得注意的是,本章所用的为有效孔隙率,即多孔介质内相互连通的微小孔隙的总体积与该多孔介质总体积的比值,不包括闭孔。孔隙率与多孔介质固体形状、结构和排列有关。为简化模型,本章的孔隙率通过统计取平均值得到。

2)比表面积

通常采用的比表面积为体积比表面,即多孔介质内部固体骨架的总表面积与多孔介质的总体积之比,其表达式为

$$\Omega_V = \frac{A_s}{V} \tag{7.2}$$

式中,Ω_V 为体积比表面积;A_s 为多孔介质内部骨架的总表面积,也是孔隙的总表面积。

本章采用的是质量比表面积,是多孔介质内部固体骨架的总表面积与多孔介质的总质量之比,即单位质量多孔介质中骨架的总表面积,其表达式及与体积比表面积的关系如下:

$$\Omega = \frac{A_s}{m} = \frac{A_s}{\rho V} = \frac{\Omega_V}{\rho} \tag{7.3}$$

式中,Ω 为质量比表面积;m 为多孔介质的质量;ρ 为多孔介质的密度。

7.1.4 基本假设

为分析问题的主要因素,进行如下假设:

(1)计算对象为二维轴对称;

(2)附面层内垂直于表面的压力梯度为零;

（3）组元气体服从理想气体关系式；

（4）炭层孔隙内部固体和流体之间满足热平衡状态；

（5）炭化层内的化学反应均为一级反应；

（6）不考虑炭化层中 C 元素之外的其他反应；

（7）忽略烧蚀过程绝热材料的热膨胀；

（8）主要针对纯气相烧蚀环境,不考虑粒子侵蚀效应；

（9）炭化层的剥蚀采用临界孔隙率的方式处理,即孔隙率大于临界孔隙率的炭化层被剥落。

7.2　数学模型

在炭化层物理模型和烧蚀物理模型的基础上,将从质量守恒、动量守恒、能量守恒等基本原则出发,对绝热材料特别是炭化层内的传热、流动、组分扩散和热化学反应控制方程加以数学描述[2]。

7.2.1　体平均控制方程

在定义炭化层物理模型时,一般认为炭化层为多孔可渗透介质,所以炭化层是由固体骨架和扩散进去的气相共同构成的,这一复合体系的控制方程描述需要综合考虑固相和气相因素,此处引入"体积平均"的概念[3,4],简称"体平均"。体平均方法自创立以来,已经成为从微观方程精确推导多孔介质内部控制方程的基础。

1. 体平均简介

在多孔介质的动量和能量传递计算时需要引入体平均的概念。图 7.2 为多孔介质微观结构示意图,图中圆圈区域为固体部分,圆圈周围为气体区域。

为了使体平均有意义,在多孔介质中取一个控制体 V,如图 7.2 所示,它的特征长度 $V^{1/3}$ 是比宏观特征长度 $V_c^{1/3}$ 更小的,与此同时 $V^{1/3}$ 是比微观（多孔结构）的特征长度更大的。在这种情况下,某一变量 ϕ 的体积平均被定义为

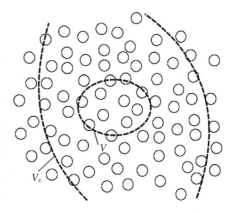

图 7.2　多孔介质微观结构示意图

$$\langle \phi \rangle \equiv \frac{1}{V}\int_{V_f}\phi \mathrm{d}V \tag{7.4}$$

固有平均被定义为

$$\langle\phi\rangle^{\mathrm{f}} \equiv \frac{1}{V_{\mathrm{f}}}\int_{V_{\mathrm{f}}}\phi\mathrm{d}V \tag{7.5}$$

式中，V_{f} 是流体占据的体积空间。显然，这两个平均数之间的关系为

$$\langle\phi\rangle = \varepsilon\langle\phi\rangle^{\mathrm{f}} \tag{7.6}$$

这里 $\varepsilon \equiv V_{\mathrm{f}}/V$ 是孔隙率。将一个变量分解为两部分：

$$\phi = \langle\phi\rangle^{\mathrm{f}} + \phi' \tag{7.7}$$

式中，ϕ' 为物理量与其固有平均值之间的偏离。

在推导炭化层内部流动和传热宏观方程时需要用到以下体平均理论关系：

$$\langle\phi_1\phi_2\rangle^{\mathrm{f}} = \langle\phi_1\rangle^{\mathrm{f}}\langle\phi_2\rangle^{\mathrm{f}} + \langle\phi_1'\phi_2'\rangle^{\mathrm{f}} \tag{7.8}$$

$$\langle\nabla\phi\rangle = \nabla\langle\phi\rangle + \frac{1}{V}\int_{A_{\mathrm{int}}}\phi\mathrm{d}\boldsymbol{A} \tag{7.9a}$$

$$\langle\nabla\phi\rangle^{\mathrm{f}} = \frac{1}{\varepsilon}\nabla\varepsilon\langle\phi\rangle^{\mathrm{f}} + \frac{1}{V_{\mathrm{f}}}\int_{A_{\mathrm{int}}}\phi\mathrm{d}\boldsymbol{A} \tag{7.9b}$$

$$\left\langle\frac{\partial\phi}{\partial t}\right\rangle = \frac{\partial\langle\phi\rangle}{\partial t} \tag{7.10}$$

式中，A_{int} 是固体和气体之间的总界面；$\mathrm{d}\boldsymbol{A}$ 是它的矢量单元面积，其方向为气固界面指向固相的法向。利用式(7.4)~式(7.10)可通过多孔介质微观控制方程推导其宏观控制方程。

2. 体平均能量方程

能量方程的求解是整个烧蚀计算过程的主要环节，通过能量方程求解获得温度场的分布，进而得到绝热材料内部炭化层、热解层的推移情况。为描述炭化层、热解层和基体层的能量方程，传统模型采用三个不同热传导方程分别描述。而这里定义的炭化层为多孔介质，内部存在固体、气体两相物质，与传统模型中炭化层的能量方程有本质的区别，需要在有限控制体内采用体平均方法推导多孔炭化层内部能量方程。

在炭化层中既存在气体的能量传递，同时也存在固体相的热传导，为统一描述炭化层内部能量传递，要对气相能量方程和固相能量方程通过体平均概念进行推导。

首先无热源的纯气相微观能量方程为

$$\frac{\partial(\rho_{\mathrm{f}}c_{pf}T)}{\partial t} + \nabla\cdot(\rho_{\mathrm{f}}c_{pf}T\boldsymbol{u}) = \nabla\cdot(k_{\mathrm{f}}\nabla T) \tag{7.11}$$

式中，T 是温度；t 是时间；$\boldsymbol{u}$ 是速度矢量；c_{pf}、k_f 和 ρ_f 是常压下气相的比定压热容、导热系数和密度。

通常多孔介质中的热辐射和黏性耗散对传热的影响非常小，可以忽略。而孔隙内的气体流速很低，可以按照不可压缩处理。应用前述的体积平均关系，在一个单位控制体中对上述的微观方程进行积分，得到：

$$\rho_f c_{pf} \left(\frac{\partial \varepsilon \langle T \rangle^f}{\partial t} + \langle \boldsymbol{u} \rangle \cdot \nabla \langle T \rangle^f \right)$$

$$= \nabla \cdot \left(k_f \nabla \varepsilon \langle T \rangle^f + \frac{1}{V} \int_{A_{int}} k_f T \mathrm{d}\boldsymbol{A} - \rho_f c_{pf} \langle T'\boldsymbol{u}' \rangle \right) + \frac{1}{V} \int_{A_{int}} k_f \nabla T \cdot \mathrm{d}\boldsymbol{A} \quad (7.12)$$

同样对固相能量方程作类似推导，炭化层内固体的无热源微观能量方程为

$$\rho_c c_c \frac{\partial T}{\partial t} = \nabla \cdot (k_c \nabla T) \quad (7.13)$$

式中，ρ_c、c_c、k_c 分别为炭化层骨架的密度、比热容和导热系数。

同样对式（7.13）进行积分并运用体平均关系可以得到：

$$\rho_c c_c \frac{\partial (1-\varepsilon) \langle T \rangle^c}{\partial t} = \nabla \cdot \left[k_c \nabla (1-\varepsilon) \langle T \rangle^c - \frac{1}{V} \int_{A_{int}} k_c T \mathrm{d}\boldsymbol{A} \right] - \frac{1}{V} \int_{A_{int}} k_f \nabla T \cdot \mathrm{d}\boldsymbol{A}$$

$$(7.14)$$

式中，下标 c 表示炭化层骨架；$\langle T \rangle^c$ 是炭化层温度的固有平均。

在上述方程里，实现了界面上热通量的连续性。根据前面的基本假设，固体和流体之间存在热平衡，即

$$\langle T \rangle^c = \langle T \rangle^f \quad (7.15)$$

将式（7.12）和式（7.14）相加，并利用式（7.15），得到：

$$[\varepsilon \rho_f c_{pf} + (1-\varepsilon) \rho_c c_c] \frac{\partial \langle T \rangle^f}{\partial t} + \rho_f c_{pf} \langle \boldsymbol{u} \rangle \cdot \nabla \langle T \rangle^f$$

$$= \nabla \cdot \left\{ [\varepsilon k_f + (1-\varepsilon) k_c] \nabla \langle T \rangle^f + \frac{1}{V} \int_{A_{int}} (k_f - k_c) T \mathrm{d}\boldsymbol{A} - \rho_f c_{pf} \langle T'\boldsymbol{u}' \rangle \right\} \quad (7.16)$$

式（7.16）为炭化层内气体相和固体相的统一表达式，等号右边的前两项体现了分子扩散，可以写成以下形式：

$$- \{ \varepsilon k_f + (1-\varepsilon) k_c \} \nabla \langle T \rangle^f - \frac{1}{V} \int_{A_{int}} (k_f - k_c) T \mathrm{d}\boldsymbol{A} = -k_e \nabla \langle T \rangle^f \quad (7.17)$$

式(7.17)中等号左边第二项被称为旋转项,体现的是由于固体相微观结构变化对热扩散产生的改变,通常认为炭化层的微观结构变化很小,所以此项可忽略,这样可以得到:

$$k_e \approx \varepsilon k_f + (1 - \varepsilon) k_c \tag{7.18}$$

式(7.16)等号右边第三项的 $\rho_f c_{pf} \langle T' u' \rangle$ 与在湍流对流换热中的湍流热通量类似。在炭化层孔隙中的气体流速很低,一般是层流,所以该项可以忽略。式(7.16)可以写为

$$\zeta \frac{\partial \langle T \rangle^f}{\partial t} + \langle u \rangle \cdot \nabla \langle T \rangle^f = \nabla \cdot (\alpha_e \nabla \langle T \rangle^f) \tag{7.19}$$

式中, ζ 是可渗透的多孔介质与流体的比热容比,其表达式为

$$\zeta = \frac{\varepsilon \rho_f c_{pf} + (1 - \varepsilon) \rho_c c_c}{\rho_f c_{pf}} \tag{7.20}$$

α_e 为多孔介质的有效热扩散系数,其表达式为

$$\alpha_e = \frac{k_e}{\rho_f c_{pf}} \approx \frac{\varepsilon k_f + (1 - \varepsilon) k_c}{\rho_f c_{pf}} = \alpha_f \left\{ \varepsilon + (1 - \varepsilon) \frac{k_c}{k_f} \right\} \tag{7.21}$$

式中, α_f 为流体的热扩散系数, $\alpha_f = \dfrac{k_f}{\rho_f c_{pf}}$ 。

式(7.19)为无内部热源的体平均能量方程,由于体烧蚀模型中炭化层内部存在热化学反应,所以需要加上热源项 S_h ,将式(7.19)变为

$$\zeta \frac{\partial \langle T \rangle^f}{\partial t} + \langle u \rangle \cdot \nabla \langle T \rangle^f = \nabla \cdot (\alpha_e \nabla \langle T \rangle^f) + \frac{S_h}{\rho_c c_c} \tag{7.22}$$

式(7.22)就是炭化层多孔介质的能量控制方程,其中 $S_h = \dot{q}_{ch}$, $\dot{q}_{ch}$ 由热化学反应决定,在后面的热化学烧蚀模型中将进行详细介绍。

热解层不属于多孔介质范围,其能量方程为有热源固相能量方程:

$$\frac{\partial T}{\partial t} = \nabla \cdot \left(\frac{k_j}{\rho_j c_j} \nabla T \right) + \frac{S_h}{\rho_j c_j} \tag{7.23}$$

比较式(7.22)与式(7.23)可以发现,两个方程只差 $\langle u \rangle \cdot \nabla \langle T \rangle^f$,根据式(7.6)有

$$\langle u \rangle = \varepsilon \langle u \rangle^f \tag{7.24}$$

在热解层取 $\varepsilon = 0$，所以速度扩散相 $\langle \boldsymbol{u} \rangle \cdot \nabla \langle T \rangle^{\mathrm{f}}$ 为零。实际上热解层的能量方程也可表示为式(7.22)，此时方程中的参数为

$$\zeta = 1, \; \alpha_{\mathrm{e}} = \frac{k_{\mathrm{j}}}{\rho_{\mathrm{j}} c_{\mathrm{j}}}, \; S_{\mathrm{h}} = \dot{h}_{\mathrm{j}} \cdot \dot{m}, \; \varepsilon = 0 \tag{7.25}$$

式中，$\dot{h}_{\mathrm{j}}$ 为绝热材料热解潜热；$\dot{m}$ 为热解气体质量流率。此时能量方程等同于固体内二维有热源控制方程，热解层的密度、比热和导热可以近似认为是随温度线性变化的，即

$$密度：\rho_{\mathrm{j}}(T) = \rho_{\mathrm{o}} + \frac{\rho_{\mathrm{c}} - \rho_{\mathrm{o}}}{T_{\mathrm{C}} - T_{\mathrm{F}}}(T - T_{\mathrm{F}}) \tag{7.26}$$

$$导热系数：k_{\mathrm{j}}(T) = k_{\mathrm{o}} + \frac{k_{\mathrm{c}} - k_{\mathrm{o}}}{T_{\mathrm{C}} - T_{\mathrm{F}}}(T - T_{\mathrm{F}}) \tag{7.27}$$

$$比热容：c_{\mathrm{j}}(T) = c_{\mathrm{o}} + \frac{c_{\mathrm{c}} - c_{\mathrm{o}}}{T_{\mathrm{C}} - T_{\mathrm{F}}}(T - T_{\mathrm{F}}) \tag{7.28}$$

式中，ρ_{o}、c_{o}、k_{o} 为基体层的密度、比热容和导热系数；ρ_{c}、c_{c}、k_{c} 为炭化层的密度、比热容和导热系数；T_{C} 和 T_{F} 为炭化温度和热解温度；T 为计算点处的温度。

同样基体层的能量方程也可采用炭化层的表达式，基体层内部无热源，方程(7.22)中的参数为

$$\zeta = 1, \; \alpha_{\mathrm{e}} = \frac{k_{\mathrm{o}}}{\rho_{\mathrm{o}} c_{\mathrm{o}}}, \; S_{\mathrm{h}} = 0, \; \varepsilon = 0 \tag{7.29}$$

这样对于烧蚀过程各层的能量方程可以统一采用式(7.22)的表达式，只是通过温度场判断分层后，定义其孔隙率和物性参数，即可得到不同分层的能量方程，可以简化编程。对于烧蚀过程炭化层消失的部分，可定义为孔隙率为1，即为单纯的气相能量方程，就可以不需要采用动网格技术来处理动边界问题。可见通过孔隙率判断分层可以大大简化烧蚀过程的计算。

3. 体平均连续方程和动量方程

由于炭化层内有气体的流动，所以需要引入多孔介质的连续方程和动量方程。不可压缩流体的质量守恒微观控制方程为

$$\nabla \cdot \boldsymbol{u} = 0 \tag{7.30}$$

利用式(7.9a)，通过在单位控制体上积分上述微观方程，可以获得宏观表达式：

$$\nabla \cdot \langle \boldsymbol{u} \rangle + \frac{1}{V} \int_{A_{\mathrm{int}}} \boldsymbol{u} \cdot \mathrm{d}\boldsymbol{A} = 0 \tag{7.31}$$

因为流体不能穿透固体壁,所以第二项等于 0,就可以得到体积平均的连续方程为

$$\nabla \cdot \langle \boldsymbol{u} \rangle = 0 \tag{7.32}$$

气体动量守恒的微观方程为

$$\frac{\partial (\rho_{\mathrm{f}} u_i)}{\partial t} + \frac{\partial (\rho_{\mathrm{f}} u_i u_j)}{\partial x_j} = -\frac{\partial p}{\partial x_i} + \rho_{\mathrm{f}} g_i + \frac{\partial \tau_{ij}}{\partial x_j} \tag{7.33}$$

式中,u_i 和 u_j 为速度;p 为压力;g_i 为重力加速度;τ_{ij} 为剪切应力。

利用前述的体积平均关系式,在单位控制体上积分上述微分方程,可以得到:

$$\rho_{\mathrm{f}} \frac{\partial \langle u_i \rangle}{\partial t} + \rho_{\mathrm{f}} \frac{\partial}{\partial x_j} \left(\frac{\langle u_j \rangle \langle u_i \rangle}{\varepsilon} \right)$$

$$= -\frac{\partial (\varepsilon \langle p \rangle^{\mathrm{f}})}{\partial x_i} + \varepsilon \rho_{\mathrm{f}} g_i + \frac{\partial}{\partial x_j} \left[\mu \left(\frac{\partial \langle u_i \rangle}{\partial x_j} + \frac{\partial \langle u_j \rangle}{\partial x_i} \right) \right]$$

$$+ \frac{1}{V} \int_{A_{\mathrm{int}}} (\tau_{ij} \mathrm{d}A_j - p \mathrm{d}A_i) - \rho_{\mathrm{f}} \frac{\partial}{\partial x_j} \langle u_i' u_j' \rangle \tag{7.34}$$

式中,μ 为流体的动力黏性系数。此处利用不能渗透壁条件,方程(7.34)可简化为

$$\frac{\rho_{\mathrm{f}}}{\varepsilon} \frac{\partial \langle u_i \rangle}{\partial t} + \frac{\rho_{\mathrm{f}}}{\varepsilon^2} \frac{\partial}{\partial x_j} (\langle u_j \rangle \langle u_i \rangle) = -\frac{\partial \langle p \rangle^{\mathrm{f}}}{\partial x_i} + \rho_{\mathrm{f}} g_i + \frac{\mu}{\varepsilon} \frac{\partial}{\partial x_j} \left(\frac{\partial \langle u_i \rangle}{\partial x_j} + \frac{\partial \langle u_j \rangle}{\partial x_i} \right) + S \tag{7.35}$$

式中,S 为源项,其表达式为

$$S = \frac{1}{V_{\mathrm{f}}} \int_{A_{\mathrm{int}}} (\tau_{ij} \mathrm{d}A_j - p \mathrm{d}A_i) - \frac{\rho_{\mathrm{f}}}{\varepsilon} \frac{\partial}{\partial x_j} \langle u_i' u_j' \rangle \tag{7.36}$$

式中,表达式的第一项是在微观结构中作用于流体的总表面力的固有体平均,第二项是惯性扩散,是由多孔炭化层固体结构所产生的质量力矢量,其作用是阻止流场。

参考文献[5]在处理 S 时,将流动过程视为以宏观的速度 $\boldsymbol{u}$ 流过随机排列的稀疏球体阵列来进行处理,d 为此处稀疏球体阵列的球体直径,计算可以得到 S 的表达式为

$$S = -\frac{\mu}{K}\langle u \rangle - \frac{C}{K^{1/2}}\rho_\mathrm{f} \mid \langle u \rangle \mid \langle u \rangle \tag{7.37}$$

由 Ergun 经验公式

$$S = \frac{150\,(1-\varepsilon)^2\mu}{\varepsilon^3 d^2}u + 1.75\frac{1-\varepsilon}{\varepsilon^3 d}\rho u^2 \tag{7.38}$$

对应可以得到:

$$C = 1.75/(\sqrt{150}\,\varepsilon^{3/2}) \tag{7.39a}$$

$$K = \frac{\varepsilon^3}{150\,(1-\varepsilon)^2}d^2 \tag{7.39b}$$

这样就获得了流动-可渗透多孔介质的一般宏观动量方程:

$$\varepsilon\frac{\partial u_i}{\partial t} + \frac{\partial}{\partial x_j}\left[u_j u_i - (\varepsilon\nu)\frac{\partial u_i}{\partial x_j}\right]$$

$$= -\frac{\varepsilon^2}{\rho_\mathrm{f}}\frac{\partial p}{\partial x_i} + \varepsilon^2 g_i + \frac{\partial}{\partial x_j}(\varepsilon\nu)\frac{\partial u_j}{\partial x_i} - \left[\frac{(\varepsilon\nu)}{K/\varepsilon} + \frac{C_\mathrm{F}}{(K/\varepsilon)^{1/2}}(u_j u_i)^{1/2}\right]u_i \tag{7.40}$$

式中, $C_\mathrm{F} = C\varepsilon^{3/2} = 1.75/\sqrt{150} = 0.143$。

7.2.2　气体组分扩散模型

多孔介质炭化层内存在气体扩散作用,内部的热解气体经炭化层扩散流出,外部的燃气也会扩散到炭化层表面和内部,其中的氧化性组分会与炭层发生热化学反应,消耗炭化层。热化学烧蚀过程中的化学反应主要由气体扩散到炭化层中的浓度控制,所以需要建立各气体组分扩散的数学模型来计算各组分的浓度分布。7.2.1 小节中的模型是建立在不可压的基础上的,这里的模型也是不可压的,所以将密度的方程转换成组分浓度的方程:

$$\frac{\partial f_i}{\partial t} + \nabla \cdot (f_i \boldsymbol{u}) = \nabla \cdot \left[D\nabla(f_i)\right] + \dot{Y}_i^c/Y \tag{7.41}$$

式中, f_i 表示 i 组分的摩尔百分比; $Y = \sum Y_i$ 为混合气体的摩尔浓度; $\boldsymbol{u}$ 为混合气体的速度; $\dot{Y}_i^c$ 是化学反应的摩尔质量源项,此处可以引入热化学反应消耗质量; D 为组分扩散系数,根据菲克扩散定律可得

$$D = \frac{\mu}{\rho S_\mathrm{c}} \tag{7.42}$$

式中,μ 为气体的动力黏性系数;S_c 是 Schmidt 数。这里需要注意的是,菲克扩散定律确定的 D 为气体中的扩散系数,气体在炭化层内扩散时需要用孔隙率对 D 进行修正。

7.2.3 初始及边界条件

定解条件主要包括初始条件和边界条件,初始条件比较简单:$t=0$,T_0=室温。边界条件要复杂一些,特别是烧蚀界面的边界条件。对于固体发动机内绝热层的侧壁、背壁和受热的烧蚀界面定义如下。

(1)下边界:$r=0$ 处为绝热材料与壳体相接的界面,认为此处为绝热边界,即

$$\frac{\partial T}{\partial r}\bigg|_{r=0} = 0 \tag{7.43}$$

(2)与受热面相关的上边界:$r=H$ 为绝热材料受热面,烧蚀发生在此界面上,由于此处暂不考虑粒子侵蚀的热增量作用,所以表面只受到来流的对流换热和辐射热的作用,边界条件为

$$\frac{\partial T}{\partial r}\bigg|_{r=H} = \dot{q}_{int} \tag{7.44}$$

式中,热流密度为

$$\dot{q}_{int} = \dot{q}_{con} + \dot{q}_{rad} \tag{7.45}$$

$\dot{q}_{con}$ 和 $\dot{q}_{rad}$ 分别为对流换热热流密度和辐射热流密度,具体确定方法见 7.2.4 小节。

(3)左边界和右边界:$x=0$ 和 $x=L$,同样可以认为这两个边界为绝热边界,边界条件为

$$\frac{\partial T}{\partial x}\bigg|_{x=0,\,x=L} = 0 \tag{7.46}$$

7.2.4 烧蚀表面热流密度

1. 对流换热热流密度

对流换热热流密度一般采用式(7.47)计算:

$$\dot{q}_{con} = h_c(T_{gi} - T_w) \tag{7.47}$$

式中,T_{gi} 为界面处的燃气温度;T_w 为烧蚀表面的温度;h_c 为对流换热系数,对于固体发动机环境常采用 Barts 公式来计算:

$$h_c = \left(\frac{0.026}{d_t^{0.2}}\right)\left(\frac{\mu^{0.2}c_{pg}}{Pr^{0.6}}\right)_{T_g^*}\left(\frac{p_c}{c^*}\right)^{0.8}\left(\frac{d_t}{r_c}\right)^{0.1}\left(\frac{A_t}{A}\right)^{0.9}\sigma_t \tag{7.48}$$

式中，d_t 为喷管喉径；c_{pg} 为燃气比定压热容；p_c 为燃烧室总压；c^* 为燃气特征速度；r_c 为喷管喉部曲率半径；A_t 为喷管喉部通道截面积；A 为计算位置处的截面积；T_g^* 为燃气总温；μ 为燃气动力黏性系数，一般是温度的函数，采用式(7.49)计算：

$$\mu = 1.187 \times 10^{-7}M_g^{0.5}(T_g^*)^{0.6} \tag{7.49}$$

式中，M_g 为燃气平均分子量。式(7.48)中 Pr 为燃气的普朗特数，$Pr = \dfrac{4\gamma}{9\gamma - 5}$，其中，$\gamma$ 为燃气比热比；σ_t 为对流换热系数的修正因子，其计算式为

$$\sigma_t = \frac{1}{\left[\dfrac{T_w}{2T_g^*}\left(1 + \dfrac{\gamma - 1}{2}Ma^2\right) + 0.5\right]^{0.68}\left(1 + \dfrac{\gamma - 1}{2}Ma^2\right)^{0.12}} \tag{7.50}$$

式中，Ma 为该处燃气马赫数。

2. 热辐射热流率

燃气热辐射热流密度的计算式为

$$\dot{q}_{rad} = \varepsilon_{eff}\sigma(T_g^4 - T_w^4) \tag{7.51}$$

式中，ε_{eff} 为有效辐射系数：

$$\varepsilon_{eff} = \frac{1}{\dfrac{1}{\varepsilon_w} + \dfrac{1}{\varepsilon_g} - 1} \tag{7.52}$$

式中，ε_w 和 ε_g 分别为壁面和燃气的辐射系数。

7.2.5 热化学烧蚀模型

热化学烧蚀模型主要描述热化学反应如何消耗炭化层，同时还需要确定热化学过程中的反应热，因此需要确定参与这一反应的组分和反应类型。由于炭化层中 C 元素含量是最大的，可以认为热化学烧蚀过程主要是对炭化层中 C 的消耗，这一消耗主要来源于热解气体和来流燃气中的氧化性组分。通过对边界层流场进行计算，可以得到扩散到炭化层孔隙中各种气体组分的浓度分布，同时热解气体也可以通过热解过程的研究得到。通过 7.2.2 小节的气体扩散模型，可以计算出多孔炭化层内主要气体组分的浓度分布；而温度场的计算则可以给出反应温度

的条件。

在烧蚀计算中,需要确定氧化性气体在炭化层的孔隙内与 C 发生化学反应的放热量以及由化学反应消耗的 C 量,以获得炭化层新的孔隙率分布,算出质量烧蚀率。

1. 炭化层的质量消耗率计算

在炭化层中各种组分间可能会发生多种化学反应,为了简化数值计算,同时又能抓住化学反应的主要因素,这里主要考虑以下三个化学反应。当然也可以根据需要增加反应方程式,例如 SiC 的生成和消耗反应。

$$C + O \longrightarrow CO \tag{7.53a}$$

$$C + CO_2 \longrightarrow 2CO \tag{7.53b}$$

$$C + H_2O \longrightarrow CO + H_2 \tag{7.53c}$$

由 Arrhenius 公式可计算各气相组分的生成消耗率。化学反应系统中存在的气体组分为 O、CO_2、H_2O、CO、H_2,分别用下标 $i = 1, 2, \cdots, 5$ 表示。上述三个反应的反应速率为

$$\dot{m}_O = -A_1 p_1 \exp(-E_{a1}/RT) \tag{7.54a}$$

$$\dot{m}_{CO_2} = -A_2 p_2 \exp(-E_{a2}/RT) \tag{7.54b}$$

$$\dot{m}_{H_2O} = -A_3 p_3 \exp(-E_{a3}/RT) \tag{7.54c}$$

由此可得单位面积上炭化层孔隙内 C 的消耗率为

$$\dot{m}_C = M_C \left[\frac{A_1 p_1 \exp(-E_{a1}/RT)}{M_O} + \frac{A_2 p_2 \exp(-E_{a2}/RT)}{M_{CO_2}} + \frac{A_3 p_3 \exp(-E_{a3}/RT)}{M_{H_2O}} \right] \tag{7.55}$$

式中,A_1、A_2、A_3 和 E_{a1}、E_{a2}、E_{a3} 分别对应为上面三个反应方程的指前因子和反应活化能,M_O、M_{CO_2} 和 M_{H_2O} 表示 O、CO_2、H_2O 气体的分子量。

这里所描述的反应是在炭化层多孔介质中的化学反应,所以式中 p_i 为第 i 种气体在炭化层孔隙内的分压。假设气体为理想气体,则气体组分满足理想气体状态方程 $pV = RT$。气体从边界层进入到炭化层孔隙内,在气体温度不变的情况下,第 i 种气体组分在孔隙内的分压表示为

$$p_i = \frac{V}{V'} p_{in} \tag{7.56}$$

式中,V 为气体在壁面外所占体积;V' 为气体进入炭化层所占体积;p_{in} 为第 i 种气

体组分在壁面处的分压。

气体进入炭化层后充满其中的孔隙,有

$$\frac{V}{V'} = \frac{1}{\varepsilon}$$ （7.57）

根据假设可知壁面处气体总压等于外部流场的压强,于是可得 i 组分分压为

$$p_i = \frac{1}{\varepsilon} p_e Y_i \frac{1}{M_i} \frac{1}{\sum_i Y_i/M_i} \quad (i = 1, \cdots, 5)$$ （7.58）

式中, Y_i 为 i 组分浓度; M_i 为 i 组分的分子量; p_e 为流场中的压强。得出 p_i 后就可根据式(7.55)计算出炭化层内的单位面积上的质量消耗率 $\dot{m}_C$。

2. 孔隙率和比表面积的更新

由于是体烧蚀,即热化学反应对炭化层的消耗发生在孔隙中,会造成炭化层孔隙率和比表面积的变化,需要建立炭化层孔隙率和比表面积随烧蚀过程更新的关系式。

在炭化层中任意取一个控制体,其体积 V 已知, $V = \Delta x \Delta y$,其密度为

$$\rho = \rho_c(1 - \varepsilon)$$ （7.59）

式中, ρ_c 为炭化层骨架的密度,即孔隙率为零时炭化层的密度,假设 ρ_c 为常数。

控制体内 C 元素的总质量 m_C 为

$$m_C = \rho_c(1 - \varepsilon)Vf_C$$ （7.60）

式中, f_C 为炭化层中 C 元素的质量分数,则控制体内参与热化学反应总面积 A_c 为

$$A_c = \rho_c(1 - \varepsilon)Vf_C\Omega$$ （7.61）

在该控制体内单位时间热化学反应消耗的 C 的质量为

$$M_C(i, j) = \dot{m}_C A_c = \dot{m}_C \rho_c(1 - \varepsilon)Vf_C\Omega$$ （7.62）

式中, (i, j) 表示控制体单元的序号。

根据质量守恒定律可得

$$\rho_c(1 - \varepsilon)V = \rho_c(1 - \varepsilon')V + \dot{m}_C \rho_c(1 - \varepsilon)Vf_C\Omega$$ （7.63）

式中, ε' 为热化学反应后控制体的新孔隙率。

整理式(7.63)则得到的热化学反应后的新孔隙率:

$$\varepsilon' = 1 - (1 - \varepsilon)(1 - \dot{m}_C f_C\Omega)$$ （7.64）

比表面积 Ω 是炭化层结构的重要参数,对热化学反应有很大影响,也是一

个随着烧蚀过程不断变化的值,主要与孔隙率有很大关系。这里假定比表面积与孔隙率在一定范围内近似为线性关系,通过实验可以测定孔隙率较小和较大两种炭化层的孔隙率和比表面,孔隙率较小的测量值称为下界值,孔隙率较大的称为上界值。这样就可以通过线性插值来计算新孔隙率对应的新比表面积:

$$\Omega' = \Omega_0 + [(\varepsilon' - \varepsilon_0)(\Omega_1 - \Omega_0)]/(\varepsilon_1 - \varepsilon_0) \qquad (7.65)$$

式中,Ω_0 和 Ω_1 分别为炭化层比表面积的下界值和上界值;ε_0 和 ε_1 分别为炭化层孔隙率的下界值和上界值;Ω_0 和 ε_0 一般取炭化层初始比表面积和孔隙率;Ω' 为热化学反应后新的比表面积。

3. 烧蚀率的计算

随着热化学反应的进行,炭化层的孔隙率逐渐增大,炭化层的强度逐渐减小。当达到某个孔隙率时,炭化层的强度将不足以抵抗气流的剥蚀作用而被剥掉。被剥蚀掉的厚度为线烧蚀量,单位时间的烧蚀量即为线烧蚀率。同样如果只考虑热化学烧蚀时,当炭化层表面达到一定疏松程度,此时炭化层已经没有防热作用,认为其脱落,同样产生表面退移。可以看出,这里需要有一个临界参数来确定炭化层从哪里剥落。通过前面对于炭化层特性的分析,可知炭化层的强度与其疏松程度有很大关系,而疏松程度则可以用孔隙率表征,因此可以采用临界孔隙率。当炭化层的孔隙率大于临界孔隙率,则认为失效或者被剥落。临界孔隙率与绝热材料和烧蚀环境等都有很大关系,是一个经验参数,实践中可以通过对烧蚀实验后炭化层表面孔隙率的测试统计来确定。有了临界孔隙率,就比较容易确定某个时刻炭化层表面的位置,从而获得线烧蚀量和线烧蚀率。

而质量烧蚀量则包含了热化学体烧蚀消耗的质量和由于线烧蚀所剥除的那一部分炭化层的质量。沿烧蚀表面 x 方向上某点 i 处 y 方向各控制体内 C 消耗的总质量为

$$M_C^i = \Big[\sum_{j\,=\,\text{炭化层下界}}^{\text{炭化层表面}} M_C(i, j) + \dot{r}_s (1 - \varepsilon_{cr}) \rho_c \Big] \Delta t \qquad (7.66)$$

式(7.66)等号右边第一部分为热化学烧蚀造成的质量损失;第二部分为线烧蚀造成的质量损失。式中,$\dot{r}_s$ 为线烧蚀率;ε_{cr} 为临界孔隙率;Δt 为计算的时间步长。

则烧蚀表面某点的单位面积平均质量烧蚀率为

$$\bar{M}_C = M_C^i / (\Delta t \cdot \Delta x) \qquad (7.67)$$

4. 热化学反应热的计算

当炭化层内有热化学反应时,存在化学反应热对炭化层内能量传递的影响,也

就是式(7.22)中的源项 S_h。对于式(7.53a)~式(7.53c)所示的化学反应,其反应热由反应式两端物质的焓值变化关系获得。

$$C + O \longrightarrow CO \qquad (\Delta H_T)_1 = (H_T)_{CO(g)} - H_{C(gra)} - (H_T)_{O(g)} \qquad (7.68a)$$

$$C + CO_2 \longrightarrow 2CO \qquad (\Delta H_T)_2 = 2(H_T)_{CO(g)} - H_{C(gra)} - (H_T)_{CO_2(g)} \qquad (7.68b)$$

$$C + H_2O \longrightarrow CO + H_2 \qquad (\Delta H_T)_3 = (H_T)_{CO(g)} + (H_T)_{H_2(g)} - H_{C(gra)} - (H_T)_{H_2O(g)} \qquad (7.68c)$$

式中,下标 g 表示气相,下标 gra 表示石墨;$(\Delta H_T)_n$ 为 n 反应式两端物质的焓值之差($n = 1, 2, 3$);$(H_T)_i$ 为 T 温度下物质 i 的每摩尔焓值(i = CO, O, H_2O, H_2, C, CO_2),当温度 T 确定后,$(H_T)_i$ 的值可以从焓温表中查出。

所以单位反应面积上热化学反应总的反应热为

$$
\begin{aligned}
\dot{q}'_{ch} &= \frac{\dot{m}_O}{M_O} \cdot (\Delta H_T)_1 + \frac{\dot{m}_{CO_2}}{M_{CO_2}} \cdot (\Delta H_T)_2 + \frac{\dot{m}_{H_2O}}{M_{H_2O}} \cdot (\Delta H_T)_3 \\
&= A_1 p_1 \exp(-E_1/RT)(\Delta H_T)_1/M_O + A_2 p_2 \exp(-E_2/RT)(\Delta H_T)_2/M_{CO_2} \\
&\quad + A_3 p_3 \exp(-E_3/RT)(\Delta H_T)_3/M_{H_2O}
\end{aligned}
\qquad (7.69)
$$

在一个控制体内热化学反应总热量为 $A_c \dot{q}'_{ch}$,则控制体单位体积上的反应热 $\dot{q}_{ch}$ 为

$$\dot{q}_{ch} = A_c \dot{q}'_{ch}/V = \rho_0(1-\varepsilon)V f_C \Omega \dot{q}'_{ch}/V = \rho_0(1-\varepsilon) f_C \Omega \dot{q}'_{ch} \qquad (7.70)$$

7.3　数值计算方法

7.3.1　控制方程的一般形式

通过体积平均法,所得到的能量、连续、动量宏观方程和组分扩散方程表达式,分别为式(7.22)、式(7.32)、式(7.40)和式(7.41),为简化数值计算过程,我们可以建立一个一般输运方程。式(7.71)为一般输运方程的表达:

$$\zeta \frac{\partial \phi}{\partial t} + \frac{\partial}{\partial x_j}\left(u_j \phi - \Gamma \frac{\partial \phi}{\partial x_j}\right) = S \qquad (7.71)$$

只需要通过设定一般输运性质 ϕ、时标 ζ、扩散系数 Γ 和源项 S 就可以计算连续方程、动量方程、能量方程和扩散方程,各项取值如表 7.1 所示。

表 7.1 一般形式控制方程各项取值

方程	ϕ	ζ	Γ	S
连续方程	1	—	—	0
动量方程	u_i	ε	$\varepsilon\nu$	见式(7.40)
能量方程	T	$\dfrac{\varepsilon\rho_f c_{pf} + (1-\varepsilon)\rho_c c_c}{\rho_f c_{pf}}$	α_e	见式(7.22)
扩散方程	f_i	1	D	见式(7.41)

对于计算基体中热传导的情况,设定 ε =极小值,$\zeta=1$,$\Gamma=k_o/(\rho_o c_o)$,其中 ρ_o、c_o、k_o 分别为基体层的密度、比热容和导热系数,此时能量方程等同于一维传热方程。

7.3.2 一般输运方程的离散化

由于控制体积法相对于有限差分法具有良好的守恒性质,更加忠实于物理模型,保证了计算精度,所以本节采用控制体积法对一般输运方程进行离散。

如图 7.3 所示,考虑一个中心节点为 P,大小为 $\Delta x \Delta y$ 的控制体,用字母 E(East)、W(West)、N(North)、S(South)表示节点 P 的邻节点。此外,用 e、w、n、s 表示控制体的四个面;$(\delta x)_w$、$(\delta x)_e$、$(\delta y)_n$、$(\delta y)_s$ 表示节点间的距离;f_w、f_e、f_n、f_s 是插值因子。

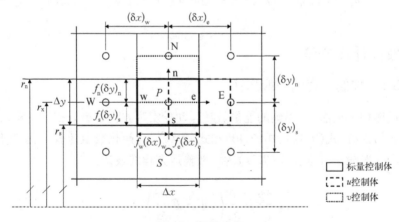

图 7.3 网格命名

通过在控制体 $\Delta x \Delta y$ 上积分一般输运方程(7.71)有

$$\frac{1}{\Delta t}\int_{t}^{t+\Delta t}\int_{s}^{n}\int_{w}^{e}\zeta r\frac{\partial\phi}{\partial t}\mathrm{d}x\mathrm{d}y\mathrm{d}t$$

$$+\frac{1}{\Delta t}\int_{t}^{t+\Delta t}\int_{s}^{n}\int_{w}^{e}\left[\frac{\partial}{\partial x}r\left(u\phi-\Gamma\frac{\partial\phi}{\partial x}\right)+\frac{\partial}{\partial y}r\left(v\phi-\Gamma\frac{\partial\phi}{\partial y}\right)\right]\mathrm{d}x\mathrm{d}y\mathrm{d}t$$

$$=\frac{1}{\Delta t}\int_{t}^{t+\Delta t}\int_{s}^{n}\int_{w}^{e}S\mathrm{d}x\mathrm{d}y\mathrm{d}t \tag{7.72}$$

式中,非稳态项被离散为

$$\frac{1}{\Delta t}\int_{t}^{t+\Delta t}\int_{s}^{n}\int_{w}^{e}\zeta r\frac{\partial\phi}{\partial t}\mathrm{d}x\mathrm{d}y\mathrm{d}t=\frac{\Delta x\Delta y}{\Delta t}\left(\frac{r_{n}+r_{s}}{2}\right)\zeta_{P}\left(\phi_{P}-\phi_{P}^{o}\right) \tag{7.73}$$

式中,上标 o 表示在上时刻 t 的值;没有上标的表示在新时间 $t+\Delta t$ 的值。

对流-扩散项被离散为

$$\frac{1}{\Delta t}\int_{t}^{t+\Delta t}\int_{s}^{n}\int_{w}^{e}\left[\frac{\partial}{\partial x}r\left(u\phi-\Gamma\frac{\partial\phi}{\partial x}\right)+\frac{\partial}{\partial y}r\left(v\phi-\Gamma\frac{\partial\phi}{\partial y}\right)\right]\mathrm{d}x\mathrm{d}y\mathrm{d}t$$

$$=\frac{1}{\Delta t}\int_{t}^{t+\Delta t}\left[r\left(u\phi-\Gamma\frac{\partial\phi}{\partial x}\right)\bigg|_{w}^{e}\Delta y+r\left(v\phi-\Gamma\frac{\partial\phi}{\partial y}\right)\bigg|_{s}^{n}\Delta x\right]\mathrm{d}t$$

$$=f_{t}\left[r\left(u\phi-\Gamma\frac{\partial\phi}{\partial x}\right)\bigg|_{w}^{e}\Delta y+r\left(v\phi-\Gamma\frac{\partial\phi}{\partial y}\right)\bigg|_{s}^{n}\Delta x\right]$$

$$+\left(1-f_{t}\right)\left[r\left(u\phi-\Gamma\frac{\partial\phi}{\partial x}\right)\bigg|_{w}^{e}\Delta y+r\left(v\phi-\Gamma\frac{\partial\phi}{\partial y}\right)\bigg|_{s}^{n}\Delta x\right]^{o} \tag{7.74}$$

式中,f_{t} 是一个用来控制显式和隐式格式的因子,其值为 0~1。$f_{t}=0$ 即为显式格式,在显式格式里,仅仅上一时间的值被用于估计对流-扩散通量。f_{t} 取非零值则为隐式格式,当 $f_{t}=1/2$ 时隐式格式被称为克兰克-尼科尔森格式,$f_{t}=1$ 时被称为全隐格式。在全隐格式里,通量的值全部为新时间的值。由于全隐格式的稳定性高,时间步长可以取得比较大,因此本节采用全隐格式。

源项被离散为

$$\frac{1}{\Delta t}\int_{t}^{t+\Delta t}\int_{s}^{n}\int_{w}^{e}S\mathrm{d}x\mathrm{d}y\mathrm{d}t=S_{P}\Delta x\Delta y=\left(SC_{P}+SP_{P}\phi_{P}\right)\Delta x\Delta y \tag{7.75}$$

式中,假设源项 S_{P} 可以分为 SC_{P} 和 $SP_{P}\phi_{P}$,分别代表常数部分和线性部分。若采用源项线性化处理,为了保证迭代求解的收敛,要求 $SP_{P}\leqslant 0$。

由此可得到一般有限差分方程式(7.76):

$$a_{P}\phi_{P}=a_{E}\phi_{E}+a_{W}\phi_{W}+a_{N}\phi_{N}+a_{S}\phi_{S}+b \tag{7.76}$$

式中：

$$a_E = -f_e F_e + \frac{\Gamma_e \Delta y r_x}{(\delta x)_e} \tag{7.77a}$$

$$a_W = f_w F_w + \frac{\Gamma_w \Delta y r_x}{(\delta x)_w} \tag{7.77b}$$

$$a_N = -f_n F_n + \frac{\Gamma_n \Delta x r_n}{(\delta y)_n} \tag{7.77c}$$

$$a_S = f_s F_s + \frac{\Gamma_s \Delta x r_s}{(\delta y)_s} \tag{7.77d}$$

$$a_P = \frac{\Delta x \Delta y}{\Delta t}\zeta_P + a_E + a_W + a_N + a_S + F_e - F_w + F_n - F_s - SP_P \Delta x \Delta y \tag{7.77e}$$

$$b = SC_P \Delta x \Delta y + \frac{\Delta x \Delta y r_x}{\Delta t}\zeta_P \phi_P^{\circ} \tag{7.78}$$

$$F_e = u_e \Delta y r_x \tag{7.79a}$$

$$F_w = u_w \Delta y r_x \tag{7.79b}$$

$$F_n = v_n \Delta x r_n \tag{7.79c}$$

$$F_s = v_s \Delta x r_s \tag{7.79d}$$

并且

$$r_x = \frac{r_n + r_s}{2} \tag{7.80}$$

对于每一个内节点写出式(7.76)，从而获得一套 ϕ 节点值的代数方程。本节采用 ADI 方法对该模型进行求解，先后在 x 方向和 y 方向进行扫描计算，每次扫描半个步长。在计算动量守恒方程时由于其源项有压强梯度项，所以采用交错网格上的 SIMPLE 方法对源项进行修正，得到收敛的速度场。

7.3.3　计算步骤

基于多孔介质的热化学体烧蚀模型的计算步骤如下[6]：

（1）通过对固体发动机热力计算获得燃气组分和输运参数，得到在边界层边界上燃气各种组分的摩尔浓度和燃气的物性参数；

（2）通过边界层计算获得绝热层表面的燃气参数和对流换热系数，进而得到上表面初始的对流换热热流密度和热辐射热流密度；

（3）计算绝热材料内部的温度场、组分浓度分布；

（4）通过温度判断炭化层和热解层，并在形成的炭化层内进行热化学计算，修正其孔隙率分布，并得到质量烧蚀率，确定能量方程源项；

（5）在新的孔隙结构下修正炭化层物性参数，并在已知临界孔隙率的情况下确定质量烧蚀率和线烧蚀率。

7.4　算例

针对烧蚀发动机实验开展计算模型的验证。烧蚀发动机采用改性双基推进剂，燃温为 3 300 K，发动机工作时间为 9 s，燃烧室平均压强为 6 MPa。计算得到烧蚀发动机低速段燃气流速为 2.4 m/s，高速段为 45 m/s。烧蚀试件采用 EPDM 绝热材料基础配方，其主要参数见表 7.2。

表 7.2　EPDM 绝热材料参数

分　类	参　数	数　值
基体参数	基体密度/(kg/m³)	1 050
	基体比热/[kJ/(kg·K)]	1.19
	基体导热系数/[W/(m²·K)]	0.32
热解参数	热解温度/℃	460
	炭化温度/℃	560
	热解潜热/(kJ/kg)	900
炭化层参数	炭化层密度/[kg/m³]	471
	炭化层比热/[kJ/(kg·K)]	0.9
	炭化层导热系数/[W/(m²·K)]	0.5

这里炭化层初始孔隙率取 31%，临界孔隙率取 83%。本章认为燃气中只有参与热化学反应的 H_2O、CO_2 和 O 三种氧化性气体对烧蚀有影响，所以在组分扩散中只考虑这三种气体的扩散方程。

计算结果见图 7.4～图 7.8。图 7.4 为低速段质量烧蚀率随时间变化曲线，可以看出，6.5 s 之前质量烧蚀率随时间增大比较快，6.5 s 后增大比较缓慢，计算得到的发动机工作结束时刻的质量烧蚀率与实验结果吻合较好。

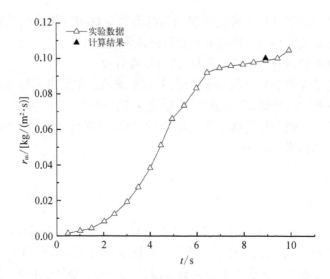

图 7.4　低速度段质量烧蚀率随时间变化

　　图 7.5 为烧蚀表面、炭化线和热解线的位置随时间变化。从图中可以看出热解层是具有一定厚度的,稳态时厚度约为 0.025 mm,炭化层的厚度在 4 s 后基本维持在 1.3 mm 左右。

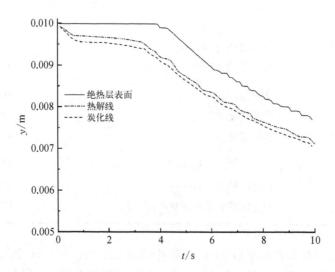

图 7.5　低速段绝热层表面、炭化线和热解线位置随时间变化

　　图 7.6 为 9 s 时低速段绝热材料孔隙率沿 y 方向的变化。计算中判断热解层和炭化层的位置是以孔隙率为标准,基体层取孔隙率小于 0.01,孔隙率 0.01~0.31 属于热解层,孔隙率 0.31~0.83 为炭化层。

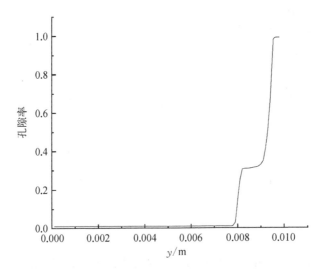

图 7.6　低速段绝热材料孔隙率沿 y 方向的变化

图 7.7 为高速段质量烧蚀率随时间变化曲线,可以看出,质量烧蚀率随时间而增大,发动机工作结束时刻质量烧蚀率与实验结果吻合较好。图 7.8 为高度段烧蚀表面、炭化线和热解线位置随时间的变化曲线。与低速段相比,高速段烧蚀更严重,炭化层厚度也更薄。

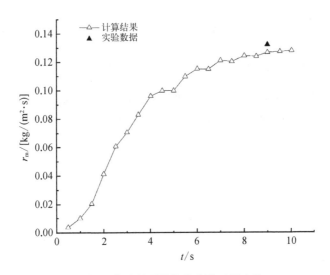

图 7.7　高速段质量烧蚀率随时间变化

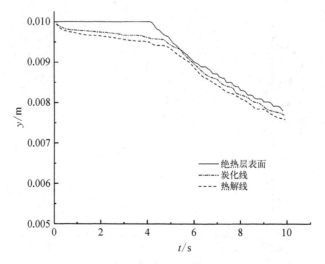

图 7.8　高速段绝热层表面、炭化线和热解线位置随时间变化

参考文献

[1] Liu Y, Yu X J, Ma J M, et al. A volumetric ablation model of EPDM considering complex physicochemical process in porous structure of char layer[J]. Open Physics, 2017, 15(1): 344 - 353.

[2] 杨飒.基于炭层孔隙结构的热化学烧蚀模型研究[D].西安：西北工业大学,2009.

[3] Whitaker S. Diffusion and dispersion in porous media[J]. Aiche Journal, 1967, 13(3): 420 - 427.

[4] Slattery J C. Flow of viscoelastic fluids through porous media[J]. Aiche Journal, 1967, 13(6): 1066 - 1071.

[5] Hsu C T, Cheng P. Thermal dispersion in a porous medium[J]. Heat Mass Transfer, 1990, 33: 1587 - 1597.

[6] Liu Y, Yang S, He G Q, et al. An overall ablation model of ethylene propylene-diene monomer based on porous characteristics in char layer[J]. Advances in Mechanical Engineering, 2016, 8 (2): 362 - 368.

第 8 章

绝热材料的侵蚀/烧蚀耦合模型

随着高含铝量推进剂的广泛应用,固体发动机燃气中的氧化铝粒子对绝热层的侵蚀作用较为明显,在高过载条件下,稠密粒子射流的侵蚀会造成绝热层烧蚀率急剧增大,严重时可能危及发动机的安全。对粒子侵蚀进行准确预示是固体发动机热防护设计的重要基础。

本章主要介绍两种侵蚀/烧蚀耦合模型。首先介绍一种半经验的模型,该模型通过引入炭化层临界孔隙率的概念,根据过载模拟烧蚀发动机实验结果建立炭化层临界孔隙率与粒子冲刷状态参数之间的经验关系式,将其引入到基于多孔介质的热化学烧蚀模型中,实现侵蚀与热化学烧蚀的耦合。第二种模型则是一种非经验型的烧蚀模型,该模型在炭化层结构特性分析基础上建立炭化层等效力学单元模型,进而获得炭化层弹性模量、断裂韧性和硬度等力学参数与孔隙率之间的关系式;然后基于脆性材料的弹塑性压痕断裂理论建立炭化层的粒子侵蚀破坏模型;最后将粒子侵蚀破坏模型和热增量模型引入到热化学烧蚀模型中,得到绝热材料的烧蚀/侵蚀耦合计算模型。

8.1 侵蚀与热化学烧蚀的耦合关系

固体发动机绝热层的烧蚀主要包括热化学烧蚀、气流剥蚀和粒子侵蚀三部分。热化学烧蚀表现为线烧蚀与体烧蚀两种形式,而粒子侵蚀和气流剥蚀则表现为线性退移,且主要发生在炭化层表面,与炭化层的疏密程度密切相关。在稠密粒子射流侵蚀条件下,热化学烧蚀与粒子侵蚀影响占主导,由于燃烧室内的气流速度比较低,气流剥蚀作用可以忽略不计。热化学烧蚀和粒子侵蚀之间是相互耦合的,其耦合过程主要表现在以下方面:

(1)绝热材料受到初始热流的作用开始发生热分解,形成炭化层的初始孔隙结构;

(2)燃气和热解气体中的氧化性组分与炭化层发生热化学反应,不断消耗炭化层,炭化层变得更加疏松;

（3）粒子侵蚀的机械效应造成了炭化层剥落,改变了炭化层结构,从而又影响了传热、热分解、组分扩散和热化学烧蚀等过程;

（4）粒子侵蚀带来的热增量会使绝热层表面热流密度增大,改变温度分布,进而影响热分解和热化学烧蚀等过程。

要建立侵蚀/烧蚀耦合模型,就需要合理描述粒子侵蚀的机械效应和热效应,并通过合理的方式与热化学烧蚀建立联系。

8.2 基于临界孔隙率的侵蚀/烧蚀耦合模型

8.2.1 建模思想

粒子侵蚀包含热效应和机械破坏效应两个方面,第 5 章中已经介绍过利用实验方法获得的粒子侵蚀热增量关系式(5.19),下面主要介绍基于临界孔隙率的粒子侵蚀机械破坏模型。

炭化层之所以会被粒子侵蚀的机械作用破坏,就是因为炭化层是一种多孔疏松的脆性材料,其强度较弱。通常炭化层的孔隙率越大,强度越差,越容易被粒子破坏。当粒子侵蚀强度较低时,炭化层可能不会发生破坏;但是当粒子侵蚀强度增大到一定程度,炭化层结构将遭到破坏,发生剥落。换而言之,对于某种粒子侵蚀状态,较为致密的炭化层可以抵御粒子的侵蚀破坏,但是随着炭化层孔隙率增大,其抵御侵蚀破坏的能力越来越弱,当孔隙率超过某个临界值时,炭化层将无法抵御粒子侵蚀破坏,发生剥蚀。因此对于某个强度的粒子冲刷状态(浓度、速度和角度),会存在一个临界孔隙率,当炭化层孔隙率大于这个临界值时,其强度不足以抵御这个强度的粒子侵蚀,就会被侵蚀掉;当炭化层孔隙率小于这个临界值,则不会被侵蚀掉。根据这个思路,可以建立临界孔隙率与粒子冲刷状态之间的关系式,将这个关系式带入到基于多孔介质的热化学烧蚀模型中,由于该模型能够体现热化学烧蚀造成的炭化层孔隙率变化,这样就可以实现烧蚀与侵蚀的耦合。

8.2.2 侵蚀临界孔隙率关系式

第 5 章采用过载模拟烧蚀发动机开展了不同粒子冲刷浓度、速度和角度的烧蚀实验,采用两相流数值模拟已经获得了每个工况的粒子浓度、速度和角度等冲刷状态参数。可以认为每个工况实验后炭化层表面的孔隙率就是该工况的临界孔隙率,如果能测得各个工况的表面孔隙率,那么就可以通过拟合的办法来建立这个关系式。

孔隙率测量常用的多功能密度仪和压汞法等方法只能获得整体的孔隙率,无法获得材料表面的孔隙率。这里采用扫描电镜和图像处理的方法来获得炭化层表面孔隙率。

　　图 8.1(a)为工况 13(调节环直径 60 mm,转折角 60°)实验后炭化层表面扫描电镜图像,进行图像对比度增强和二值化处理后的图像如图 8.1(b)所示,深色区域为炭化层骨架,而浅色区域为孔隙,浅色区域面积与整个区域面积之比就是面孔隙率。经过处理得到图 8.1(b)的面孔隙率为 50.4%,可以认为该孔隙率就是工况 13 的临界孔隙率。

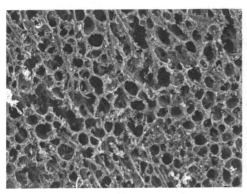 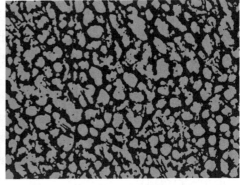

(a) 原始图像　　　　　　　　　　　　　(b) 图像处理后的图像

图 8.1　炭化层表面电镜图像与处理后的图像

　　采用上述方法对过载模拟烧蚀发动机实验结果进行了处理,得到不同工况的表面临界孔隙率,然后采用数据拟合的方法来建立临界孔隙率与冲刷状态参数的关系式。与第 5 章稠密粒子侵蚀条件下炭化烧蚀率公式类似,拟合公式仍采用幂函数相乘的形式。分析发现数据呈现明显的分段特征,因此将数据按照粒子冲刷速度分成三段处理:当粒子冲刷速度小于 20 m/s 时,粒子侵蚀作用较弱,可以忽略粒子侵蚀的机械破坏作用;当粒子冲刷速度大于等于 20 m/s,以临界速度(32 m/s)为界分成两个部分拟合。最终得到的临界孔隙率与粒子冲刷状态参数的关系为

$$20 \text{ m/s} \leqslant v_p < 32 \text{ m/s}: \; \varepsilon_{cr} = 0.777 n_p^{0.196} \cdot v_p^{-0.199} \cdot (\cos \alpha_p)^{0.376} \quad (8.1)$$

$$v_p \geqslant 32 \text{ m/s}: \; \varepsilon_{cr} = 0.306 n_p^{0.638} \cdot v_p^{-0.546} \cdot (\cos \alpha_p)^{0.177} \quad (8.2)$$

式中,ε_{cr} 为炭化层临界孔隙率;n_p 为粒子浓度(kg/m³);v_p 为粒子冲刷速度(m/s);α_p 为粒子冲刷角度(°)。

8.2.3　计算流程

　　根据式(8.1)和式(8.2),再结合粒子侵蚀热增量关系式,可以建立 EPDM 绝热材料粒子侵蚀模型。粒子冲刷速度小于 20 m/s 时,粒子机械破坏可忽略不计,只考虑粒子热增量模型。粒子冲刷速度大于等于 20 m/s 时需要同时考虑粒子机械

破坏和热增量。粒子速度为 20~32 m/s 时,采用式(8.1)计算临界孔隙率;粒子速度大于等于 32 m/s 时,采用公式(8.2)计算临界孔隙率。

将粒子侵蚀模型加入基于多孔介质的热化学烧蚀模型中,就建立了基于临界孔隙率的烧蚀/侵蚀耦合模型。耦合模型计算步骤如下:

(1)首先通过发动机热力计算得到燃气组分和输运参数,得到附面层外边界上燃气各种组分的摩尔浓度和燃气的物性参数;

(2)通过附面层计算模块得到附面层内的氧化性组分分布,计算绝热层表面的对流换热和热辐射的热流密度以及粒子侵蚀热增量;

(3)将对流换热、热辐射和粒子侵蚀热边界条件以及热解气体参数赋予传热计算模块,获得组分浓度和温度分布;

(4)通过升温速率计算热解温度和炭化温度,当温度达到热解温度时进行热解计算,当温度达到炭化温度时开始生成炭化层;若炭化层内部的温度达到发生气相沉积的温度时,进行热解气体沉积计算,修正局部炭化层孔隙率;

(5)在炭化层表面和内部进行热化学烧蚀计算,修正炭化层的孔隙率分布,确定能量方程源项;

(6)根据新的孔隙率修正炭化层物性参数,与粒子侵蚀机械破坏模型中的临界孔隙率作比较,当达到临界孔隙率时,炭化层被剥去,然后继续计算;

(7)计算到某个时刻结束,就可以获得绝热层表面的线烧蚀率、炭化烧蚀率和质量烧蚀率等参数。

8.2.4 模型验证及结果分析

采用 8.2.3 小节中的耦合烧蚀程序,计算过载模拟烧蚀发动机实验在 14 个工况下的炭化烧蚀率数值,得到的结果如表 8.1 所示。可以看出,除了工况 8、12 和 13,其余 11 个工况炭化层烧蚀率计算值与实验值的相对误差均在 11% 以内,这个精度可以满足一般工程设计的需要。

表 8.1　过载模拟烧蚀发动机计算结果

序号	转折角度 /(°)	调节环直径 /mm	粒子速度 /(m/s)	粒子角度 /(°)	粒子浓度 /(kg/m³)	炭化烧蚀率实验值 /(mm/s)	炭化烧蚀率计算值 /(mm/s)	相对误差
1	10	40	43	8	123.69	0.717	0.783	9.2%
2	30	40	44	30	70.97	0.970	0.980	1.0%
3	30	45	36	24	54.91	0.570	0.526	7.7%
4	30	50	31	29	49.58	0.385	0.417	8.3%

序号	转折角度/(°)	调节环直径/mm	粒子速度/(m/s)	粒子角度/(°)	粒子浓度/(kg/m³)	炭化烧蚀率实验值/(mm/s)	炭化烧蚀率计算值/(mm/s)	相对误差
5	30	80	15	18	14.26	0.294	0.291	1.0%
6	45	40	42	45	63.6	1.516	1.354	10.7%
7	45	50	30	43	42.95	0.395	0.383	3.0%
8	45	60	28	42	20.95	0.292	0.340	16.4%
9	45	80	13	40	17.72	0.285	0.300	5.3%
10	60	40	39	62	58.79	1.578	1.721	9.1%
11	60	50	26	60	39.42	0.349	0.317	9.2%
12	60	60	20	58	29.67	0.279	0.333	19.4%
13	60	80	11	57	22.66	0.225	0.300	33.3%
14	90	40	38	87	117.75	1.392	1.357	2.5%

　　图 8.2 为工况 1 计算得到的孔隙率分布云图。计算时沿 x 方向的烧蚀状态参数是一样的,相当于绝热材料凹坑底部的状态。该工况粒子冲刷速度较高,属于三种模式中的强侵蚀模式。图 8.2 中最上面区域的孔隙率接近 1,为气相区域;气相区的下方为炭化层的致密层,孔隙率较小;致密层的下方为疏松层,孔隙率相对较大;疏松层下面很薄的一层为热解层;最下部的区域为基体层,其孔隙率接近 0。图 8.3 为炭化烧蚀率随时间的变化曲线,烧蚀初始时刻炭化烧蚀率很大,在 0.2 s 内快速下降,0.2 s 以后开始随时间缓慢下降。

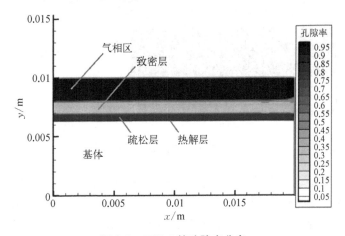

图 8.2　工况 1 的孔隙率分布

固体火箭发动机内绝热材料烧蚀机理与模型

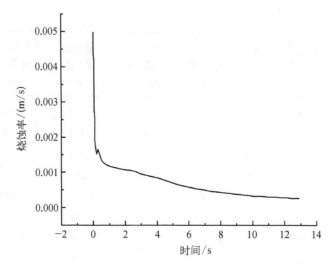

图 8.3　工况 1 炭化烧蚀率随时间变化曲线

图 8.4 为工况 7 计算得到的孔隙率分布云图,该工况属于三种模式中的氧化铝沉积模式,该工况的炭化层断面呈现疏松/致密/疏松的结构。从图 8.4 可以看出,计算得到的炭化层的孔隙率也呈现疏松/致密/疏松的结构,致密层处于炭化层的中间部位,这个结果与实验结果比较一致。

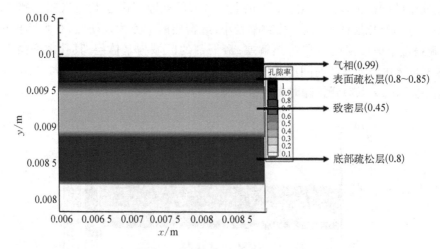

图 8.4　工况 7 的孔隙率分布云图

图 8.5 为工况 5 计算得到的孔隙率分布云图,该工况粒子速度为 15 m/s,低于 20 m/s 的分界值,属于三种模式中的弱侵蚀模式。该工况粒子机械破坏作用很小,计算模型加以忽略,只考虑粒子的热增量作用。从图 8.5 可以看出炭化层呈现致密/疏松结构,与实验结果比较一致。

178

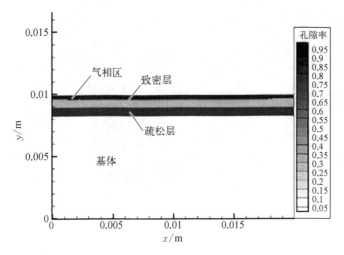

图 8.5　工况 5 的孔隙率分布图

8.3　基于炭化层破坏的侵蚀/烧蚀耦合模型

基于炭化层临界孔隙率的侵蚀/烧蚀耦合模型本质上还是属于半经验模型,模型的关键——炭化层临界孔隙率与粒子冲刷状态参数之间的关系式,是通过对烧蚀实验数据处理得到的。那么能否建立一种不依赖烧蚀实验的侵蚀/烧蚀耦合模型呢?下面将介绍这样一种模型,该模型将炭化层等效为由一个个规则的几何单元组成的框架结构,认为几何单元的骨架是致密的碳材料,这样就推导出炭化层的一些力学特性参数计算式,进而再针对炭化层这种多孔脆性材料建立粒子侵蚀的破坏模型。

8.3.1　炭化层等效几何单元模型

对炭化层力学特性的建模,可以参考徐义华等[1]的研究思路,即通过采用合理的开孔泡沫单元结构来简化炭化层结构,利用多孔材料相关理论,建立炭化层弹性模量与孔隙率的关系。

图 8.6 为 EPDM 绝热材料炭化层的微观结构,可以看出,炭化层是一种多孔结构,其骨架虽然不是很规则,但还是呈现出具有一定周期性分布的镂空壳状结构特征。因此,可以考虑将炭化层等效成由规则几何单元组成的框架结构。如果几何单元构造比较合适,那么得到的框架结构的力学特性可以做到与真实炭化层的力学特性比较接近。

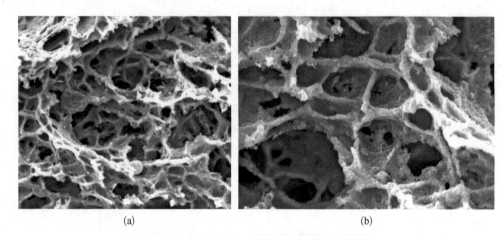

图 8.6　典型 EPDM 绝热材料炭化层微观结构

　　观察图 8.6 的炭化层结构,可以发现炭化层骨架类似于孔洞互连的多面体薄壳结构,孔洞以接近球体的多面体为主。经过对多种可能的几何单元进行分析和计算,发现开孔十四面体比较适合。如图 8.7 所示,开孔十四面体模型由 8 个正六边形和 6 个正四边形组成,由 36 根等长度柱构成,这种开孔结构可以完全充满三维空间。

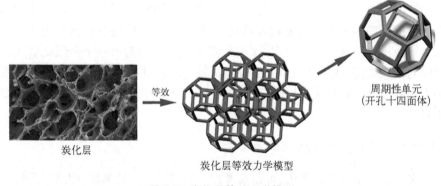

图 8.7　炭化层等效力学模型

8.3.2　炭化层力学参数表征

　　炭化层为脆性材料,为了表征脆性材料的力学特征,需要获得材料的弹性模量、断裂韧性和硬度等参数。其中的有些参数可以借鉴开孔泡沫材料的相关理论得到,有些参数则需要根据炭化层力学特性测试结果给出。

1. 弹性模量表征方法

Zhu 等[2]利用开孔十四面体结构的对称性和单轴加载的条件,通过结构变形满足对称性的假设,将开孔十四面体模型的 36 根支柱简化为只需对其中两根支柱的变形进行分析的情况,利用最小势能原理,得到了开孔泡沫材料的弹性模量(杨氏模量) E^* 的表达式:

$$E^* = \frac{6\sqrt{2}E_s I}{L^4(1 + 12I/AL^2)} \tag{8.3}$$

式中,E_s 是骨架材料的弹性模量,L、A、I 分别为支柱的长度、截面积和惯性矩,惯性矩与横截面积的关系为

$$I = i^2 A^2 \tag{8.4}$$

式中,i 为无量纲截面惯性半径,不同截面形状支柱的 i 和 A 值如表 8.2 所示,图中 t 为支柱截面的特征长度。

表 8.2　无量纲截面惯性半径和截面积

形　状	i	A	示意图
圆　形	$\dfrac{1}{2\sqrt{3}}$	$\dfrac{\pi t^2}{4}$	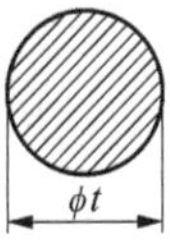
正方形	$\dfrac{\sqrt[4]{3}}{3\sqrt{2}}$	t^2	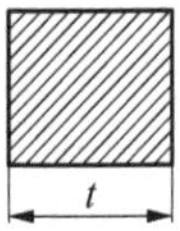
等边三角形	$\dfrac{1}{2\sqrt{\pi}}$	$\dfrac{\sqrt{3}t^2}{4}$	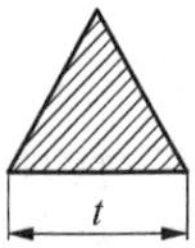
Plateau 形	$\sqrt{\dfrac{20\sqrt{3} - 11\pi}{6(2\sqrt{3} - \pi)^2}}$	$\dfrac{2\sqrt{3}t^2 - \pi^2}{2}$	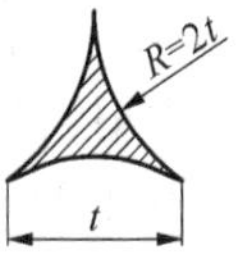

定义相对密度 ϕ 为开孔泡沫材料的密度与骨架密度之比,针对开孔十四面体单元结构,相对密度 ϕ 是横截面积和支柱长度的函数,表示为

$$\phi = \frac{3A}{2\sqrt{2}L^2} \tag{8.5}$$

联立式(8.3)~式(8.5),可以得到炭化层的弹性模量与相对密度的表达式:

$$E^* = \frac{16\sqrt{2}\,\phi^2 i^2}{3 + 24\sqrt{2}\,\phi i^2}E_s \qquad (8.6)$$

针对表 8.2 给出的四种不同横截面积构型,分别计算了相对弹性模量与孔隙率的关系式,如图 8.8 所示。

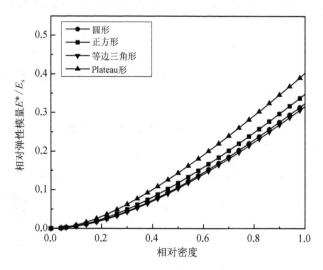

图 8.8　相对弹性模量与相对密度的关系

从计算结果来看,Plateau 截面构型的相对弹性模量最大。Plateau 截面构型是三个等直径的圆相切而成,从炭化层孔洞的形成过程的角度,能够更加真实反映炭化层的开孔泡沫结构形成。但是,在相对密度较高的情况下,利用开孔十四面体计算得到的相对弹性模量偏小(当相对密度为 1 时,相对弹性模量仅为 0.4 左右),因此,需要对弹性模量的计算模型进行修正。

卢子兴等[3]对低密度开孔泡沫材料力学模型的理论研究进展进行了总结,认为开孔十四面体模型对低密度的泡沫材料的计算比较准确,对相对密度较大的情况,利用开孔十四面体泡沫结构就不合理。对于高密度的泡沫材料,根据 Gibson 等[4]提出的预测公式,可以较好地预测其相对弹性模量:

$$E^* = \phi^2 E_s \qquad (8.7)$$

对于中等密度的泡沫材料,弹性模量的计算可以借鉴刘培生[5]提出的经验公式:

$$E^* = k\phi^n E_s \qquad (8.8)$$

式中,k 和 n 为常数。

综合式(8.6)~式(8.8),可得到适用不同密度的炭化层相对弹性模量的计算式:

$$E^*/E_s = \begin{cases} \phi^2 & \phi \geq 0.8 \\ k\phi^n & 0.1 < \phi < 0.8 \\ 16\sqrt{2}\phi^2 i^2/(3 + 24\sqrt{2}\phi i^2) & \phi \leq 0.1 \end{cases} \quad (8.9)$$

为了使模型在 $\phi = 0.1$ 和 $\phi = 0.8$ 处连续,可以求得 $k = 1.014$, $n = 2.06$。这样就得到了较大范围内的相对弹性模量与相对密度之间的关系,如图 8.9 所示。

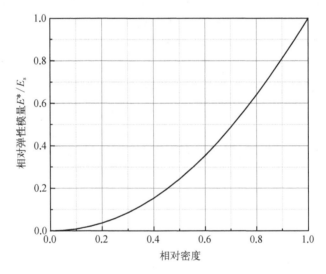

图 8.9 炭化层相对弹性模量与相对密度的关系

EPDM 绝热材料在烧蚀过程中形成的炭化层,其化学组成比较复杂。但针对炭化层的成分分析表明,炭化层中以碳元素为主,其他元素含量较少[6]。炭化层在高温(高于 2 000℃)时可实现部分石墨化。为了研究的方便,可认为炭化层骨架材料为石墨。表 8.3 列出了不同牌号的石墨工程用弹性模量。

表 8.3 石墨工程用弹性参数

牌 号	类 型	密度 /(g/cm³)	$E_{\parallel}$ /GPa	$E_{\perp}$ /GPa
ISO	同性,细颗粒	1.87	11.96	11.96
ATJS	模压,细颗粒	1.87	9.07	12.85

183

牌　号	类　型	密度 /（g/cm³）	$E_\parallel$ /GPa	$E_\perp$ /GPa
S199	挤压,细颗粒	1.63	8.31	6.08
RVD	模　压	1.88	9.38	15.7
CFW	模　压	1.90	10.48	11.0
CFZ	模　压	1.93	10.48	14.2

从表 8.3 可以得出,石墨的弹性模量范围为 6~16 GPa。为了计算炭化层的弹性模量,取石墨的弹性模量为 10 GPa。不同温度下形成的石墨,其石墨化程度是不一样的。由于固体发动机燃烧室内处于高温(2 800 K 以上)环境,需要考虑高温对石墨的弹性模量的影响。对于石墨材料,一般而言,随着温度的升高石墨化程度会增高,石墨的弹性模量会降低。以一种细颗粒挤压核石墨为例,对其 1 200℃下焙烧后的毛坯进行热处理,处理温度范围 1 400~3 000 ℃,其弹性模量与热处理温度的关系如图 8.10 所示,图中 $E_{1\,200}$ 是热处理温度为 1 200 ℃时石墨的弹性模量。可以看出,开始随着处理温度增高,弹性模量下降,2 000℃以后,弹性模量又开始上升,2 200℃以后又继续下降,直到 3 000℃。为了简便,这里采用高温修正参数 X_T 来进行修正。

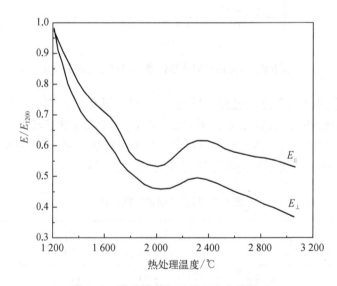

图 8.10　弹性模量与热处理温度的关系
（细颗粒挤压核石墨）

在考虑了孔隙率及高温两方面的影响,高温情况下炭化层的相对弹性模量的计算式为

$$E^* / E_s = \begin{cases} X_T (1 - \varepsilon)^2 & \varepsilon \leqslant 0.2 \\ X_T k (1 - \varepsilon)^n & 0.2 < \varepsilon < 0.9 \\ 16\sqrt{2} X_T (1 - \varepsilon)^2 i^2 / [3 + 24\sqrt{2} (1 - \varepsilon) i^2] & \varepsilon \geqslant 0.9 \end{cases} \quad (8.10)$$

式中,X_T 为高温修正参数,一般取 0.3;ε 为炭化层孔隙率,$\varepsilon = 1 - \phi$。

式(8.10)就是炭化层弹性模量的计算式,利用式(8.10)计算得到的炭化层弹性模量与孔隙率的关系如图 8.11 所示。

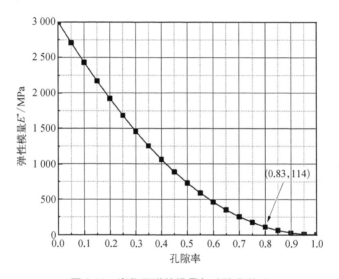

图 8.11   炭化层弹性模量与孔隙率关系

采用第 4 章表 4.6 炭化层的弹性模量测试数据对建立的弹性模量计算方法进行验证。由于炭化层弹性模量的散布较大,采用两种 EPDM 配方炭化层数据的平均值进行比较。两种 EPDM 配方炭化层孔隙率的平均值为 0.83,6 组弹性模量的平均值为 103.8 MPa。由图 8.11 可以看出,当炭化层的孔隙率为 0.83 时,计算得到的弹性模量为 114 MPa,与上述弹性模量测量值的平均值是比较接近的,相对误差为 9.8%,在一定程度上验证了炭化层弹性模量计算方法的正确性。

2. 断裂韧性表征方法

材料的断裂韧性表示材料抵抗裂纹扩展的能力,在断裂力学中占有重要地位。为了建立炭化层这种脆性材料的侵蚀破坏模型,需要对炭化层断裂韧性的表征方法进行研究。

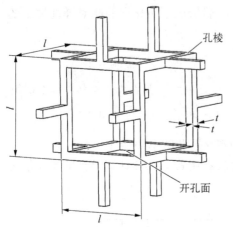

图 8.12　开孔泡沫材料的立方模型
（棱长为 l，棱厚为 t）

Gibson 等[7]对泡沫材料的断裂韧性进行了研究，提出了表征泡沫材料的立方模型（图 8.12），推导了断裂韧性与相对密度、断裂强度的关系式：

$$K_{IC} = c_0 \sigma_{fs} \sqrt{\pi l} \, \phi^{3/2} \qquad (8.11)$$

式中，c_0 为实验拟合常数，为 0.65；σ_{fs} 为基体拉伸断裂强度；l 为立方体棱长；ϕ 为相对密度。

Kucherov[8]等对开孔泡沫材料的断裂韧性也进行了研究，利用开孔十四面体模型来表征开孔泡沫特性，并给出了断裂韧性与相对密度之间的关系表达式：

$$K_{IC} = c_1 \sigma_{fs} \sqrt{\pi l} \, \phi^{3/2} \qquad (8.12)$$

式中，c_1 为常数；l 为正十四面体的棱长。

通过 Gibson 和 Kucherov 对开孔泡沫材料断裂韧性的研究可以看出，采用不同的开孔模型得出的断裂韧性的关系式具有相似的形式。因此，可以将炭化层的断裂韧性计算公式表示为以下形式：

$$K_{IC} = c \sigma_{fs} \sqrt{\pi l} \, (1 - \varepsilon)^{3/2} \qquad (8.13)$$

式中，c 为比例常数；σ_{fs} 为石墨抗拉断裂强度；l 为特征长度，选取炭化层的平均孔径；ε 为炭化层孔隙率。

第 4 章借助微米 CT 得到了 EPDM 绝热材料炭化层沿厚度方向上的孔隙率与平均孔径的分布（图 4.8）。从图 4.8 可以看出，当孔隙率低于 75% 时，平均孔径基本不变，为 1.5 μm 左右；当孔隙率在 75%~90%，平均孔径从 1.5 μm 以近似二次函数形式增加到 10 μm。将孔隙率与平均孔径之间的关系式进行拟合，得到以下关系式：

$$d = \begin{cases} 1.5 & \varepsilon \leqslant 0.75 \\ 270\varepsilon^2 - 385.5\varepsilon + 138.75 & 0.75 < \varepsilon < 1.0 \end{cases} \qquad (8.14)$$

式中，d 为炭化层平均孔径，单位为 μm。利用式（8.14）计算得到的平均孔径与孔隙率的关系如图 8.13 所示。

在进行强度分析时，可以将炭化层的骨架材料当作石墨处理。表 8.4 列出了常温下几种典型石墨的抗拉强度，从表中可以看出，石墨抗拉强度的范围为 6~14 MPa，中位值为 10 MPa。

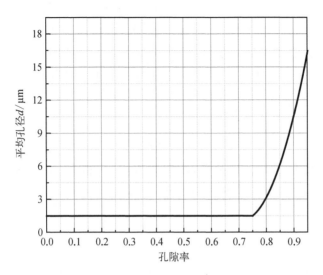

图 8.13 炭化层平均孔径与孔隙率关系曲线

表 8.4 常温下几种典型石墨的抗拉强度

石墨牌号	成型方法	密度/(g/cm³)	取向	抗拉强度 σ_t/MPa
TM3 – A	模压	1.68	‖	9.0
			⊥	7.0
3ОПГ	模压	1.82	‖	14.0
			⊥	13.0
ASR – ORB	模压	1.65	‖	9.45
			⊥	10.7
PGA	挤压	1.70	‖	10.0
			⊥	6.0
AGOT	挤压	1.70	‖	10.0
			⊥	9.0

石墨材料有一个显著特点,就是其强度会随温度的升高而增大。从常温开始,石墨强度随温度的上升而增大,一般在 2 000~2 500℃达到最大值,之后略有下降。绝热层烧蚀时炭化层是处于高温条件下,因此计算中采用常温下石墨的抗拉强度

是不合理的。炭化层所处的高温环境一般在 2 000~3 000℃,在这个范围内,石墨材料的抗拉强度是常温下的 1.5~3.5 倍,例如,模压成型的 Big1 高密石墨在 2 800℃下的抗拉强度为常温的 3.4 倍;挤压成型的 F/Vu3 - A 普通石墨在 2 000℃下的抗拉强度为常温的 1.5 倍;挤压成型的 AIVT 细颗粒石墨,在平行与垂直方向,2 500℃下的抗拉强度分别是常温的 1.9 倍和 2.1 倍。对于高温下石墨的抗拉强度,可以通过引入高温修正系数来进行修正:

$$\sigma'_{fs} = k_t \sigma_{fs} \tag{8.15}$$

式中,σ'_{fs}、σ_{fs} 分别为高温、常温下的抗拉强度;k_t 为高温修正系数,取 2.0。

在考虑了孔隙率及高温两方面的影响,高温下炭化层的断裂韧性的计算公式为

$$K_{IC} = c k_t \sigma_{fs} \sqrt{\pi l} \, (1 - \varepsilon)^{3/2} \tag{8.16}$$

式中,σ_{fs} 为常温下石墨的抗拉强度;l 为特征长度,选取炭化层的平均孔径;c、k_t 为常数。本章计算中取 $c = 0.012$,$k_t = 2.0$,$\sigma_{fs} = 10$ MPa,l 取炭化层平均孔径 d,采用式(8.14)进行计算,代入到式(8.16)中,计算得到炭化层的断裂韧性与孔隙率的关系如图 8.14 所示。

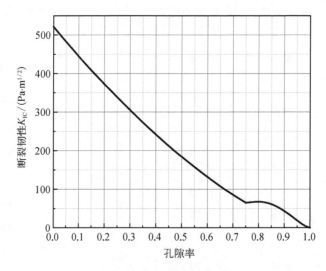

图 8.14 断裂韧性与孔隙率的关系
($c = 0.012$, $k_t = 2.0$, $\sigma_{fs} = 10$ MPa)

3. 硬度表征方法

对于理想的均匀表面,硬度是一个材料常数。对于绝热材料在烧蚀过程中产生的炭化层,通常其表面凹凸不平,且呈现出多孔疏松的特性,目前还没有完善的

理论来表征炭化层这种特殊多孔材料的硬度,因此,炭化层的硬度将参考相关的实验数据来取值。

此处采用第 4 章表 4.6 的炭化层压痕硬度测试数据,从表 4.6 中可以看出,两种 EPDM 配方的炭化层硬度值为 1.72~7.78 MPa,EPDM - 1 的孔隙率比 EPDM - 2 的大,其平均硬度比 EPDM - 2 的小,可见孔隙率是影响硬度的重要参数。因此,针对 EPDM 绝热材料的炭化层,假设硬度只与孔隙率有关,并假定炭化层硬度与孔隙率符合以下关系式:

$$H = H_0 (1 - \varepsilon)^n \tag{8.17}$$

式中,H_0 和 n 是待定常数,通过对表 4.6 中的实验数据拟合,可以得出 $H_0 = 10.8$ MPa,$n = 0.75$。式(8.17)给出的硬度与孔隙率的关系如图 8.15 所示。

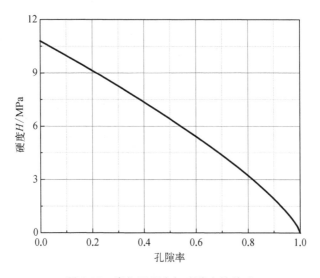

图 8.15 炭化层硬度与孔隙率的关系

8.3.3 粒子对炭化层的侵蚀模型

1. 炭化层的侵蚀破坏模式

炭化层的相态和结构特性决定了粒子侵蚀条件下的破坏模式。根据第 4 章对炭化层结构与力学特性的介绍,可知炭化层属于一种多孔的脆性材料。虽然目前绝大部分固体发动机工作温度还没有超过碳的熔点,但是绝热材料中的二氧化硅等填料在高温下会发生融化,发动机工作条件下炭化层是否还呈现脆性材料的特征还需通过某种方式检验一下。为此开展了固体发动机条件下 EPDM 绝热材料炭化层表面相态试验[9]。设计一种特殊结构的实验固体发动机,在发动机工作过程

**图 8.16　热态下石墨小球撞击
炭化层表面后的形貌**

中,可以启动弹射装置,将石墨小球弹射到绝热层表面,实验结束后观察绝热层表面的状态。图 8.16 为实验后绝热层表面形貌,可以看出,炭化层在石墨球的撞击下,表面产生很多裂纹。这个实验说明在发动机工作的高温条件下,绝热层表面炭化层依然呈现出脆性材料的特性,因此在建立炭化层的粒子侵蚀模型时,将炭化层当作脆性材料是合理的。

脆性材料在不同粒子作用下的侵蚀破坏机理是不同的。玻璃是一种比较典型的脆性材料,图 8.17 通过分区的形式描绘了玻璃在不同的粒径及入射速度的粒子侵蚀下呈现出不同的破坏形式。

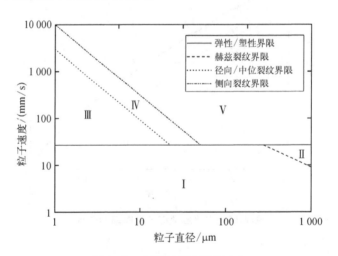

图 8.17　玻璃的不同侵蚀形式

各分区的破坏模式如下所示。

Ⅰ区:粒子动能很低,只在材料表面上发生弹性碰撞,对材料没有任何损坏。

Ⅱ区:在低速大粒径的情况下,赫兹圆锥裂纹产生。

Ⅲ区:随着粒子速度和粒径的增加,应力未达到屈服极限,材料产生塑性变形。

Ⅳ区:径向/中位裂纹产生,材料强度急剧降低。

Ⅴ区:侧向裂纹产生,材料侵蚀严重。

其中径向/中位裂纹和侧向裂纹如图 8.18 所示。

类似于玻璃这类典型的脆性材料,在建立炭化层的粒子侵蚀模型时,需要考虑不同粒子直径与速度状况下的破坏形式。典型条件下氧化铝粒子尺寸通常为 $1 \sim 300\ \mu m$,速度为 $20 \sim 40\ m/s$。粒子与炭化层碰撞过程中会产生较大的弹性接触应力,很容易使炭化层产生不可逆(塑性)变形。因此,可认为氧化铝粒子碰撞炭化层产生的裂纹以径向/中位裂纹和侧向裂纹为主。

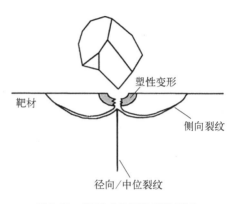

图 8.18　粒子碰撞下的裂纹形式

2. 单粒子侵蚀模型

绝热材料在烧蚀过程中产生的炭化层,受到氧化铝凝相粒子的连续冲刷,炭化层表面会持续产生体积耗损,这种现象在断裂力学中称为冲蚀和磨损。对于脆性材料来说,粒子接触引起的侧向开裂是导致冲蚀和磨损的主要原因。由于绝热材料形成的炭化层具有脆性材料的特点,因此利用弹塑性压痕断裂理论来研究氧化铝粒子对炭化层的机械破坏是比较合理的。

在一个粒子的碰撞作用下,脆性材料会发生压应力集中,进而产生弹性变形。压痕硬度(H)定义为压力(P)与压痕面积(A_{int})的比值,并且假定压痕硬度为定值:

$$H = \frac{P}{A_{int}} \tag{8.18}$$

如图 8.18 所示,随着压痕力的增加,在粒子与脆性材料接触的表面会出现塑性区。如果压痕力继续增加,径向/中位裂纹和侧向裂纹就会产生。

Lawn、Marshall 等[10-12]对裂纹系统进行了建模,他们假定在压痕尖角处的应力场仅仅与形状有关,因此变形区不会超出塑性区。在塑性区以外的区域,假定应力为材料的硬度,因此,应力场主要由塑性区的应力决定。Chiang[13]等发现压头周围的应力场主要由压痕体积(δV,如图 8.19 所示)决定。由于压痕体积的形状对于塑性区外的应力是不重要的,Marshall 的裂纹系统将压痕体积假定为半球形。Hill[14]提出了膨胀孔理论,并给出了压痕尺寸与塑性区尺寸的关系式:

$$\frac{b}{a'} = \mu \left(\frac{E}{H} \right)^m \tag{8.19}$$

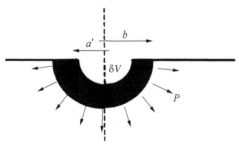

图 8.19　Hill 提出的膨胀孔理论示意图

式中,参数 μ 和 m 为拟合常数;b 和 a' 为塑性区和压痕半球体积的半径,$\delta V = 2\pi a'^3/3$;E 为材料的杨氏模量。在文献中,m 通常取 0.5,μ 取 0.63。

在径向压力 P 作用下,侧向裂纹和径向/中位裂纹形成。为了计算裂纹的大小,Mashall[12] 利用饼状裂纹理论,认为形成裂纹的力为单点载荷,这种处理方法可以较好地对大裂纹进行近似。Marshall 对径向/中位裂纹长度进行了研究,并得出了裂纹长度的计算表达式:

$$C_{\text{rad}} = \beta^{2/3} E^{1/3} H^{1/3} \frac{\delta V^{4/9}}{K_{\text{IC}}^{2/3}} \tag{8.20}$$

式中,β 为无量纲常数,与压头形状及材料性质无关,Marshall 利用实验结果拟合得到 $\beta = 0.096$;δV 为压痕体积;E、H、K_{IC} 分别为材料的杨氏模量、压痕硬度和断裂韧性。这也是要建立炭化层杨氏模量、硬度和断裂韧性表征方法的原因。

Marshall 对侧向裂纹的长度进行了推导,得到粒子碰撞产生的径向压力表达式:

$$P = \left(\frac{3\delta V}{\cot \psi}\right)^{2/3} \alpha_{\text{h}}^{1/3} H \tag{8.21}$$

式中,α_{h} 为压头形状因子(对于 Vickers 压头,$\alpha_{\text{h}} = 2$);ψ 为压头的包角。

通过进一步推导,得到了侧向裂纹的长度关系式:

$$C_{\text{lat}} = C_{\text{lat}}^{\text{L}} \sqrt{1 - B_{\text{cr}}} \tag{8.22}$$

式中,

$$C_{\text{lat}}^{\text{L}} = 3^{5/12} \frac{\alpha_{\text{h}}^{5/24} \sqrt{\xi_{\text{L}}}}{A_{\text{f}}^{1/4}} \frac{E^{3/8} H^{1/8} \delta V^{5/12}}{\sqrt{K_{\text{IC}}}} \tag{8.23}$$

$$B_{\text{cr}} = \frac{1}{3^{1/6}} \frac{\xi_0^{1/4}}{\alpha_{\text{h}}^{1/12} \sqrt{A_{\text{f}}}} \frac{E^{1/4} K_{\text{IC}}}{H^{5/4} \delta V^{1/6}} \tag{8.24}$$

式中,A_{f} 为侧向裂纹上流失的材料碎片形状因子,取 0.75;ξ_0、ξ_{L} 为实验拟合参数,分别取 1.2×10^3、25×10^{-3}。

对于侧向裂纹公式的理解,$C_{\text{lat}}^{\text{L}}$ 可以认为是裂纹的长度,而 B_{cr} 作为产生裂纹的临界值,只有 B_{cr} 小于 1 时,裂纹才会发生。在侧向裂纹长度的计算公式中,压头的包角 ψ 不再出现,完全由 δV 起决定作用,因此可以认为,粒子的形状在计算模型中是可以忽略的。

脆性材料在压头的作用下会产生塑性变形,随着压力的增加,塑性区周围的应力会超过材料的破坏极限,裂纹就会产生。裂纹开始出现时由于塑性变形产生的体积可以表示为压痕体积的临界值,临界值的一种定量估计方法是裂纹长度等于塑性区的大小。对于径向/中位裂纹,压痕临界值可表示为

$$\delta V = \left(\frac{3}{2\pi}\right)^3 \frac{\mu^6}{\beta^6} \frac{E^{3/2} K_{IC}^6}{H^{1/2}} \tag{8.25}$$

对于侧向裂纹,其压痕临界值为

$$\delta V = \frac{1}{2^6 \times 3} \frac{(2\delta_0^{1/4} \alpha_h^{1/3} \xi_L \pi^{2/3} + 2^{1/3} \mu^2 A_f)^6}{A_f^3 \alpha_h^{5/2} \xi_L^6 \pi^4} \frac{E^{3/2} K_{IC}^6}{H^{15/2}} \tag{8.26}$$

对于侧向裂纹,若考虑将 $B_{cr} = 1$ 作为临界条件,压痕临界值的另一种表达式为

$$\delta V = \frac{1}{3} \frac{\xi_0^{3/2}}{\alpha_h^{1/2} A_f^3} \frac{E^{3/2} K_{IC}^6}{H^{15/2}} \tag{8.27}$$

固体发动机燃烧室内凝相粒子对绝热层的碰撞,从碰撞效应的角度考虑,将凝相粒子作为固体粒子处理是合理的。入射粒子的速度远远小于脆性材料发生弹性变形及塑性变形的速度,固体粒子对炭化层的碰撞采用准静态压痕理论是合理的。粒子在碰撞靶板的过程中,产生压痕力。这个过程从能量角度考虑是更加方便的,粒子的动能等于碰撞过程中做的功。在这个假设中,应力波的能量忽略不计,因为只占到总功的很少的部分。

粒子的碰撞损失的动能可表示为

$$U_{kin} = \int_0^{\xi_m} P(\xi)\, d\xi = H \int_0^{\xi_m} A_{ind}(\xi)\, d\xi = H\delta V \tag{8.28}$$

式中,$P(\xi)$ 和 ξ_m 分别为在某一深度 ξ 处的压痕力和最大压痕深度。

粒子碰撞产生的压痕体积 δV,等于粒子的碰撞损失的动能与材料硬度的比值,即

$$\delta V = \frac{U_{kin}}{H} \tag{8.29}$$

压痕体积的计算中,并不含有粒子形状的影响。在前面的推导过程中,裂纹大小也只跟压痕体积相关,因此,该粒子侵蚀模型不仅适用于尖角粒子,而且也可以扩展到球形粒子或其他形状的粒子。

由高温热环境下 EPDM 绝热材料炭化层表面相态试验可知,高温条件下炭化层表面基本上还是以固态形式存在的。根据对氧化铝粒子与炭化层表面的相互作用机制分析[15],对于低速的小粒径氧化铝粒子,粒子碰撞统一按照反弹机制处理

是合理的。粒子与固体壁面的反弹形式可以分为三种：完全弹性碰撞、非完全弹性碰撞和完全非弹性碰撞。对于氧化铝粒子与炭化层的碰撞情况，采用非完全弹性碰撞是比较合理的。为了表征氧化铝粒子在非完全弹性碰撞后的状态，分别引入法向与切向的速度恢复系数：

$$e_n = \frac{v_{n1}}{v_{n0}} \tag{8.30}$$

$$e_t = \frac{v_{t1}}{v_{t0}} \tag{8.31}$$

式中，v_{n0}、v_{t0} 分别为粒子碰撞前法向、切向速度；v_{n1}、v_{t1} 为粒子碰撞后法向、切向速度。

因此，粒子的碰撞损失的动能 U_{kin} 可以表示为

$$U_{kin} = (1 - e_t^2) \cdot (v_p \cos \alpha_p)^2 + (1 - e_n^2) \cdot (v_p \sin \alpha_p)^2 \tag{8.32}$$

式中，v_p 为粒子的速度；α_p 为粒子的入射角度（图 8.20）。

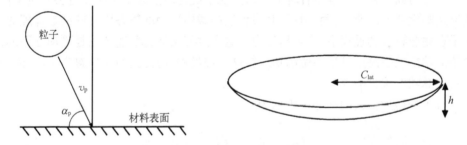

图 8.20 粒子碰撞绝热层示意图   图 8.21 侵蚀体积的球帽简化示意图

为了表示单个粒子的侵蚀体积，将侵蚀掉的区域简化为球帽，如图 8.21 所示，球帽的半径等于侧向裂纹的长度，深度等于塑性区的深度，即

$$h = b \tag{8.33}$$

通过对球帽进行二重积分，可以得出球帽的体积计算公式：

$$V_p = \pi\left(r - \frac{h}{3}\right) \cdot h^2 \tag{8.34}$$

式中，r 为球帽的半径，$r = h/2 + C_{lat}^2/2h$。

因此，脆性材料在单个粒子作用下侵蚀掉的体积的计算式为

$$V_p = \pi\left(\frac{bC_{lat}^2}{2} + \frac{b^3}{6}\right) \tag{8.35}$$

式中, b 为塑性区的深度; C_{lat} 为侧向裂纹的长度。

3. 多粒子侵蚀模型

上面得到的是单粒子侵蚀的体积,对于相同粒径的多个粒子碰撞条件下炭化层的体积侵蚀率可以表示为

$$\dot{r} = \beta N V_p = \beta N \pi \left(\frac{b C_{lat}^2}{2} + \frac{b^3}{6} \right) \qquad (8.36)$$

式中, N 为单位时间、单位面积上的入射粒子数, β 为多重碰撞修正系数,一般取值大于1,该值可以根据实验结果进行修正。对于多粒度分布情况,则将每个粒径分布段的侵蚀率进行相加,总的侵蚀量则是对侵蚀率进行时间的积分:

$$V_a = \int \dot{r} \mathrm{d}t = \int \beta N V_p \mathrm{d}t = \int \beta N \pi \left(\frac{b C_{lat}^2}{2} + \frac{b^3}{6} \right) \mathrm{d}t \qquad (8.37)$$

4. 粒子侵蚀角度修正

在计算粒子侵蚀时,需要确定粒子的参数(粒子速度、粒子浓度和粒子入射角度),粒子速度与粒子浓度由流场计算获取,粒子入射角度与侵蚀界面的形状有关。由于粒子对绝热层的侵蚀破坏作用,绝热层局部会形成弧度很大的凹坑,此时粒子与碰撞点壁面的夹角与粒子的入射角度是有偏差的,如图 8.22 所示。根据炭化层凹坑的形状可以修正粒子与壁面的夹角。首先根据炭化层的位置坐标,通过多项式拟合获得炭化层表面的曲线方程;通过拟合的曲线,可以获得不同网格节点处的斜率;根据斜率的不同,对粒子与炭化层的夹角进行相应的修正。

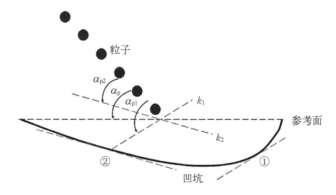

图 8.22　炭化层凹坑形状对入射角修正示意图

由于粒子侵蚀造成的凹坑,不同网格节点处粒子与炭化层的夹角是不同的。如图 8.22 所示的凹坑形状,点 1 和点 2 处的斜率是不同的,点 1 处斜率 k_1 为正,点 2 处斜率 k_2 为负。通过简单的几何推导,根据粒子与参考表面的入射角 α_p 和每个

节点处的斜率 k_i，可以利用式(8.38)计算粒子与壁面的实际夹角 α'_p：

$$\alpha'_p = \begin{cases} |\,\alpha_p - |\arctan k_i\,|\,| & k_i \leqslant 0 \\ \min[\,\alpha_p + \arctan k_i,\ 180 - (\alpha_p + \arctan k_i)\,] & k_i > 0 \end{cases} \tag{8.38}$$

5. 粒子侵蚀参数影响分析

粒子侵蚀作用不仅与材料属性(杨氏模量、断裂韧性、硬度)有关,还与粒子参数(浓度、速度、入射角度)有关。表 8.5 为炭化层的力学性能参数,表中数据是根据 8.3.2 小节的关系式计算得到的。表 8.6 给出了典型的粒子冲刷状态参数。

表 8.5　炭化层力学性能参数

序　号	孔隙率	弹性模量 /MPa	断裂韧性 /(Pa·m$^{1/2}$)	硬度 /MPa
1	0.4	1 430.6	242.1	3.32
2	0.6	625.6	131.8	2.40
3	0.8	152.1	67.5	1.38

表 8.6　粒子冲刷状态参数

序　号	转折角度 /(°)	调节环直径 /mm	入射角度 /(°)	入射速度 /(m/s)	粒子浓度 /(kg/m^3)
1	30	40	30	43	70.97
2	45	40	42	42	63.6
3	60	40	39	39	58.79

针对含铝量为 17% 的 HTPB 推进剂,利用粒子收集装置对聚集状态下的氧化铝粒子进行了收集与粒径测量[16],得到的粒径分布如图 8.23 所示。聚集条件下氧化铝粒子的粒径分布范围比较宽,峰值粒径为 9~13 μm,比非聚集状态下的主峰粒径大很多。

对于粒子分布统计方法,常采用对数-正态分布或 Rosin-Rammler 分布。但由于聚集状态下粒径分布区间比较宽,并且粒径峰值分布比较集中,采用这两种分布不能很好地进行统计描述。

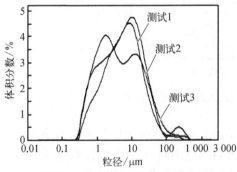

图 8.23　聚集条件下粒径分布曲线

由于聚集状态下粒径主要集中在某一区间范围内,且该区间内粒径概率密度变化不大,而区间外的粒径概率密度很小,因此本节采用单一分布,粒径区间为(5,30),概率密度为4%。

采用以上的参数,分别计算不同粒子速度和入射角度条件下粒子对炭化层的侵蚀率,计算结果如图 8.24 和图 8.25 所示。

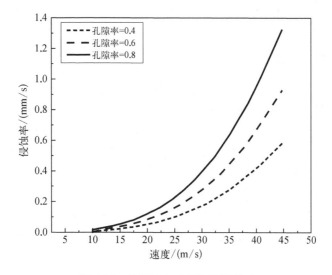

图 8.24　粒子速度对侵蚀率的影响
(粒子浓度 71 kg/m^3,角度 30°)

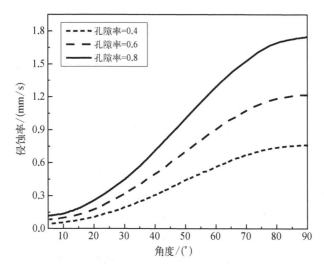

图 8.25　粒子入射角度对侵蚀率的影响
(粒子浓度 50 kg/m^3,速度 39 m/s)

从图 8.24 可以看出,侵蚀率随粒子速度增加,呈现加速增长的趋势,侵蚀率显著增大的阶段为 20~30 m/s,这与实验研究中发现的临界速度范围(26~32 m/s)是比较一致的。在相同的速度条件下,粒子的侵蚀率随着孔隙率的增加而增大,说明炭化层孔隙率越大越不容易抵御粒子的侵蚀破坏。

从图 8.25 可以看出,侵蚀率随着粒子入射角度的增加,先是加速增大,然后增速变缓,在 80°之后,基本保持不变。在相同的入射角度下,粒子的侵蚀率也是随孔隙率的增大而增大的。

8.3.4　耦合计算程序

由于固体发动机燃烧室内气流速度比较低,在粒子侵蚀作用较强的条件下,可以忽略气流剥蚀的影响,主要考虑热化学烧蚀与粒子侵蚀的耦合。耦合计算模型可以在基于多孔介质的热化学烧蚀模型的基础上引入粒子侵蚀模型来实现。粒子侵蚀模型包括两部分:一部分是粒子碰撞对炭化层产生的机械破坏;另一部分是粒子侵蚀产生的热增量。机械破坏采用上面建立的模型,粒子侵蚀热增量则采用第 5 章的式(5.19)进行计算。

耦合烧蚀计算主程序的流程图如图 8.26 所示,主要计算过程如下。

(1)通过对发动机热力计算得到燃气组分和输运参数,得到在附面层外边界上燃气各种组分的摩尔浓度和燃气的物性参数,并通过附面层计算获得绝热层表面燃气参数。

(2)对发动机进行三维两相流计算,获得关注部位的粒子参数(粒子速度、入射角度和粒子浓度等)。

(3)利用绝热层表面的燃气气动参数,计算对流换热系数,进而得到绝热层表面初始的对流换热热流密度和热辐射热流密度;根据粒子冲刷状态,获得粒子热增量。

(4)在上述计算基础上计算绝热材料内部的温度场、组分浓度分布。

(5)通过温度判断炭化层和热解层,并在形成的炭化层内进行热化学计算,修正其孔隙率分布,确定能量方程源项。

(6)根据炭化层孔隙率分布和粒子参数(速度、角度和浓度),进行粒子侵蚀计算,获得粒子侵蚀造成的侵蚀量。

(7)计算到工作时间结束,获得质量烧蚀率和线烧蚀率等参数。

粒子侵蚀模块是耦合程序的关键子模块,主要实现不同粒子冲刷状态下的粒子侵蚀计算,其流程图如图 8.27 所示,主要计算过程如下。

(1)结合燃烧室内两相流数值计算结果,给定粒子参数(浓度,速度,角度)分布。

(2)通过计算炭化层表面构型(凹坑)斜率,对粒子入射角度进行修正。

(3)获取炭化层表面的孔隙率,计算炭化层的杨氏模量、断裂韧性和硬度。

(4)根据粒子参数和炭化层力学参数,计算单粒子侵蚀量。

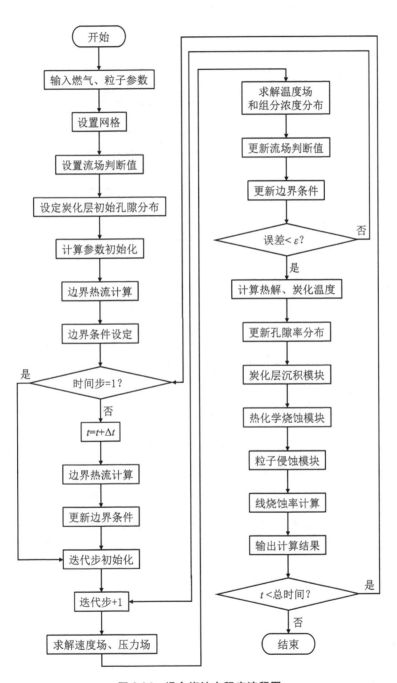

图 8.26 耦合烧蚀主程序流程图

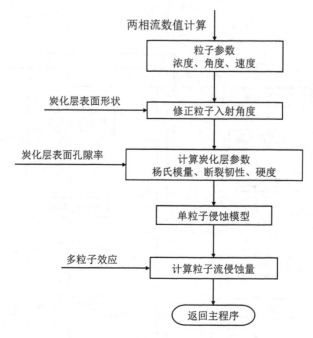

图 8.27　粒子侵蚀模块流程图

（5）考虑多粒子效应，计算粒子流产生的侵蚀量。

8.3.5　模型验证与计算分析

1. 计算构型

计算对象为过载模拟烧蚀发动机，其构型见第 5 章图 5.23。过载模拟烧蚀发动机通过更换不同直径的调节环和转折段，可以获得不同浓度、速度和角度的粒子冲刷状态。表 8.7 列出了 4 种典型粒子冲刷状态及绝热层的炭化烧蚀率。

表 8.7　过载模拟烧蚀发动机实验状态与结果

| 序号 | 实验状态参数 | | | 数值模拟参数 | | | | 烧蚀结果 |
	转折角度 /(°)	调节环直径 /mm	喷管喉径 /mm	工作时间 /s	粒子速度 /(m/s)	粒子角度 /(°)	粒子浓度 /(kg/m³)	最大炭化烧蚀率 /(mm/s)
1	10	40	10.60	5.60	43	10	123.69	0.717
2	30	40	10.67	6.03	44	30	70.97	0.970
3	45	40	10.73	5.89	42	45	63.6	1.516
4	60	40	10.70	5.81	39	62	58.79	1.578

对于过载模拟烧蚀发动机,凝相粒子经过收敛通道以后,会在绝热层表面形成高浓度聚集区,绝热层试件中间截面的烧蚀最为严重,因此选择绝热层试件的中间截面作为计算域。由于绝热层试件比较长,为了减少计算量,仅选取粒子浓度较高的 20 mm 区域。计算区域网格划分如图 8.28 所示,其中 x 方向为流向,y 方向为绝热层厚度方向,采用正交网格,x 和 y 方向的网格间隔均为 0.1 mm,因此 x 方向等分为 200 份,y 方向等分为 100 份。

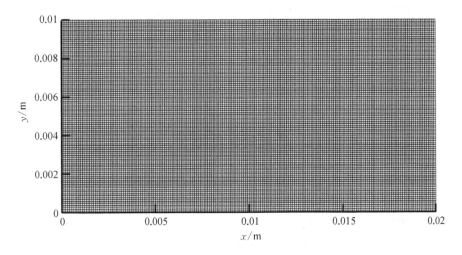

图 8.28 绝热层计算区域和网格划分

2. 边界条件

计算域由四个边界条件构成(图 8.28),左、右、下边界均为绝热壁面,上边界为烧蚀和侵蚀边界,需要给出边界上的热流密度,总热流密度来自三部分:一是燃气的对流换热热流密度;二是燃气的辐射热流密度;三是粒子流侵蚀产生的热增量,即

$$\dot{q}_{t} = \dot{q}_{con} + \dot{q}_{rad} + \dot{q}_{p} \tag{8.39}$$

式中,$\dot{q}_{t}$ 为总热流密度;$\dot{q}_{con}$ 为燃气与绝热层的对流换热热流密度;$\dot{q}_{rad}$ 为燃气与绝热层的辐射换热热流密度,采用第 7 章的式(7.47)~式(7.52)计算;$\dot{q}_{p}$ 为粒子侵蚀热增量,采用第 5 章的式(5.19)计算。

3. 计算参数

过载模拟烧蚀发动机实验使用的推进剂为含铝量为 17% 的 HTPB 推进剂,燃温为 3 420 K,推进剂相关参数见表 8.8。绝热层试件为 EPDM 基础配方,绝热材料的相关参数见表 8.9。

表 8.8 固体推进剂参数

参 数	数 值
推进剂含铝量/%	17
推进剂密度/(kg/m³)	1 749
推进剂燃面直径/mm	180
推进剂燃速公式(20℃,4~10 MPa)	$r = 7.074 \times 10^{-5} P^{0.30}$
绝热燃烧温度/K	3 420
燃气比热比	1.196
燃气特征速度/(m/s)	1 556.9
燃气平均分子量/g	27.07

表 8.9 绝热材料参数

部 位	参 数	数 值
基 体	密度/(kg/m³)	1 050
	比热容/[kJ/(kg·K)]	1.2
	导热系数/[W/(m²·K)]	0.32
炭化层	密度/(kg/m³)	与孔隙率有关
	比热容/[kJ/(kg·K)]	0.9
	导热系数/[W/(m²·K)]	0.5

4. 计算工况

选取了 4 个不同工况,分别为转折角 10°、30°、45° 和 60°,调节环直径均为 40 mm。4 种工况粒子冲刷条件如表 8.7 所示。

为了计算方便,没有直接采用两相流数值模拟获得的绝热层表面的粒子浓度分布,而是假定粒子浓度沿绝热层表面 x 方向呈抛物线分布,抛物线峰值采用两相流数值模拟获得的最大粒子浓度(表 8.7),两端的浓度均为 10 kg/m³,这样就可以获得沿绝热层表面 x 方向的粒子浓度分布曲线,如图 8.29 所示。

5. 计算结果与分析

图 8.30 给出了工况 4 不同时刻计算区域的温度云图和孔隙率云图。

$t=1.0$ s 时刻,绝热层表面已经形成了弧形的侵蚀凹坑,而内部的热解线仍呈直线。在粒子浓度较低的两侧区域,炭化层表面存在疏松层,呈现出疏松/致密/疏松结构,而在粒子浓度较高的中心区域,表面疏松层基本被侵蚀掉。

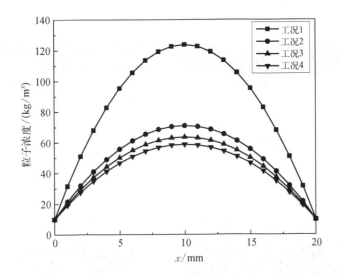

图 8.29　4 种工况粒子浓度分布

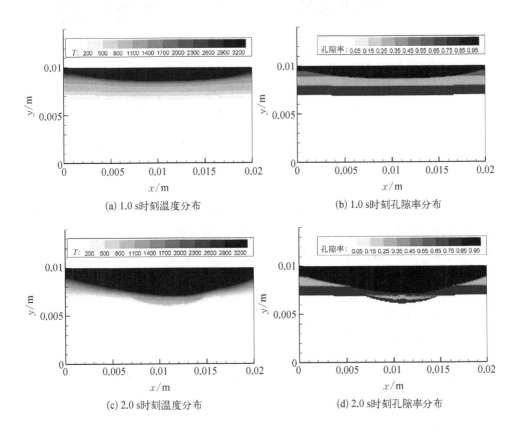

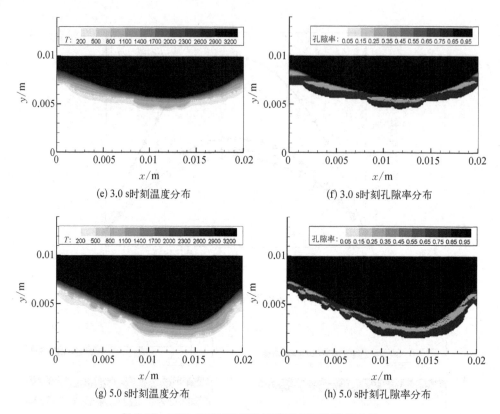

(e) 3.0 s时刻温度分布　　　　　　　　(f) 3.0 s时刻孔隙率分布

(g) 5.0 s时刻温度分布　　　　　　　　(h) 5.0 s时刻孔隙率分布

图 8.30　工况 4 不同时刻绝热层温度与孔隙率云图

$t=2.0\ \mathrm{s}$ 时,侵蚀凹坑变得更大,中间部分的炭化层厚度明显变薄,这是由中间粒子浓度较高、粒子侵蚀速率高造成的。中部的热解线下移,不再是直线。

$t=3.0\ \mathrm{s}$,炭化层已经开始出现不对称的凹坑形状,这是由于粒子是以一定角度冲刷绝热层。此时炭化层整体都比较薄,热解线也呈现与表面凹坑类似的形状。由于粒子浓度的不同,导致绝热层中间的炭化层相比两侧的偏薄,中间部分的炭化层厚度为 0.8～1.0 mm,两侧的炭化层厚度在 1.5 mm 左右。

$t=5.0\ \mathrm{s}$,此时的侵蚀凹坑已经比较深,其他方面与 $t=3.0\ \mathrm{s}$ 的情况基本类似。

图 8.31 给出了绝热层 x 方向中间点处的线烧蚀率(烧蚀表面退移速率)随时间的变化曲线,该曲线大致可以分为 3 个阶段。

第 1 阶段:0～0.17 s,线烧蚀率快速上升,并达到峰值,这是由于初始时刻温差大,表面热流密度大,使得绝热层的烧蚀和侵蚀速率都比较大。

第 2 阶段:0.17～1.76 s,线烧蚀率从峰值点开始下降,到基本不变为止。

第 3 阶段:1.76～5 s,线烧蚀率小幅波动,基本维持在一个水平,直到工作结束,5 s 处的线烧蚀率约为 1.27 mm/s。

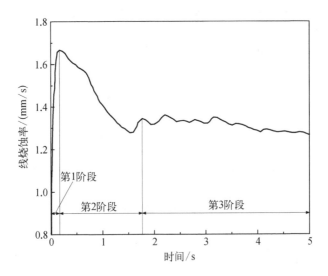

图 8.31　$x = 0.01$ m 处线烧蚀率随时间变化曲线

图 8.32 给出了工况 4 绝热层烧蚀表面形状随时间的变化。随着时间的增加，由于粒子侵蚀与热化学烧蚀的共同作用，绝热层烧蚀表面不断发生退移，形成不对称的凹坑形状，凹坑的最低点不断向右侧移动。

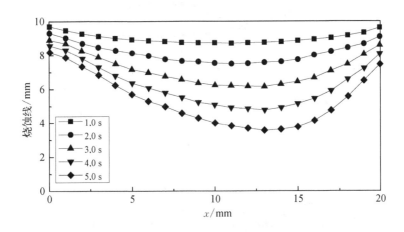

图 8.32　工况 4 烧蚀表面随时间变化情况

表 8.10 给出了 4 种工况的最大炭化烧蚀率计算结果与实验结果的对比，可以看出最大相对误差为 11.9%，表明建立的烧蚀/侵蚀耦合模型能够较好地预示稠密粒子侵蚀条件下绝热层的烧蚀情况。图 8.33 给出了 4 种工况 5 s 时刻的烧蚀表面曲线以及炭化烧蚀率曲线。

表 8.10　最大炭化烧蚀率计算结果与实验结果比较

工况序号	计算结果/(mm/s)	实验结果/(mm/s)	相对误差
1	0.75	0.72	4.6%
2	1.05	0.97	8.3%
3	1.34	1.52	11.9%
4	1.45	1.58	8.0%

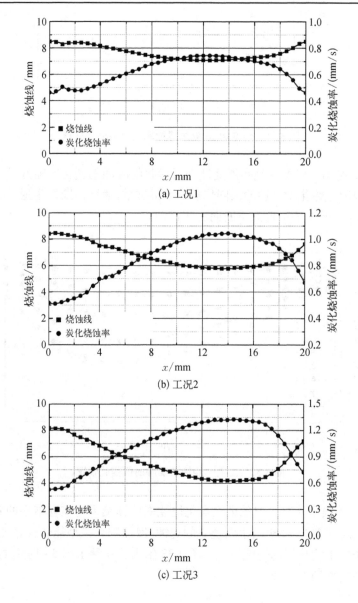

(a) 工况1

(b) 工况2

(c) 工况3

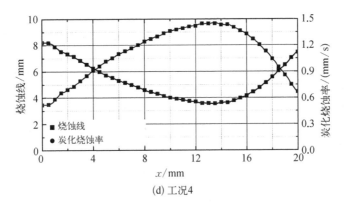

(d) 工况4

图 8.33 5 s 时刻烧蚀表面和炭化烧蚀率曲线

参考文献

［1］徐义华,胡春波,曾卓雄,等.三元乙丙绝热材料炭化层结构及力学特性表征研究[J].弹箭与制导学报,2012,32(3):237-242.

［2］Zhu H X, Knott J F, Mills N J. Analysis of the elastic properties of open-cell foams with tetrakaidecahedral cells[J]. Journal of the Mechanics & Physics of Solids, 1997, 45(3): 319-343.

［3］卢子兴,石上路.低密度开孔泡沫材料力学模型的理论研究进展[J].力学与实践,2005,27(5):13-20.

［4］Gibson L J, Ashby M F. The mechanics of three-dimensional cellular materials[J]. Proceedings of the royal society of London. Series A. Mathematical and physical sciences, 1982, 382(1782): 43-59.

［5］刘培生.三维网状泡沫金属杨氏模量和泊松比的数理表征[J].稀有金属材料与工程,2009,38(3):240-244.

［6］徐海平.绝热材料炭化层的性能研究[D].呼和浩特:内蒙古大学,2010.

［7］Gibson L J, Asbby M F.多孔固体结构与性能[M].刘培生,译.北京:清华大学出版社,2003.

［8］Kucherov L, Ryvkin M. Fracture toughness of open-cell Kelvin foam[J]. International Journal of Solids and Structures, 2014, 51(2): 440-448.

［9］薛瑞,刘佩进,王书贤.高温热环境下 EPDM 绝热材料炭层表面相态试验[J].固体火箭技术,2011,34(4):510-513.

［10］Marshall D B, Lawn B R, Evans A G. Elastic/plastic indentation damage in ceramics: The lateral crack system[J]. Journal of the American Ceramic Society, 1982, 65(11): 561-566.

［11］Lawn B R, Evans A G, Marshall D B. Elastic/plastic indentation damage in ceramics: The median/radial crack system[J]. Journal of the American Ceramic Society, 1980, 63(9-10): 574-581.

［12］Marshall D B. Geometrical effects in elastic/plastic indentation[J]. Journal of the American Ceramic Society, 1984, 67(1): 57-60.

[13] Chiang S S, Marshall D B, Evans A G. The response of solids to elastic/plastic indentation. I. Stresses and residual stresses[J]. Journal of Applied Physics, 1982, 53(1): 298 - 311.

[14] Hill R. The mathematical theory of plasticity[M]. London: Oxford university press, 1998.

[15] 徐义华,胡春波,李江.炭化层对粒子反弹系数测量实验[J].弹箭与制导学报,2011,31(1): 119 - 122.

[16] 张少悦,何国强,刘佩进,等.聚集状态下燃烧室凝相粒子粒度特性实验[J].推进技术, 2011,32(1): 54 - 58.

第 9 章

高温氧化铝沉积下绝热
材料烧蚀机理与模型

氧化铝沉积带来的烧蚀问题是大型和重型运载固体发动机发展中迫切需要解决的基础性问题。要解决好这个问题,关键是要揭示高温氧化铝沉积对绝热层的烧蚀机理这个核心的科学问题。本章主要从氧化铝沉积形态演化、沉积传热特性和碳热还原反应机理等多个角度,阐述沉积条件下绝热材料的烧蚀机理,以及描述沉积热增量、碳热还原反应消耗等复杂物理化学过程的烧蚀模型。

9.1 概述

9.1.1 研究背景

现代大型固体火箭助推器往往采用分段式结构和潜入喷管,如美国的大力神系列运载火箭助推器和航天飞机助推器、欧洲航天局的阿里安-5 火箭助推器、日本的 H-2 运载火箭助推器等。然而,分段结构和潜入喷管往往会带来氧化铝的沉积(也称熔渣沉积),不仅影响发动机的比冲性能,而且对发动机的可靠工作产生危害。美国、欧洲在大型固体助推器研制过程中就多次遇到熔渣沉积带来的问题。大型固体发动机容易发生熔渣沉积,一方面与其结构尺寸大有关,另一方面与潜入喷管和分段装药结构有关。图 9.1 为一种采用潜入喷管和分段装药的固体发动机流场数值模拟得到的流线图,图中装药表面的突出物是分段装药的限燃层(包覆层)。随着装药燃烧退移,这些限燃层会暴露在燃气通道中,在其下游形成回流区。氧化铝液滴进入回流区后不易逃出,很容易形成熔渣沉积。潜入喷管背壁区域是一个"死水区",氧化铝液滴进入后不容易逃出,更容易产生大量的熔渣沉积。工程实践表明,氧化铝的大量沉积会加剧绝热层的烧蚀,对发动机热防护可靠性产生严重的威胁。虽然火箭发射时由于重力方向变化,限燃层下游的沉积可能会有所减弱,但是飞行加速度会进一步加剧后封头或潜入喷管背壁的熔渣沉积。可见熔渣沉积及其带来的热防护问题是大型固体发动机研制中很难避免的问题。

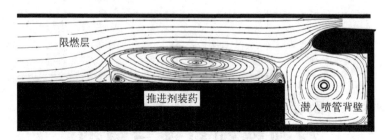

图9.1 带潜入喷管的分段装药固体发动机中的回流区

　　近些年来我国在固体运载方面快速发展，"长征十一"和"快舟"固体运载火箭发射均取得成功，在固体重型运载的研究方面也有很大进展。然而，在分段装药发动机地面试车中也遇到了熔渣沉积带来的烧蚀异常问题。某型直径 2 m、二分段式固体发动机地面试车后，从燃烧室后段收集到 210 kg 的熔渣沉积物，明显大于相近规模整体式发动机的熔渣沉积量（表 9.1）。图 9.2 展示了该分段装药发动机试车后沉积区域绝热层的状态，该区域的绝热层剩余厚度很小，烧蚀量大大超出了预期。研究人员发现采用以往的烧蚀理论和模型都很难解释这种异常烧蚀的现象。

表 9.1　分段式发动机与整体式发动机熔渣沉积和烧蚀情况对比

发动机类型	装药质量/t	Al含量/%	熔渣沉积质量/kg	熔渣沉积占氧化铝总质量百分比/%	主要沉积部位	绝热层烧蚀情况
分段式	58	17	210	1.13	后段燃烧室壁面	烧蚀殆尽
整体式	35	17	40	0.36	喷管潜入区壁面	尚有余度

图9.2　分段装药发动机试车后沉积区域的烧蚀情况

　　可见，开展沉积条件下绝热层的烧蚀机理与模型研究，不仅具有重要的学术价值，而且对于解决重型运载研制中的难题，提升固体发动机技术水平都具有十分重要的意义。

9.1.2　关键问题

　　以往的绝热材料烧蚀机理和模型主要关注燃气中的氧化性组分对绝热层的热化学烧蚀，以及气流剥蚀和粒子侵蚀等过程。然而，氧化铝沉积条件下的烧蚀（以下简称沉积烧蚀）机理与传统的热化

学烧蚀、剥蚀和侵蚀完全不同。图 9.3
为沉积烧蚀实验后沉积在炭化层表面
的氧化铝沉积物的扫描电镜照片。一
方面,由于高温条件下碳与氧化铝会发
生碳热还原反应,因此可以推断,发动
机工作条件下高温氧化铝沉积物与炭
化层接触,会发生碳热还原反应,放出
热量,同时消耗炭化层。另一方面高温
氧化铝沉积与炭化层直接接触,会通过
热传导方式将热量直接传递给绝热层,
这将大大增加表面的热流密度,加剧绝
热层的热分解和炭化过程,同时高温也
会加剧热化学反应的进程。可见,沉积

图 9.3 沉积在炭化层表面的氧化铝沉积物

条件下的烧蚀异常主要由高温氧化铝对绝热层的碳热还原反应烧蚀和接触导热造
成的,这是沉积烧蚀需要解决的主要科学问题。

9.1.3 研究思路

要解决这个问题需要综合运用理论分析、实验研究、数值模拟和建模等手段,
从氧化铝沉积演化、沉积传热特性和碳热还原反应机理等多个角度展开研究。

首先需要通过流场数值模拟等手段获得典型固体发动机工作过程的氧化铝沉
积状态,为沉积烧蚀研究提供状态参数。

接下来需要建立一种能够模拟发动机真实工作条件,产生氧化铝沉积,能开展
沉积烧蚀和传热的实验装置。对于该实验装置的要求很高:首先要与发动机真实
燃气环境接近,其次要能够产生足够多的熔融氧化铝沉积,最关键的是要能够在高
温、高压环境下测量氧化铝沉积的热增量,最好还能实现对沉积演化过程的实时
观测。

目前的实验技术很难直接测量高温氧化铝沉积条件下热流密度,采用温度反
演的方式是一种比较可行的方案。在沉积部位设置耐高温、抗烧蚀的量热体,在量
热体内部预埋热电偶,测量沉积过程量热体内部的温度响应,然后采用反演算法可
以得到表面热流密度和温度。

针对高温氧化铝与炭化层的热化学反应动力学和反应机理研究,需要在充分
借鉴现有相关研究成果的基础上开展高温管式炉实验。首先要确定沉积条件下高
温氧化铝与炭化层的主导反应方程,获得反应方程的动力学参数;然后要研究总反
应可能存在的多步反应形式,给出了各分步反应的可能性方程与动力学参数,从而
揭示了高温氧化铝与炭化层的反应机理。

有了传热和沉积热化学反应的规律和参数后,就可以建立沉积烧蚀模型。将在基于多孔介质热化学烧蚀程序基础上,添加沉积热化学烧蚀和传热的子模型,建立氧化铝沉积烧蚀模型,利用烧蚀实验结果对模型进行验证和修正。

9.2 固体发动机氧化铝沉积计算

获得固体发动机工作过程绝热层表面氧化铝的沉积状态是开展沉积烧蚀的基础,目前主要采用两相流数值模拟的方法来获得。本节首先简要介绍气-液两相流动数值模型,以及用于描述液滴-壁面作用特性的沉积模型,然后针对某大型固体发动机开展两相流动与沉积的数值模拟,给出典型工作条件下的沉积状态,为沉积烧蚀研究提供数值模拟方法和边界参数。

9.2.1 两相流动数值模型

气相在欧拉坐标系进行计算,控制方程为雷诺时均的 N-S 方程。湍流模型采用带旋流修正的 $k-\varepsilon$（Realizable $k-\varepsilon$）两方程模型,由于液滴沉积问题主要涉及液滴与流场漩涡之间的相互作用过程,Realizable $k-\varepsilon$ 湍流模型在计算低雷诺数条件下的近壁面湍流扩散中具有很好的效果。

在氧化铝液滴沉积计算中,需要追踪液滴的运动轨迹,因此采用拉格朗日法比较适合。另外由于大型发动机内部流动一般是湍流,氧化铝液滴的运动会受湍流扩散的影响,流动的随机性比较强,因此采用随机轨道模型来计算液滴的运动。计算中不考虑液滴的燃烧、蒸发、相变以及与周围环境的辐射换热,仅考虑液滴与周围燃气的对流换热。

计算考虑离散相(液滴)和气相间的动量交换和能量交换。在求解过程中检测离散相穿过每一个气相控制体(网格单元)所经历的动量、能量变化,将动量、能量变化以源项的形式添加到气相的动量和能量守恒方程中,交替求解离散相和气相的控制方程,直到两者均达到收敛,从而实现了两相间的耦合。

发动机内壁面为固体壁面边界,采用无滑移、绝热壁面边界条件。推进剂燃面采用质量入口边界条件,总温为推进剂的绝热燃烧温度,质量流率根据燃烧室压强和燃速公式计算得到。喷管为出口边界,通常为超声速流动,采用外插的处理方法。

离散相参数及边界条件处理方法如下。

1) 离散相粒径分布

氧化铝液滴粒径的分布,是两相流数值模拟的输入参数,也是沉积烧蚀研究的重要参数。然而推进剂燃烧过程复杂,影响液滴粒径分布的因素众多,目前还缺乏成熟的理论来定量描述,主要依赖实验测量获得氧化铝液滴粒径分布。

针对某种固体发动机的丁羟四组元推进剂,开展了聚集状态下氧化铝液滴粒径分布实验测试[1],测量得到了粒径分布曲线如图 9.4 所示,其体积平均粒径 $d_{[4,3]} = 115\ \mu m$。

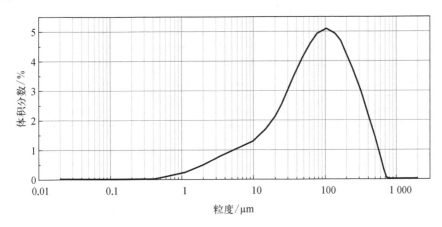

图 9.4　聚集状态下丁羟四组元推进剂的粒径分布曲线

选取 Rosin-Rammler 分布(简称 R - R 分布)作为粒径分布方程,其数学模型假定液滴直径 d 与大于此直径液滴的质量分数 Y_d 之间存在指数关系:

$$Y_d = e^{-(d/\bar{d})^n} \tag{9.1}$$

式中, $\bar{d}$ 为特征平均直径; n 为分布指数。将图 9.4 的数据带入式(9.1)中,可得到分布指数 n 为 1.35,其分布曲线如图 9.5 所示。

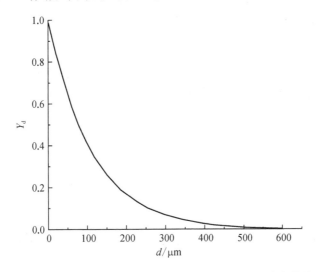

图 9.5　聚集状态下丁羟四组元推进剂粒径的 R - R 分布曲线

2) 离散相入口条件

假设氧化铝液滴沿入口网格均匀分布,氧化铝液滴温度与来流燃气温度相同,流速设定为气相来流的 2/5。氧化铝液滴物性参数见表 9.2,离散相入口质量流率则根据推进剂配方由热力计算给出。

表 9.2　氧化铝(Al_2O_3)物性参数

密度/(kg/m³)	黏性/(Pa·s)	表面张力/(N/m)
2 685.6	1.48×10^{-2}	0.615 4

9.2.2　液滴-壁面碰撞模型

要开展氧化铝沉积计算,关键是要有合适的液滴-壁面碰撞模型。目前固体发动机两相流数值模拟主要使用三类模型:流场特定区域全捕获模型、基于 Weber 数(韦伯数)的碰撞模型和基于 Sommerfeld 数的碰撞模型。采用三种碰撞沉积捕获模型开展了两相流数值模拟[2],通过计算结果与实验结果的对比对三种模型做出了评价:Weber 数碰撞模型针对的介质与高温氧化铝性质差别较大,不适合固体发动机的沉积预示;特定区域全捕获与 Sommerfeld 数碰撞模型的计算结果与实验结果比较接近,但是特定区域全捕获模型具有一定的经验性,而 Sommerfeld 数捕获模型则具有更好的通用性;因此针对固体发动机环境,推荐使用 Sommerfeld 数捕获模型。下面简要介绍 Sommerfeld 数捕获模型。

研究发现,氧化铝液滴碰壁后主要产生反弹、沉积与飞溅三种状态。液滴与壁面的作用状态可根据无量纲参数 K,即 Sommerfeld 数表示:

$$K = \sqrt{We\sqrt{Re_p}} \qquad (9.2)$$

式中,Re_p 为液滴雷诺数,We 为 Weber 数,定义式为

$$Re_p = \frac{\rho_p v_p d_p}{\mu_p} \qquad (9.3)$$

$$We = \frac{\rho_p d_p v_p^2}{\sigma_p} \qquad (9.4)$$

式中,ρ_p 为液滴密度;v_p 为液滴撞击速度;d_p 为液滴直径;μ_p 为液滴的黏性;σ_p 为液滴表面张力。

将式(9.3)和式(9.4)带入到式(9.2)中,Sommerfeld 数可表示为与液滴物性参

数相关的表达式：

$$K = \frac{\rho_{\rm p}^{3/4} d_{\rm p}^{3/4} v_{\rm p}^{5/4}}{\sigma_{\rm p}^{1/2} \mu_{\rm p}^{1/4}} \tag{9.5}$$

Mundo 等[3,4]在大量利用氧化铝液滴作为介质的实验中,定义了以 Sommerfeld 数为液滴-壁面作用状态的判断准则。

$$反弹：K \leqslant 3 \tag{9.6}$$

$$沉积：3 < K \leqslant 57.7 \tag{9.7}$$

$$飞溅：K > 57.7 \tag{9.8}$$

9.2.3 典型发动机氧化铝沉积数值模拟

计算对象为某型直径 2 m、两分段发动机构型,该发动机燃烧室长度为 15 m,前后各 12 翼槽,装药量为 58 t。由于发动机燃面推移带来的流场结构变化对氧化铝液滴的流动与沉积有较大影响,因此数值模拟中需要考虑发动机装药结构的变化。为了降低计算工作量,选取发动机工作的 0 s、30 s、60 s、90 s 与 120 s 时刻流场构型(图 9.6)开展数值模拟,其中 0 s 与 30 s 时刻代表了前后翼槽消失前的两种构型,60 s 与 90 s 时刻代表了前后翼槽消失后的两种构型,120 s 时刻代表燃烧室后段装药燃尽,只有前段装药继续燃烧的构型。由于发动机构型具有对称性,计算可以选取发动机四分之一作为计算域。各时刻入口边界参数如表 9.3 所示,其中总压取燃烧室压强的实测值,总温是热力计算值,流量则是根据压强和实际装药参数计算得到的。

使用 ICEM 软件进行网格生成。为了更好地计算氧化铝液滴的沉积,对喷管背壁区域、凹腔内壁面及燃面暴露的后筒段壁面进行了局部网格加密处理。

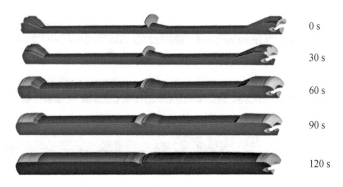

图 9.6 不同时刻发动机几何结构

表 9.3　不同时刻的入口边界参数

工作时刻/s	总压/MPa	总温/K	气相质量流量/(kg/s)	离散相质量流量/(kg/s)
0	5.76	3 400	83.07	27.41
30	6.45	3 400	89.20	29.43
60	6.84	3 400	93.96	31.01
90	7.27	3 400	99.39	32.79
120	2.77	3 400	40.62	13.40

　　采用 ANSYS Fluent 软件进行发动机的两相流数值模拟,控制方程黏性项采用二阶中心差分格式,压力和速度的耦合采用压力耦合方程组的半隐式(semi-implicit method for pressure linked equations, SIMPLE)方法,压力插值使用二阶格式。采用气相与离散相的耦合模型,气相每计算 10 步对离散相进行一次迭代。

　　图 9.7 为不同时刻发动机内氧化铝液滴的运动轨迹。可以看出,不同时刻由于发动机装药构型的变化,粒子的运动轨迹存在明显的差异。图 9.8 为计算得到的不同时刻发动机内沉积速率与总沉积量的变化曲线,可以看出,发动机点火初始时刻与后端翼槽消失时刻(90 s)沉积率较大,中间时刻(30~60 s)及发动机熄火前沉积速率较小。计算得到氧化铝沉积总量为 234.12 kg,发动机地面试车收集到的熔渣沉积总量为 210 kg,两者之间的相对误差为 11.48%,说明建立的两相流数值模型能够较好的预示固体发动机氧化铝的沉积。

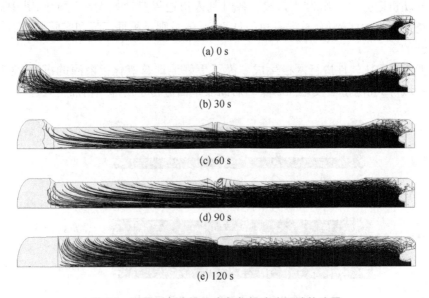

(a) 0 s

(b) 30 s

(c) 60 s

(d) 90 s

(e) 120 s

图 9.7　不同时刻发动机内氧化铝液滴运动轨迹图

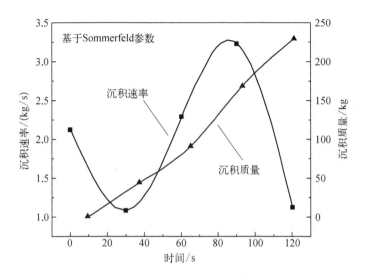

图 9.8　不同时刻的氧化铝沉积速率和沉积量

9.3　氧化铝沉积实验

要揭示熔渣沉积条件下绝热材料的传热与烧蚀特性,需要从科学问题的本质入手,研发出有效的实验与测试方法,这是整个研究的关键。本节将从如何模拟发动机工作条件产生氧化铝沉积、如何测量沉积状态下的热增量,以及如何观测氧化铝沉积形成与演化过程这三大问题入手,主要介绍多功能沉积实验系统的设计、沉积内视与温度响应测试的综合实验。

9.3.1　实验与测试方法

1. 关键技术

氧化铝沉积对绝热材料烧蚀影响主要包括两个方面:一是高温氧化铝沉积带来的热增量;二是氧化铝沉积与炭化层的碳热还原反应。其中沉积热增量是传热和烧蚀的关键热边界条件,目前还没有理论预示方法,需要通过开展实验来获得。沉积热增量与沉积状态以及沉积物与绝热层表面的接触状态有关,因此只测量热流密度还不够,还需要能够实时观测沉积形成、演化以及沉积物与绝热层表面的接触状态。要实现上述目标,需要解决三个方面的关键问题:

(1)如何模拟发动机工作状态,产生足够多的氧化铝沉积;

(2)如何测量高温、高压环境下氧化铝沉积的热增量;

(3)如何实现沉积过程的实时观测。

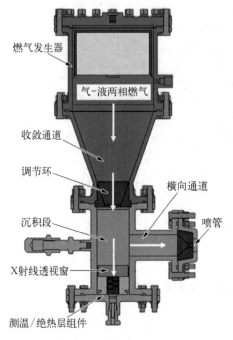

燃气发生器

气-液两相燃气

收敛通道

调节环

横向通道

沉积段

喷管

X射线透视窗

测温/绝热层组件

图 9.9 多功能沉积实验发动机结构示意图

2. 氧化铝沉积的产生

本实验借鉴过载模拟烧蚀发动机的设计经验,设计了一种多功能沉积实验发动机,结合 X 射线透视技术,在一套实验系统中同时解决了上述三个问题。多功能沉积实验发动机结构如图 9.9 所示。该发动机主要由燃气发生器、收敛通道、调节环、沉积段、测温/绝热层组件、X 射线透视窗、横向通道和喷管等组成。该发动机采用了多种措施来增加氧化铝沉积量:

(1) 采用收敛通道,使氧化铝液滴发生汇聚,增加液滴的碰撞聚合概率,从而增大液滴的浓度和粒径;

(2) 发动机采用竖直布局,可以充分利用重力的作用,增加氧化铝的沉积量;

(3) 用 90°的转折通道,增加进入沉积段底部的液滴数量,粒径增大后的液滴惯性较大,再加上重力的作用,很容易进入沉积段内。

3. 沉积热增量的测试方法

本实验的重要内容之一是测量氧化铝沉积条件下的热增量,也就是沉积带来的额外的热流密度。固体发动机高温高压环境下热流密度测试本身就比较困难,又存在氧化铝沉积带来的强热流密度,因此热流测试有较大难度。

通过对比分析,认为采用基于导热反问题的温度响应测量方法比较合适。在固体发动机热流测试方面,Brookley 等[5]就采用这种方法,在金属量热体不同深度处埋设了热电偶,通过反演计算得到了固体发动机内的热流密度。在数据分析中 Brookley 等认为,金属量热体容易受到交叉热传导和热扰动误差的影响。因此,如果能选择合适的量热体,处理好导热误差问题,对于本实验的高温、高压、强热流环境,基于导热反问题的温度响应测量方法是较为理想的热流测试方法。这种测试方法的原理是设置一个量热体,在量热体内部布置测温元件,测量温度响应,然后通过导热反问题的求解获得表面热流。

实验设计的测温组件结构如图 9.10 所示,其中的量热体内部温度测点布置如图 9.11 所示。

在设计测温组件时首先要选择的是量热体的材质。根据基于集总电容法的设计原理,量热体与测温元件的热扩散系数差别不能太大,如果测温元件的热扩散系

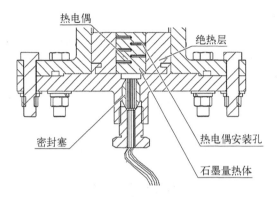

图 9.10　测温试验段安装示意图

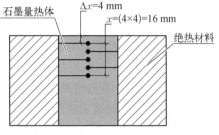

图 9.11　量热体内测温热电偶布置示意图

数很大,而量热体的很低,测温元件就会对测点附近的传热产生较大的干扰,从而给热流反演计算引入较大误差。此外,量热体的物理化学性质要比较稳定,高温条件下物性参数不能有太大变化,也不能因为热分解或者化学反应产生较大的吸热或者放热。绝热材料属于炭化材料,受热会发生热分解和炭化,热分解吸热会对测温产生很大影响,炭化后的密度、导热系数等参数会发生很大变化,而且炭化后测温元件的接触状态也会发生变化,又由于绝热材料的热扩散系数与测温元件差别很大,因此不适合作为量热体。而石墨属于非炭化材料,物理化学性质比较稳定,具有耐高温、抗烧蚀的优点,比较适合作为量热体。

采用导热反问题计算方法进行热流反演是基于准一维的假设,量热体侧壁面的传热会对测量结果带来较大误差。将石墨量热体嵌入到一块整体的 EPDM 绝热材料中,最大限度地减少了侧向导热带来的影响(图 9.10),同时还能获得沉积条件下绝热材料的烧蚀情况。

本实验选用温度响应特性比较好的细丝 K 型热电偶作为测温元件,在保障热电偶稳定可靠工作的前提下,尽量减小热电偶测点的尺寸。安装过程中使用耐高温的热缩管包覆以防止热电偶丝间或者与石墨量热体发生短路。

从理论上讲,只要在量热体内布置一个测点,就能反演计算出表面热流。但是由导热反问题计算敏感性分析可知,计算结果的准确性对实验测量误差的敏感度较大。同时考虑到由温度测量、热损失和物性参数差异等引入的测量误差,可能会导致最终反演计算得到热流误差非常大。因此通常采用布置多温度测点的设计形式,本实验选择布置 5 个测点,如图 9.11 所示。

热电偶的安装方式也对测量结果也有一定影响。如果沿纵向(传热方向)布置,安装后热电偶测点的纵向位置可能无法精确保证,而且热电偶会带来导热损失,因此本实验采用了横向布置方式(图 9.11)。这种布置方式测点的纵向位置受孔径限制,加工的时候孔径可以做得比较小,这样测点的纵向位置可以得到较为精确的保证,也能够避免由于发动机工作时的震动造成纵向位置偏差。另外热电偶是沿接近等温线的方向布置的,可以大大减少导热损失。在石墨量热体测量孔中安装热电偶后,使用石墨粉对测孔中的间隙进行了填充,以降低微小空腔对量热体传热的影响,减少热流反演的误差。

4. 沉积的实时观测方法

本实验另一个重要的任务是实现对沉积过程的实时观测。由于固体推进剂燃气污染很严重,采用光学观察窗很难实现对发动机内部沉积过程的观测,比较理想的方法是利用 X 射线实时荧屏分析(RTR)技术。

RTR 技术是 20 世纪 80 年代发展起来的一种研究不透明体或发动机内工作过程的非接触式诊断技术。图 9.12 为典型 RTR 系统组成示意图,系统主要由高压发生器、X 射线源、图像增强器、高速数字成像系统、计算机、时序控制器、数据采集系统和实验发动机等组成。X 射线源发出的 X 射线以 30°锥体穿过实验发动机,由图像增强器接收,图像增强器将接收的 X 射线转换为可见光图像,由高速数字成像系统拍摄,然后传输到计算机中。

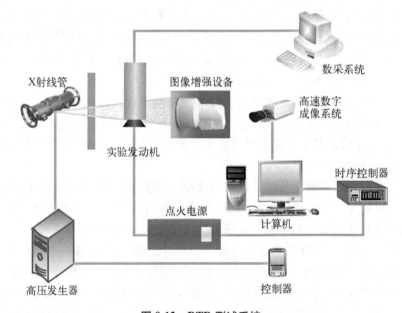

图 9.12 RTR 测试系统

相较于常规测试手段,RTR 技术在实时诊断方面有以下优点:

(1) RTR 为非接触式诊断技术,不会对发动机内的工作过程产生任何干扰;

(2) 由于 X 射线具有很强的穿透性,能够对高温高压密闭容器内的工作过程进行内视观测;

（3）相比于一般工业 X 射线探测，RTR 可以对发动机内高速过程进行实时记录，在后期处理中通过慢速回放等方式可以对高速动态过程进行详细分析。

虽然 RTR 具有内视的能力，但是固体发动机的金属壳体对于 X 射线的衰减比较严重，对细节的成像效果往往不理想。而且普通发动机一般都是圆柱形结构，圆形结构对于 X 射线成像也是不利的。针对 RTR 的特点，为了获得较好的图像效果，用于 RTR 诊断的实验发动机的观测段往往需要设计成方形结构，而且开设适合 X 射线穿透的专用透视窗口。

本实验要捕获氧化铝的沉积过程，其难度更大，对于实验装置设计要求更高。图 9.13（a）为多功能沉积实验发动机沉积观测段的内视观测窗示意图。观测窗采用铝板与石墨内衬的复合结构[图 9.13（b）]，铝板密度低，是为了获得更好的透视效果，石墨内衬耐高温、抗烧蚀，主要是为了防热。

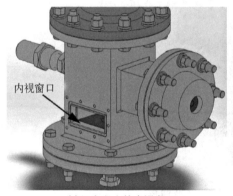
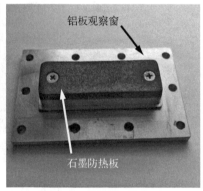

(a) 沉积段上的内视窗口　　　　　　(b) 复合结构透视窗盖板

图 9.13　多功能沉积烧蚀发动机的内视窗结构

9.3.2　实验结果与分析

1. 实验工况

实验采用的是一种丁羟四组元推进剂，推进剂主要参数如表 9.4 所示。共开展了 3 次实验，燃烧室设计压强都为 5 MPa。其中实验 1 和实验 2 为沉积测温实验，沉积段底部使用了图 9.10 所示的量热体测温组件，实验 3 为沉积烧蚀实验，沉积段底部使用了 EPDM 绝热材料，即将量热体换成了圆柱形的绝热材料。实验 1 考虑到安全，未使用 RTR 系统，实验 2 和实验 3 实验使用了 RTR 系统对氧化铝沉积过程进行内视。实验条件下 X 射线管电压为 155 kV，管电流为 5 mA。高速摄像机采样频率设为 500 帧/s，曝光时间为 1 000 μs，图像分辨率为 512×512 像素。图 9.14 为实验系统实物照片。

表 9.4　实验用固体推进剂参数

参　数	数值	参　数	数值
推进剂含铝量/%	18	绝热燃烧温度/K	3 410
密度/(kg/m³)	1 780	燃气比热比	1.18
推进剂药面直径/mm	182	燃气平均分子量	20.12
推进剂肉厚/mm	50		

图 9.14　实验系统实物照片

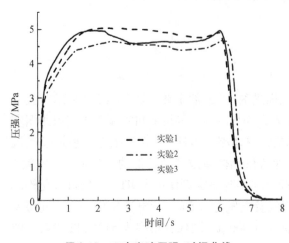

图 9.15　三次实验压强-时间曲线

2. 实验总体情况

图 9.15 给出了 3 次实验的燃烧室压强-时间曲线,3 次实验工作时间分别为 7.17 s、7.21 s 和 7.36 s,燃烧室平均压强分别为 4.96 MPa、4.87 MPa 和 4.58 MPa。

对 3 次实验得到的沉积物质量进行称量,分别为 99.2 g、111.1 g 与 96.9 g,分别占推进剂凝相产物理论质量的 9.6%、10.3% 与 9.4%。图 9.16 为实验 1 实验后沉积段底部的氧化铝沉积物照片,可以看出在测温组件表面沉积了较厚的氧化铝沉积物,中心处沉积层最大厚度为 20.9 mm。

对石墨量热体实验前后的质量进行称量,可以获得量热体的质量损失。实验 1 和实验 2 石墨量热体的质量损失分别为 0.21 g 与 0.16 g,这些质量损失主要是高温条件下氧化铝与石墨发生碳热还原反应造成的烧蚀。由于碳热还原反应的吸热,有可能会对温度测量产生影响,需要对反应吸热量进行估算。选取质量损失较大的实验 1,假设石墨量热体 0.21 g 的质量损失全部为其与氧化铝的碳热还原反应所消耗,计算得到反应吸热的热流密度为 1.09 MW/m^2,在后面计算沉积热增量的时候可以考虑计入此热流密度进行修正。

图 9.16　实验 1 测温组件表面氧化铝沉积情况

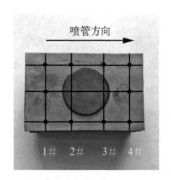

图 9.17　绝热层烧蚀率测点分布

3. 绝热层烧蚀率

实验对绝热层的质量烧蚀率和炭化烧蚀率进行了测量。绝热层厚度测点如图 9.17 所示,对横向位置相同的几个纵向测点进行平均,得到 3 次实验 1~4# 位置的平均炭化烧蚀率,如图 9.18 所示。3 次实验绝热层的质量烧蚀率分别为 2.17 g/s、1.91 g/s、1.69 g/s。

4. 氧化铝沉积过程分析

下面主要以沉积底面为绝热材料的实验 3 为例展示氧化铝沉积的过程。为了便于理解,图 9.19 对视野内的图像特征进行了标注,图像右侧为实验发动机

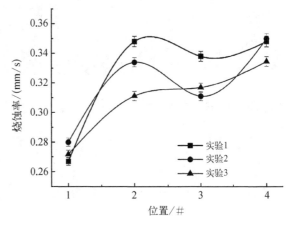

图 9.18　绝热层炭化烧蚀率分布

固体火箭发动机内绝热材料烧蚀机理与模型

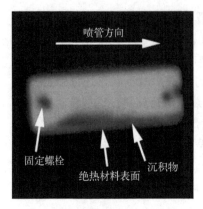

图 9.19 氧化铝沉积 RTR 图像示例

喷管方向,视窗下边界为绝热材料表面,绝热材料表面上的黑色云状物为氧化铝沉积,视窗两边两个黑点是固定复合透视窗板的螺栓。对 RTR 动态图像进行播放,可以明显地看到氧化铝沉积的生成与演化过程。氧化铝的沉积过程可以分成 3 个阶段:初始沉积、稳定飘摆和末期吹起,图 9.20 给出了 3 个阶段氧化铝沉积典型状态的 RTR 截图,下面对 3 个阶段的主要特征进行介绍。

(1)初始沉积态。如图 9.20(a)所示,主要出现在实验发动机工作的初始阶段(0~2 s),其主要特征是绝热层表面的沉积物开始出现,并不断增长。这个阶段实验发动机刚开始工作,

绝热层表面温度较低,高温氧化铝液滴在与绝热层壁面碰撞的过程中迅速冷却,凝固形成初始沉积层,覆盖于绝热层表面。当绝热层壁面温度低于氧化铝熔点时(2 326 K),撞击壁面的液滴会持续冷却凝固,使得沉积层厚度不断增加。此过程

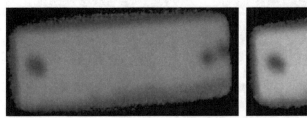

(a)初始沉积(工作时间0~2 s)

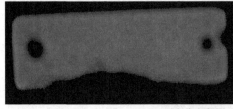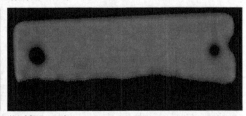

(b)稳定飘摆(工作时间2~6 s)

(c)末期吹起(工作时间6~7 s)

图 9.20 氧化铝沉积过程的 RTR 图像(实验 3)

由于液滴遇冷凝固,沉积层与绝热层壁面粘接性较高,沉积物不易被燃气吹起。

（2）稳定飘摆态,如图 9.20(b)所示,出现于实验发动机建立平衡压强的工作阶段(2~6 s),主要特征是沉积层厚度基本稳定,沉积物出现一定的飘摆。此时绝热层表面温度较高,氧化铝沉积层处于熔融态,而熔融态的沉积层会增加液滴撞击后反弹与破碎的概率,继续沉积的数量变少,同时一部分沉积物会被燃气或者热解气体吹除,两者接近动态平衡的状态,因此整体上看沉积层总量没有明显的变化。另外,由于绝热层热分解产生的气体会从绝热层表面喷出,加上表面燃气的流动,会驱动熔融沉积层发生一定的飘摆,沉积物的形状不稳定,会在一定范围发生变化。

（3）末期吹起态,如图 9.20(c)所示,出现于实验发动机工作结束,压力下降区间(6~7 s),其主要特征是沉积物突然向上弥散。这个阶段实验发动机处于压力下降段,而绝热层热解气体的压力还比较高,这样热解气体与燃烧室之间就产生了压差,在压差的作用下热解气体喷射量和喷射速度会骤然增大,对沉积物吹起作用突然增强,就出现了沉积物突然向上弥散的现象。

5. 温度响应测量结果

图 9.21 为前两次实验测量得到的石墨量热体内不同测点的温度响应曲线。可以看出,两次实验曲线的总体趋势比较一致,局部存在一些差异。距离量热体表面最近的第 1 个测点(Point 1)在两次实验初始时刻(0~2 s),均经历了一个较大梯度的温升过程,最高温度分别达到了 986℃ 与 941℃,随后突然下降到 600℃ 左右,然后呈现缓慢上升的趋势。

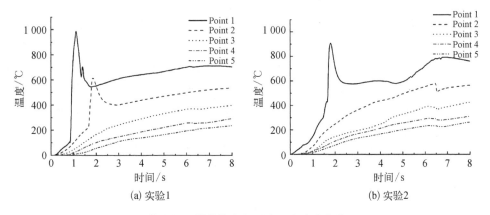

图 9.21　量热体内各测点温度响应曲线

发动机工作初始时刻,量热体表面温度较低,与高温氧化铝液滴间存在较大温差,沉积物对量热体表面的热流密度很大,量热体表面的升温速率很高,这使得第 1 测点的温度快速升高并达到峰值。随后,由于初始沉积层的形成,新的高温氧化铝液滴不会直接与量热体表面直接接触,同时由于初始沉积层凝结后,会形成一个隔热层,使得表面热流密度开始下降;此外随着量热体温度的升高,沉积层与量热体表面温差变小,也使得表面热流密度降低;而石墨导热率较高,热量向内部传导较快,这三个因素综合作用使得第 1 测点温度达到峰值后出现短暂下降的现象。随着液滴稳态沉积的形成,第 1 测点附近传入与传出的热流接近,传入略大于传出,这样温度就出现了缓慢上升的趋势。

第 2 测点(Point 2)在实验 1 中,同样经历了温度先上升后下降,随后缓慢上升的过程,但在实验 2 中并没有出现这种变化,而是整体缓慢爬升。产生这种差异的原因可能与发动机升压阶段氧化铝液滴运动和沉积过程有一定的随机性有关。对于第 3~5 个测点(Point 3~5),两次实验的温升趋势基本相同,在发动机熄火阶段测量所得最终温度也较为相近。

9.4 氧化铝沉积热流的反演计算

氧化铝沉积的综合实验获得了量热体内部测点的温度响应数据,本节将采用导热反问题的数学模型和计算方法,反演计算出石墨量热体表面的热流密度,进而获取氧化铝沉积热增量,并揭示氧化铝沉积的传热规律。

9.4.1 导热反问题数值求解方法

1. 导热反问题

按照给定边界条件与计算目标的不同,热传导问题一般可以归纳为正向导热问题与反向导热问题两大类。正向导热问题用于已知三大边界条件来求解物体内的温度分布和响应;而导热反问题则是由物体(量热体)内温度测量值来反向识别边界的热流和温度等参数。

由于导热反问题的不适定性(导热问题三大边界条件不能给定),求解导热反问题要比求解正问题困难得多。Beck 等[6,7]通过大量数值研究工作表明,导热反问题的求解对量热体内部的测量误差十分敏感,一个较小的误差波动可能会导致计算误差的成倍放大。由于导热过程属于一种耗散机制的物理现象,量热体内测温点对边界上的温度响应是经过衰减的,并在时间上有一定的滞后,因此求解导热反问题必然会遇到这种阻尼效应和滞后效应。

2. 数值求解方法

目前处理导热反问题的计算方法很多[8-11],包括 Souza 差分方法、Weber 差分法、Hills 和 Hensel 差分法以及 Beck 序列函数求解方法等。对上述几种数值计算方法进行算例比较,结果表明,使用 Beck 序列函数算法进行热流反演计算,对于工程应用问题的适用性较强,是一种较为实用的求解方法。因此本节将采用 Beck 序列函数法,使用隐式与显式相结合的混合式差分方法来求解导热反问题。

由于石墨量热体周向与底面均采用绝热材料进行了包覆,可近似认为量热体的周向是绝热壁面,忽略热量沿径向的传递,因此可将量热体内的传热近似为一维热传导问题。

由正向导热问题可知,量热体内一维瞬态热传导方程及定解条件为

$$\begin{cases} \rho c \dfrac{\partial T}{\partial x} = \dfrac{\partial}{\partial x}\left(k \dfrac{\partial T}{\partial x}\right) \\ \left. -k \dfrac{\partial T}{\partial t}\right|_{x=0} = \dot q(t) \\ \left. -k \dfrac{\partial T}{\partial x}\right|_{x=L} = \dot q_L(t) \\ T(x, t_{M-1}) = F(x) \end{cases} \tag{9.9}$$

式中,T 为温度;t 为时间;t_{M-1} 为前一时刻;x 为空间坐标;$x=0$ 和 $x=L$ 分别为量热体的表面和底面坐标;k、ρ、c 分别为量热体导热系数、密度和比热容;$\dot q(t)$ 为热流密度;$F(x)$ 为沿 x 方向的温度分布。第一式为一维瞬态热传导方程;第二和第三式为边界条件,分别给出了量热体表面和底面的热流密度;最后一式为初始条件,给定了上一时刻 x 方向的温度分布。

在非均分网格上对一维非稳态导热方程[式(9.9)]进行离散,可得到下面离散化的方程形式,具体离散方法见参考文献[12]。

$$\begin{bmatrix} b_1 & a_1 \\ -c_2 & b_2 & -a_2 \\ & & \ddots \\ & & & -c_{N-1} & b_{N-1} & -a_{N-1} \\ & & & & -c_N & b_N \end{bmatrix} \begin{bmatrix} T_1^M \\ T_2^M \\ \vdots \\ T_{N-1}^M \\ T_N^M \end{bmatrix}$$

$$= \begin{bmatrix} b_1' & a_1' \\ c_2' & b_2' & a_2' \\ & & \ddots \\ & & & c_{N-1}' & b_{N-1}' & a_{N-1}' \\ & & & & c_N' & b_N' \end{bmatrix} \begin{bmatrix} T_1^{M-1} \\ T_2^{M-1} \\ \vdots \\ T_{N-1}^{M-1} \\ T_N^{M-1} \end{bmatrix} + \begin{bmatrix} \dfrac{\Delta t}{(\rho c \Delta x)} \dot q_M \\ 0 \\ \vdots \\ 0 \\ \dfrac{\Delta t}{(\rho c \Delta x)} \dot q_{N,M} \end{bmatrix} \tag{9.10}$$

式中，$\dot{q}_M$ 为第一个测温节点也即量热体表面上的热流密度；$\dot{q}_{N,M}$ 为底面边界上的热流密度；a_i、b_i、c_i、a_i'、b_i'、c_i' 为与量热体热物性参数和控制容积有关的参数，且在线性或准线性条件下独立于 $\dot{q}_M$；T^M 为 t_M 时刻的温度；T^{M-1} 为 t_{M-1} 时刻的温度；Δt 为时间步长；Δx 为空间步长。

针对实验中热电偶在石墨量热体内的预埋方式，式（9.10）可以写为

$$
\begin{bmatrix}
b_1 & -a_1 & & & \\
-c_2 & b_2 & -a_2 & & \\
& -c_3 & b_3 & -a_3 & \\
& & -c_4 & b_4 & -a_4 \\
& & & -c_5 & b_5
\end{bmatrix}
\begin{bmatrix}
T_1^M \\
T_2^M \\
T_3^M \\
T_4^M \\
T_5^M
\end{bmatrix}
=
\begin{bmatrix}
d_1 + g_1\dot{q}_M \\
d_2 \\
d_3 \\
d_4 \\
d_5
\end{bmatrix}
\tag{9.11}
$$

式中，$d_i(i=1,\ 2,\ 3,\ 4,\ 5)$ 代表除 $\dot{q}_M$ 以外的所有右端相，$g_1 = \dfrac{\Delta t}{c\rho\Delta x}$。

对于一维瞬态导热问题，给定 $\dot{q}_M$ 即可求出 $T_j^M(j=1,\ 2,\ 3,\ 4,\ 5)$。但对于导热反问题而言，$\dot{q}_M$ 为未知参量。这里假设测点 3 处有一个热电偶可以获得实时温度变化数据，则导热正问题所要求解的 T_3^M 变为已知测量温度 $Y_{3,M}$，则式（9.11）变为

$$
\begin{bmatrix}
b_1 & -a_1 & g_1 & & \\
-c_2 & b_2 & & & \\
& -c_3 & & -a_3 & \\
& & & b_4 & -a_4 \\
& & & -c_5 & b_5
\end{bmatrix}
\begin{bmatrix}
T_1^M \\
T_2^M \\
\dot{q}_M \\
T_4^M \\
T_5^M
\end{bmatrix}
=
\begin{bmatrix}
d_1 \\
d_2 + a_2 Y_{3,M} \\
d_3 - b_3 Y_{3,M} \\
d_4 + c_4 Y_{3,M} \\
d_5
\end{bmatrix}
\tag{9.12}
$$

式（9.12）是具有 5 个未知数 (T_1^M, T_2^M, $\dot{q}_M$, T_4^M, T_5^M) 的线性化方程组，但是此时它不再是三对角形式，直接求解比较困难，尤其是当量热体的热物性参数随温度变化时，式（9.12）会变为非线性方程组。按照 Beck 序列函数计算模型中对非线性方程的预估方法，式（9.12）中所有物性参数均需根据上一时间步的温度取值，则式（9.12）成为准线性方程组，可利用敏感系数 X 建立对热流、温度边界反演的有效办法。

由于导热反问题对温度测量误差十分敏感，使数值解的精度与适定性很难得到保证，因此，寻找误差敏感性的控制方法成为导热反问题求解的关键。基于对测量误差敏感性定量化的需求，Beck 引入了敏感系数这一重要概念，以一维非稳态导热问题为例，若预估函数为热流 $\dot{q}_M$，温度为 $T_{j,M+i-1}$，则敏感系数 X 可表示为

$$
X_{j,M+i-1} = \frac{\partial T_{j,M+i-1}}{\partial \dot{q}_M}
\tag{9.13}
$$

式中，$j = 1, 2, \cdots, J$，表示对应测点；$M = 1, 2, \cdots, n$ 和 $i = 1, 2, \cdots, n$ 分别表示被预估函数 $\dot{q}_M$ 和时间项的对应个数。

X 值的大小意味着温度对热流敏感性的高低。当 $X = 0$ 时，预估误差将增至不能容许的程度；相反，若 X 较高，则预估结果较为合适。敏感系数 X 的计算方程经过推导，给出了与导热正问题相同的计算形式，只是在系数上有一些差别。除了将初始值设置为 0，热流设置为 1 以外，敏感系数的求解方程组与一维非稳态导热方程组完全相同：

$$
\begin{cases}
\rho c \dfrac{\partial X}{\partial t} = \dfrac{\partial}{\partial x}\left(k \dfrac{\partial X}{\partial x} \right) \\[2mm]
-k \dfrac{\partial X}{\partial x}\bigg|_{x=0} = 1 \\[2mm]
-k \dfrac{\partial X}{\partial x}\bigg|_{x=L} = q_L(t) \\[2mm]
X(x, t_{M-1}) = 0
\end{cases}
\tag{9.14}
$$

导热反问题计算中，温度场 $T(x, t)$ 以连续的形式依赖于未知热流密度 $\dot{q}_M(t_{M-1} \leqslant t \leqslant t_M$ 时为常数$)$，其可表达为 $T(x, t, t_{M-1}, \dot{q}_{M-1}, \dot{q}_M)$ 形式，其中 $\dot{q}_{M-1}$ 为 t_{M-1} 时刻所对应热流密度值，由于温度场是 $\dot{q}_M$ 的连续函数，因此其可在任一已知热流 $\dot{q}^*$ 处进行泰勒展开：

$$
\begin{aligned}
T(x, t, t_{M-1}, \dot{q}_{M-1}, \dot{q}_M) ={}& T(x, t, t_{M-1}, \dot{q}_{M-1}, \dot{q}^*) \\
&+ (\dot{q}_M - \dot{q}^*) \frac{\partial T(x, t, t_{M-1}, \dot{q}_{M-1}, \dot{q}_M)}{\partial \dot{q}_M}\bigg|_{\dot{q}_M = \dot{q}^*} \\
&+ \frac{(\dot{q}_M - \dot{q}^*)^2}{2!} \frac{\partial^2 T(x, t, t_{M-1}, \dot{q}_{M-1}, \dot{q}_M)}{\partial \dot{q}_M^2}\bigg|_{\dot{q}_M = \dot{q}^*} + \cdots
\end{aligned}
\tag{9.15}
$$

对于线性问题，式(9.15)中仅有右端前两项为非零项，因此在 t_M 时刻，量热体内 x 位置处的温度可准确表达为

$$
\begin{aligned}
T(x, t_M, t_{M-1}, q_{M-1}, \dot{q}_M) ={}& T(x, t_M, t_{M-1}, \dot{q}_{M-1}, \dot{q}^*) \\
&+ (\dot{q}_M - \dot{q}^*)X(x, t, t_{M-1}, \dot{q}_{M-1}, \dot{q}_M)
\end{aligned}
\tag{9.16}
$$

式(9.16)中，敏感系数 X 定义为

$$
X(x, t, t_{M-1}, \dot{q}_{M-1}, \dot{q}_M) = \frac{\partial T(x, t, t_{M-1}, \dot{q}_{M-1}, \dot{q}_M)}{\partial \dot{q}_M}\bigg|_{\dot{q}_M = \dot{q}^*}
\tag{9.17}
$$

对线性及准线性问题,敏感系数 X 并不依赖于 $\dot{q}_M$。若在 t_M 时刻节点位置 k 处 (x_k) 热电偶测得的温度值为 $Y_{k,M}$,则式(9.16)变为

$$Y_{k,M} = T_{k,M}^* + (\dot{q}_M - \dot{q}^*) X_k \qquad (9.18)$$

式中,$T_{k,M}^*$ 为 $t_{M-1} \leqslant t \leqslant t_M$ 期间热流密度为 $\dot{q}^*$ 时节点 k 处的温度值;X_k 为节点 k 处的敏感系数。

因而求解未知热流密度 $\dot{q}_M$ 最终可由式(9.19)给出:

$$\dot{q}_M = \dot{q}^* + \frac{Y_{k,M} - T_{k,M}^*}{X_k} \qquad (9.19)$$

为了提高导热反问题数值反演的准确性,需采用多未来时间步的方法进行计算。由于 $\dot{q}_M$ 不只是影响内点在 M 时刻的测量温度值 Y_M,还影响到 M 时刻以后的测量温度值,所以在对 $\dot{q}_M$ 进行估算时,最好也能考虑 M 时刻以后的 r 个时间步的温度 Y_{M+r-1},这样既可使用较小的时间步长获得较多的热流信息,同时又保证了数值解的适定性。因此,对于在量热体不同深度处预埋 k 个温度测点,采用 r 个未来时间步,则可利用多测温点、多未来时间步的最小二乘计算方法,得到测量最小误差函数为

$$S = \sum_{i=1}^{r} \sum_{k=1}^{n} \left(Y_{k,M+i-1} - T_{k,M+i-1} \right)^2 \qquad (9.20)$$

将式(9.20)对 $\dot{q}_M$ 取一次微商,并令其值为零得

$$\frac{\partial S}{\partial \dot{q}_M} = 2 \sum_{i=1}^{r} \sum_{k=1}^{n} \left(Y_{k,M+i-1} - T_{k,M+i-1} \right) \left(-\frac{\partial T_{k,M+i-1}}{\partial \dot{q}_M} \right) = 0 \qquad (9.21)$$

式(9.21)为测量误差函数 S 达到极小值的条件,式中 T 及其对热流 $\dot{q}_M$ 的导数是被估算项,同时由于温度场是 $\dot{q}_M$ 的函数,这里取 $\dot{q}^*$ 为任意初始值,对应温度场为 T^*,则对应泰勒级数展开式形式为

$$T_{k,M+i-1} = T_{k,M+i-1}^* + (\dot{q}_M - \dot{q}^*) X_{k,M+i-1,q} \qquad (9.22)$$

在进行热流反演计算时,一般令 $\dot{q}^*$ 取值为 $\dot{q}_{M-1}$,则相应的温度场 T^* 取值为 t_{M-1} 时刻由热流 $\dot{q}_{M-1}$ 估算所得温度。数值分析表明,对于线性问题,计算 $\dot{q}_M$ 无需进行迭代,然而对于非线性问题,理论上需要利用迭代手段得到 $\dot{q}_M$。不过对于当时间步长取值较小时,由于物性参数变化较小,可认为计算 $\dot{q}_M$ 时物性参数不随时间而变化,最终将式(9.22)代入式(9.21)可得

$$\dot{q}_M = \dot{q}^* + \frac{\sum\limits_{i=1}^{r} \sum\limits_{k=1}^{n} (Y_{k, M+i-1} - T^*_{k, M+i-1}) X_{k, i, q}}{\sum\limits_{i=1}^{r} \sum\limits_{k=1}^{n} X^2_{k, i, q}} \tag{9.23}$$

考虑到敏感系数方程和一维非稳态导热方程具有相同的表达形式,因此均可采用追赶法求解。

导热反问题计算步骤如下。

(1) 确定时间步。计算反演热流密度 $\dot{q}_M$,首先需要获得在时间 t_M, t_{M+1}, $\cdots$, t_{M+r-1} 时刻内测量所得的温度分布,这里设未来时间步的数量为 r,令其为程序的输入量。

(2) 在设定的 r 个各未来时间步内,假定 $t_{M-1} \leqslant t \leqslant t_{M+r-1}$ 间隔内的热流密度为 $\dot{q}^*$,也即假定 $\dot{q}_M = \dot{q}_{M+1} = \cdots = \dot{q}_{M+r-1}$,并由最末端节点 n 进行向前消元过程,求出 $T^*_{k, M+i-1}(k = 1, 2, \cdots, J; i = 1, 2, \cdots, r)$。

(3) 用方程(9.11)～方程(9.13)的离散化形式求解式(9.10)得到 $X_{k, M+i-1, q}$ ($k = 1, 2, \cdots, J; i = 1, 2, \cdots, r$),敏感系数的求解方法与求解温度场相同,这里只是在计算敏感系数 $X_{k, M+i-1, q}$ 时令其初始值为 0,热流项为 1。

(4) 由式(9.23)求得反演热流 $\dot{q}_M$,进而推导可得各个热电偶位置处温度:

$$T_{k, M} = T^*_{k, M} + (\dot{q}_M - \dot{q}^*) X_{k, M, q} \tag{9.24}$$

(5) 计算得出时刻 t_M 条件下各点温度后,令 $M = M + 1$,重新返回步骤(1),迭代求得下一时刻的表面温度与热流。

9.4.2　计算模型的检验

为了检验一维瞬态导热正、反问题的计算模型,先给定随时间变化的表面热流密度,用导热正问题模型计算出量热体内部测点的温度响应;再用导热反问题模型计算出表面热流,与给定的热流进行比较,来验证计算模型的准确性。

算例中选取的量热体结构、热电偶排布形式与 9.3.1 小节中的实验设计一样,计算物理模型如图 9.22 所示。假设量热体周向与底面为绝热面,热量传递符合一维导热特性。石墨量热体参数为:密度 $\rho = 2\,250$ kg/m^3、比热容 $c_p = 1\,800$ J/(kg·K)、热扩散系数 $\alpha = 1.731 \times 10^{-5}$ m^2/s。

在量热体水平方向等间隔划分,并保证各

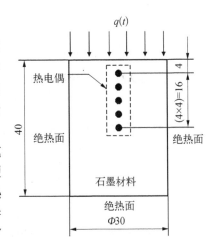

图 9.22　量热体尺寸与测点分布
(单位: mm)

热电偶测点位置均落在网格线上。取 $\Delta x = 0.001\ m$，网格数量为 40。时间步长 Δt 的大小取决于网格尺寸 Δx、量热体热扩散系数 α，为满足收敛条件一般取 $\Delta t \leqslant \Delta x^2 / 6\alpha$。根据这个要求取计算时间步长 $\Delta t = 0.01\ s$。假设量热体表面真实热流密度随时间按照正弦曲线变化，如图 9.23 所示。根据该表面热流密度条件，利用导热正问题模型可以计算得到量热体内各温度测点的温度响应，如图 9.24 所示。

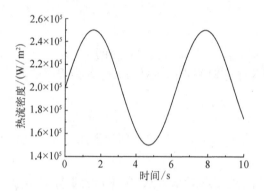

图 9.23 给定的量热体表面热流密度

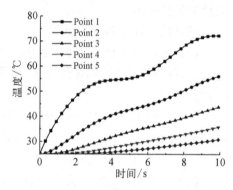

图 9.24 计算得到的各测点温度响应曲线

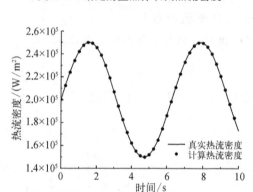

图 9.25 反演计算与给定的
表面热流密度对比

将图 9.24 的曲线当作热电偶测得的量热体温度响应曲线，利用导热反问题模型来获得表面热流密度与温度。从图 9.24 可知，最末端的 5#测点热电偶的温度开始出现响应时间为 0.6 s，为了保证方程解的稳定性，应使未来时间步数 $r \cdot \Delta t > 0.6$，因此取未来时间步 $r = 65$。图 9.25 给出反演计算得到量热体表面热流密度（圆点），以及初始给定的表面热流密度（线）。可以看出，两者吻合得很好，最大相对误差值为 0.3%。

虽然这是一种比较理想状态的验证，但是基本上能够说明基于 Beck 导热反问题的反演计算模型的准确性。

9.4.3 沉积热流的反演计算

接下来针对沉积实验测得的温度响应曲线，采用 9.4.1 小节中的方法开展反演计算。由于量热体内各热电偶预埋深度不同，温度触发起始时刻也不同，从温度响应时间的角度考虑，热流反演计算中需要有足够的未来时间步（r）来保证数值解的稳定性。从图 9.21 所示量热体内各测点温度随时间的变化曲线，可以看出两次实验中最末端热电偶温度出现响应的时刻均在点火后 0.76 s 左右,据此取最大未来时间步 r 为 80。

反演计算得到两次实验条件下沉积热流变化如图 9.26 所示。可以看出,两次实验中沉积热流变化趋势比较相似,但峰值位置和后期变化有所不同。两次实验热流密度初始上升都很快,但是实验 1 比实验 2 上升得更快。两次实验分别在 0.54 s 和 1.01 s 时刻热流密度达到峰值,两者的峰值比较接近,都在

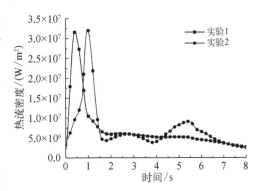

图 9.26　反演得到的沉积热流–时间曲线

32.5 MW/m^2 左右。随后都在很短时间内(0.4 s 左右)快速下降,之后的时间内两者都进入稳定阶段,实验 1 继续缓慢下降,而实验 2 则出现了两次波动。

为了进一步检验计算结果的正确性,提取了第 2 次实验中 1~4# 测点反演计算得到的温度值与实验测量温度进行比较,如图 9.27 所示。总体来看,反演计

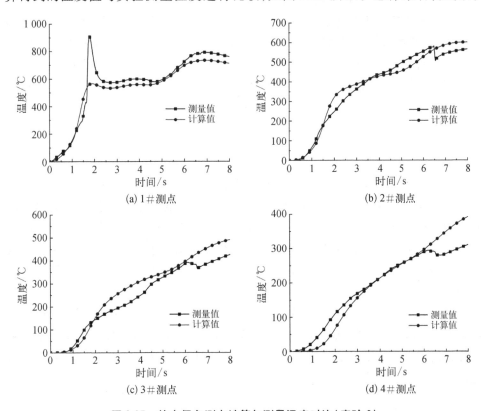

(a) 1#测点　　　　　　　　(b) 2#测点

(c) 3#测点　　　　　　　　(d) 4#测点

图 9.27　热电偶各测点计算与测量温度对比(实验 2)

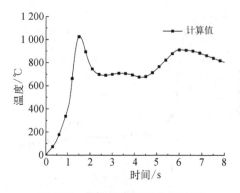

图 9.28 量热体表面温度-时间的计算曲线（实验 2）

算得到的各测点温度变化与实验测量结果较为吻合。其中 1#测点反演的温度曲线没有出现实测温度曲线的尖峰，这可能与一维非稳态导热问题具有的耗散性有关。

利用图 9.26 中实验 2 反演热流值作为正向导热问题输入条件，计算得到沉积接触面间温度-时间分布曲线如图 9.28 所示。不考虑幅值，表面温度曲线的形态与图 9.27(a)1#测点温度变化比较相似。

9.4.4 氧化铝沉积的传热特性分析

反演计算得到的是量热体总的热流密度，包含对流、辐射和沉积热增量热流密度，为了得到沉积热增量，需要进行传热特性分析。

对于氧化铝沉积条件下的传热，一般认为在发动机工作初始阶段，沉积尚未形成时，燃烧产物与绝热层的传热形式主要为燃气的对流换热和辐射换热。发动机中燃气的对流换热主要为强迫对流换热。由于发动机工作时温度变化较小，静温与总温差别很小，因此计算强迫对流换热时，可采用式(9.25)计算对流换热热流密度 $\dot{q}_{con}$：

$$\dot{q}_{con} = h_c(T_g - T_{wg}) \tag{9.25}$$

式中，h_c 为对流换热系数；T_g 与 T_{wg} 分别为燃气温度与燃气侧壁面温度。

伴随燃气对流传热过程的还有气-液两相的辐射传热。固体推进剂的燃烧产物中包括离散相液滴与高温燃气，它们既可以用辐射的形式释放能量，同时也能吸收其他物体辐射来的能量，这种能量的发射和吸收构成了发动机中的复杂辐射换热过程，要想精确地计算各相辐射换热量存在很大的难度，因此，实际应用中经常对辐射换热过程做适当简化。

通过对沉积过程的 RTR 图像进行分析发现，发动机在点火 0.4 s 时刻试验段底部就形成了较为明显的沉积现象，鉴于沉积物的存在，计算应主要考虑氧化铝液滴的热辐射作用。此处燃烧产物辐射热流密度的计算可使用 Stefan-Boltzmann 辐射定律的经验修正形式：

$$\dot{q}_{rad} = \varepsilon_{eff} \cdot \sigma \cdot (T_g^4 - T_{wg}^4) \tag{9.26}$$

式中,ε_{eff} 是有效辐射系数,$\varepsilon_{eff} = \dfrac{1}{\dfrac{1}{\varepsilon_w} + \dfrac{1}{\varepsilon_A} - 1}$,$\varepsilon_A$、$\varepsilon_w$ 分别为氧化铝沉积和壁面的

辐射系数,计算中氧化铝沉积层的辐射系数取 0.4,绝热材料炭化层表面的辐射系数取 0.8[13]。σ 为 Stefan-Boltzmann 常数,一般取值为 5.67×10^{-8} W/(m²·K⁴)。

反演计算得到的沉积热流密度包含了沉积热增量、燃气对流和辐射热流密度,要获得沉积热增量就需要计算得到燃气对流和辐射热流密度,然后采用式(9.27)计算沉积热增量 $\dot{q}_A$:

$$\dot{q}_A = \dot{q} - \dot{q}_{con} - \dot{q}_{rad} \tag{9.27}$$

式中,$\dot{q}$ 为总热流密度。

利用实验 2 的实验数据,采用式(9.25)和式(9.26)计算燃气的对流和辐射热流密度。其中,对流换热系数 h_c 的确定涉及燃气密度、导热系数与流动速度等参数,这些参数的确定方法如下:将固体推进剂参数代入热力学计算软件,得到气-液两相的物性参数,包括燃气的密度和导热系数等;量热体表面的燃气流速由沉积实验发动机内流场数值模拟给出。热流计算中还需要给出沉积物温度 T_g 与壁面温度 T_{wg},此处认为氧化铝液滴温度与燃气相温度相同(3 410 K),且在发动机工作过程中保持不变,石墨量热体表面壁温通过反演计算已经获得(图 9.28)。

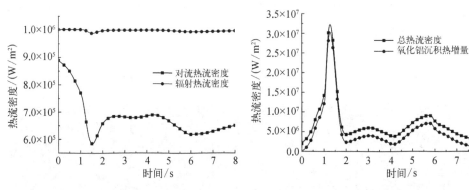

图 9.29　对流热流密度与辐射热流　　　图 9.30　氧化铝沉积热增量
　　　　　密度随时间变化曲线　　　　　　　　　随时间变化曲线

图 9.29 为计算得到的量热体表面对流与辐射热流密度随时间变化曲线,图 9.30 为氧化铝沉积热增量随时间变化曲线。从图 9.30 可以看出,由于对流和辐射热流密度比较小,沉积热增量与总热流密度形态基本相同,只是数值低一些。考虑到量热体烧蚀引入的 1.09 MW/m² 的反应吸热,应该将曲线整体向上平移 1.09 MW/m²。图 9.30 的沉积热增量曲线在工作时间内的平均值为 7.28 MW/m²,加上

量热体烧蚀吸热 1.09 MW/m^2，得到沉积热增量平均值为 8.37 MW/m^2。

在沉积传热和烧蚀计算分析中，可以采用修正过的沉积热增量曲线作为热流边界，也可以采用平均值 8.37 MW/m^2，这样更为简化。

9.5 高温氧化铝与炭化层的反应特性研究

沉积烧蚀研究的另一个重要问题是明确高温氧化铝与炭化层的碳热还原反应机理与反应动力学，这不仅是揭示沉积烧蚀机理的基础，也是沉积烧蚀建模的重要组成部分。考虑到固体发动机内的高温、高压环境，很难直接在固体发动机环境中开展反应实验，需要针对性地开展高温反应特性实验，结合理论分析，确定氧化铝与碳体系反应的主导反应方程，获得反应动力学参数，进而揭示氧化铝与碳体系的反应机理。

9.5.1 氧化铝与炭化层反应的热力学分析

1. 反应方程与热力学分析

虽然沉积烧蚀中包含多种复杂的物理化学过程，但是其中最核心的问题是氧化铝与炭化层如何反应，这首先需要给出高温氧化铝与炭化层的热化学反应形式。解析沉积烧蚀后的产物组分能够为探究热化学反应形式提供重要的线索，因此，首先要对沉积实验后的沉积物和炭化层样品进行收集，采用能谱分析仪（EDS）对产物的元素分布进行测量，并结合 X 射线衍射仪（XRD）确定产物中组分的类别及含量。

图 9.31 给出了剥离沉积物后炭化层表面的微观形貌，可以看出，剥离沉积物

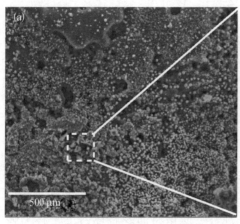
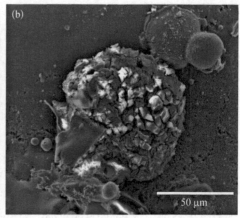

图 9.31 沉积实验后炭化层表面沉积物形貌

后仍有较多氧化铝粒子附着在炭化层表面。通过对图 9.31(b)中沉积粒子进行 EDS 测定,发现其成分主要为 Al、O、C 三种元素(表 9.5)。考虑到炭化层的主要元素是 C(表 9.6),认为在固体发动机稳态沉积条件下,高温氧化铝与炭化层的热化学反应,是以 Al_2O_3-C 体系反应为主导的。

表 9.5　沉积粒子 EDS 测试结果

元　素	质量百分数/%	原子百分数/%
C	21.21	31.80
O	34.10	38.38
Al	44.69	29.82

表 9.6　炭化层断面各元素的摩尔分数(%)

侧面	成　　分						
	C 摩尔分数/%	O 摩尔分数/%	Al 摩尔分数/%	Si 摩尔分数/%	P 摩尔分数/%	S 摩尔分数/%	K 摩尔分数/%
表层	85.86	7.95	0.56	1.05	0.23	0.01	0.12
底层	47.41	40.15	0.26	7.67	7.67	3.41	—

对炭化层与沉积层的研磨物进行 XRD 组分测定,测试结果如图 9.32 所示,图中横坐标 2θ 为衍射角,表示 λ 射线与衍射线之间的夹角。可以发现,其产物组分以 Al、C、Al_4C_3 与 Al_2OC 为主,也就是说,固体发动机沉积条件下,氧化铝与炭化层的热化学反应可能是由多个基元反应组成,涉及一系列中间产物的生成与再反应等复杂过程。

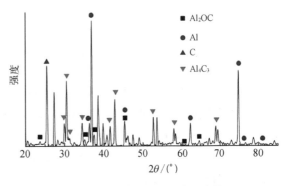

图 9.32　沉积物 XRD 分析结果

为了进一步讨论沉积条件下氧化铝与炭化层的反应形式,需要确定 Al_2O_3-C 体系反应的可能性方程。这里充分参考了化工和材料领域有关对 Al_2O_3-C 体系反应可能性方程的研究,对可能涉及的与实验测定组分相关的反应方程及热力学数据进行了总结,如表 9.7 所示。利用热力学计算软件,绘制了可能性方程吉布斯自由能 ΔG 随温度 T 的变化曲线,如图 9.33 所示。

表 9.7 Al_2O_3 – C 体系中可能反应方程及吉布斯自由能与温度的关系

反应序号	反应方程	$\Delta G/(\text{kcal/mol})$
R1	$Al_2O_3 + 3C \Longrightarrow 2Al + 3CO$	$\Delta G = 326.28 - 0.143T$
R2	$Al_2O_3 + 3C \Longrightarrow Al_2OC + 2CO$	$\Delta G = 213.33 - 0.092T$
R3	$2Al_2O_3 + 9C \Longrightarrow Al_4C_3 + 6CO$	$\Delta G = 576.80 - 0.254\,6T$
R4	$2Al_2O_3 + 3C \Longrightarrow Al_4O_4C + 2CO$	$\Delta G = 213.03 - 0.092\,3T$
R5	$Al_4O_4C + 6C \Longrightarrow Al_4C_3 + 4CO$	$\Delta G = 363.42 - 0.160\,4T$
R6	$Al_2O_3 + Al_4C_3 \Longrightarrow 6Al + 3CO$	$\Delta G = 383.36 - 0.161\,4T$

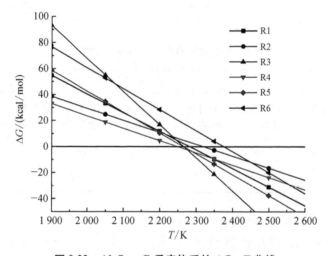

图 9.33 Al_2O_3 – C 反应体系的 ΔG – T 曲线

由图 9.33 可以看出,反应 R3 与 R4 的起始反应温度较低,表明高温下 C 与 Al_2O_3 的反应必然会伴随 Al_4C_3 与 Al_4O_4C 的生成,但是生成物 Al_4O_4C 会作为中间产物立即与 C 反应进一步生成 Al_4C_3(反应 R5),因此反应体系中必然会有大量的 Al_4C_3 存在,这一点与实验组分测定结果相符(图 9.32)。与此同时,C 与 Al_2O_3 的反应会伴随着 Al_2OC 的生成(反应 R2)。结合对表 9.7 的分析可知,单质 Al 的生成可由反应 R1 与 R6 提供,但是哪种反应占据主导地位,还无法确定。

综上分析可知,开展发动机沉积烧蚀实验虽然能够提供非常真实的烧蚀结果和固相产物信息,但是通过测定生成产物,识别氧化铝与炭化层体系具体的反应方程仍然存在较大困难。

在实际的沉积烧蚀过程中,存在多种对氧化铝与炭化层体系反应产生影响的过程,例如绝热层的热分解。虽然真实的烧蚀过程存在这些影响,但在反应机理研究中需要排除。其次,高温条件下氧化铝与炭化层体系反应过程会产生一些气相或者凝相成分,如果能对这些产物进行收集分析,对于推断反应机理将有很大帮助。然而沉积烧蚀实验中这些成分随燃气排出,无法收集测量。此外,碳消耗与初始反应物的摩尔比对于解析反应机理也是非常重要的信息,但是沉积烧蚀实验中氧化铝沉积和炭化层都是在烧蚀过程形成的,无法获得确切的消耗参数。因此,需要设计一种只包含氧化铝与碳的反应过程的实验,来确定氧化铝与炭化层体系主导反应方程,解析反应机理,获得反应动力学参数。

2. 氧化铝与碳的高温反应实验

针对上述需求,设计了一种密闭环境氧化铝与碳的高温热化学反应装置。图 9.34 为反应装置的结构示意图,主体是一个含碳量 93% 密闭的石墨坩埚,在其底面放置一定质量的氧化铝试样,实验前精确称量氧化铝和坩埚的质量,并用惰性气体置换腔体内的空气。实验时将石墨坩埚至于高温炉中,按照设定的温度和时间加热。实验结束后,对接触面的沉积物以及腔内收集的生成产物进行分析,并称量实验后石墨坩埚的剩余质量。

通过设计氧化铝与石墨坩埚不同质量比的反应实验,可以得到碳消耗与初始反应物之间的摩尔比。实验样品总共 4 件,氧化铝样品质量分别为 3 g、5 g、8 g、11 g,石墨坩埚质量为

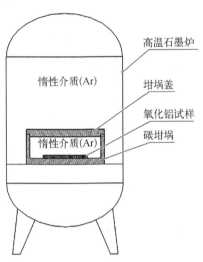

图 9.34 高温热化学反应
实验装置示意图

(高温石墨炉 / 惰性介质(Ar) / 坩埚盖 / 氧化铝试样 / 惰性介质(Ar) / 碳坩埚)

11.53 g。设定高温炉恒温温度 2 100℃,恒温时间 2 h。$Al_2O_3 - C$ 体系的起始反应温度为 1 680℃,因此实验设定的温度可以满足 $Al_2O_3 - C$ 体系化学反应所需热环境。

为了保证实验后质量称量的准确性,分别对石墨坩埚与冷凝物进行了分离和称重。通过对比实验前后反应样品质量差值发现,固态石墨坩埚反应消耗质量 $m(C)$ 与氧化铝消耗质量 $m(Al_2O_3)$ 的比值约为 0.26(图 9.35),计算得到体系反应摩尔比 $n(C)/n(Al_2O_3)$ 约为 2.25(图 9.36)。

考虑到实验中由于冷凝产物在坩埚壁面的黏附,反应气体产物的少量逸出,高温炉内不完全惰性气氛环境对坩埚微量烧蚀等因素所产生的实验误差,实际的摩尔比应该会更大一些。同时,结合表 9.7 对 $Al_2O_3 - C$ 体系可能性方程的归纳总结,认为 $Al_2O_3 - C$ 体系完全反应条件下,其反应摩尔比近似为 $n(C):n(Al_2O_3)=3:1$,总反应方程为

$$Al_2O_3 + 3C \Longrightarrow 2Al + 3CO \tag{9.28}$$

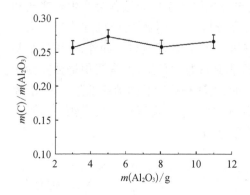

图 9.35　石墨坩埚与氧化铝反应质量比

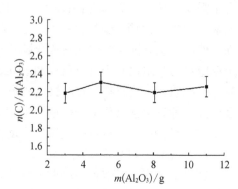

图 9.36　石墨坩埚与氧化铝反应摩尔比

根据前面的分析,总反应应该是由多个基元反应构成的,仅通过实验测定生成产物来揭示 Al_2O_3 - C 体系反应的机理有较大困难,需要借助反应动力学的研究。

9.5.2　氧化铝与炭化层反应动力学研究

现有的热重分析设备很难直接获取 Al_2O_3 - C 体系在超高温环境中的(2 000℃以上)反应动力学参数。因此,需要通过相对较低温度的动力学分析,得到反应活化能、指前因子和物理模型(机理函数),以预估发动机高温条件下的热反应历程。

1. 实验方法

使用德国 NETZSCH 公司的 STA449F3 型高温热重仪开展反应动力学的实验,其最高加热温度为 2 000℃。为了满足高温条件下载体坩埚的化学惰性与热稳定性,选用氧化锆材料制成的坩埚,采用高温热电偶测量温度,配合一套实时称量系统,实验设备见图 9.37。

　　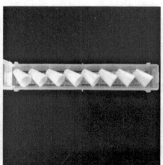　　

(a) 热重分析仪　　　　　　　(b) 氧化锆坩埚　　　　　　(c) 高温热电偶与称重系统

图 9.37　反应动力学研究实验设备

针对 Al_2O_3 - C 体系反应温度高、反应速度慢等特点,将利用等温动力学法,开展不同温度条件下的等温热失重(TG)实验。首先开展碳粉与氧化铝的高温反应动力学实验,然后再开展炭化层与氧化铝反应的实验,其中炭化层样品通过烧蚀发动机实验制备得到。设计实验工况为:在氩气气氛保护条件下,以 100℃/min 升温速率从室温升到 1 500℃,再以 50℃/min 升温速率分别加热至 1 700℃、1 750℃、1 800℃与 1 850℃,每个温度下恒温 60 min。保温时间可以根据第一次实验结果而定,保证失重曲线达到平衡拖尾段。为了保证实验的准确性,先针对每一个温度工况开展只有坩埚的基样实验,获得氧化锆坩埚质量损失随加热时间的变化曲线;然后再开展氧化铝和炭化层(或碳粉)的高温热失重实验。

2. 反应动力学参数处理方法

对于等温动力学实验参数的分析,可采用等转化率法获得反应表观活化能,同时采用模型拟合法获得指前因子。

等转化率法是基于转化率是温度函数的假设,其状态由单一参数表征。在利用热分析数据进行反应动力学参数研究时,反应速率通常由式(9.29)决定:

$$\frac{d\alpha}{dt} = k(T)f(\alpha) \tag{9.29}$$

式中,α 为反应转化率 $(0 \leqslant \alpha \leqslant 1)$;$f(\alpha)$ 为差分形式的反应速率模型;T 为温度 (K);t 为反应时间(min);$k(T)$ 为反应速率常数 (min^{-1}):

$$k(T) = A\exp\left(\frac{-E_a}{RT}\right) \tag{9.30}$$

式中,A 为指前因子 (min^{-1});E_a 为反应表观活化能(J/mol);R 为气体常数 $[8.314\ J/(mol \cdot K)]$。

对式(9.29)积分可得

$$\int_0^{\alpha} \frac{d\alpha}{f(\alpha)} = k(T)t = Ae^{-E_a/RT}t \tag{9.31}$$

$$g(\alpha) = k(T)t = Ae^{-E_a/RT}t \tag{9.32}$$

式中,$g(\alpha)$ 为积分形式的反应速率方程。

对式(9.32)取自然对数可以得到:

$$-\ln t = \ln\left[\frac{A}{g(\alpha)}\right] - \frac{E_a}{RT} \tag{9.33}$$

对于由实验给定的转化率 α,反应速率方程 $g(\alpha)$ 为常数,则活化能可通过 $\ln t$

与 $1/T$ 曲线斜率得到。

采用模型拟合法获取指前因子 A，是对整个反应过程以活化能值 E_a 为单一变量的拟合方法。其数值的获取以不同转化率 α 下活化能的平均值为基准，不随总反应过程中机理与温度的改变而改变。

式(9.32)表明，如果 $g(\alpha)$ 已知，在给定温度 T 下 $g(\alpha)$ 与 t 成线性关系，反应速率 $k(T)$ 可通过其斜率求出。通过对式(9.32)取对数可得到：

$$\ln k(T) = \ln A - \frac{E_a}{RT} \tag{9.34}$$

从而确定 $\ln k(T)$ 与 $1/T$ 的线性关系，根据其斜率可得表观活化能 E_a，根据截距可得指前因子 A，因此模型拟合法的关键即为确定可能反应机理方程 $g(\alpha)$。

3. Al_2O_3-C 体系反应特性分析

图 9.38 与图 9.39 分别给出了氧化铝-碳粉反应体系、氧化铝-炭化层反应体系的 TG 曲线。由图可知，在 $1\,700\sim1\,850℃$ 等温实验工况下，两组 TG 曲线随温度的变化趋势有一定差异。氧化铝-碳粉反应体系的 TG 曲线，质量损失速率随反应温度升高而加快；而氧化铝-炭化层反应体系的 TG 曲线，质量损失率随反应温度变化的规律性不明显，曲线重合度比较高，这会给反应动力学参数处理带来不利影响。

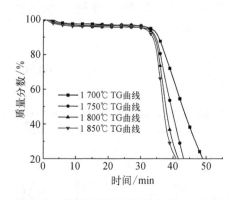

图 9.38 碳粉与氧化铝反应体系 TG 曲线

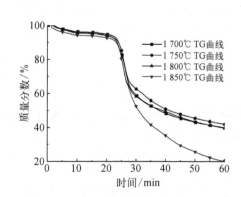

图 9.39 炭化层与氧化铝反应体系 TG 曲线

根据前面对氧化铝与炭化层反应热力学的研究，认为氧化铝对炭化层的消耗，主要以与炭化层中碳元素的反应为主导。因此为了抓住反应的关键，获得较为准确的反应动力学参数，将采用氧化铝与碳粉反应的 TG 数据，进行 Al_2O_3-C 体系反应动力学参数的计算，然后再根据炭化层实验数据加以适当修正。

为了对 Al_2O_3-C 体系的反应特性进行深入分析，选取图 9.38 中 $1\,750℃$ 实验作为特征实验进行分析，所得 TG 与 DTG 曲线如图 9.40 所示。根据总反应式(9.28)反应物与生成物的摩尔配比，可以得到反应结束时由于 CO 逸出所导致的

体系理论失重率应为 60.87%,但是图 9.40 的 TG 曲线在排除环境温度未达到
1 750℃ 前有 5%~7% 的脱水影响后,其最终失重率趋于 100%。分析认为,这种超
量失重现象可能是由过量 Al_2O_3 与中间产物 Al_4C_3 反应或者是 Al_2O_3 在高温环境
中的热解反应所导致。

对图 9.40 中 DTG 曲线使用切线映射法,可获得体系反应起始温度 T_i。图中 A
点为 DTG 曲线最大峰值点,过 A 点做 X 轴垂线交 TG 曲线于点 B,做 TG 曲线上过
点 B 的切线与初始段曲线增长点的延长线相交与点 C,这里 C 点即为反应起始温
度点。通过数据处理得到体系反应起始温度为 $T_i = 1\,668$℃。

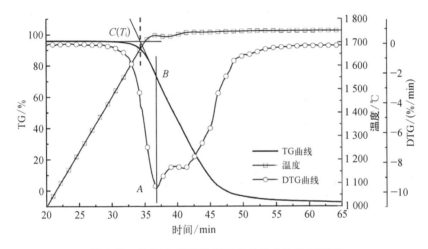

图 9.40　氧化铝-碳粉体系反应特性曲线(1 750℃)

4. 反应表观活化能计算

由于 Al_2O_3 – C 体系起始反应温度需高于 1 668℃,属于典型的高温反应,因
此,高温热失重实验应在不超过设备实验
极限条件下,使实验温度尽可能高于反应
起始温度。下面将针对温度区间 1 700~
1 850℃ 测试结果进行分析。

鉴于实验对等温环境的要求,这里定
义热环境温度升高至设定反应温度时,反
应转化率 $\alpha = 0$;体系失重百分数达到理论
含碳物质完全耗尽(60.87%)时,反应转化
率 $\alpha = 1$。根据以上定义,计算给出转化率
α 随时间的变化曲线如图 9.41,以此作为
活化能预估的先决条件。

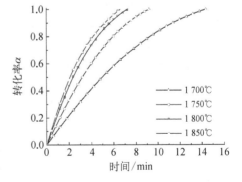

图 9.41　不同温度工况下 α – t 变化曲线

利用前面介绍的等转化率法的相关公式,得到$-\ln t$随$1/T$在转化率α为0.1~0.9时的变化曲线如图9.42所示。图中给出了曲线拟合值R^2,可以看出R^2为0.97~0.99,表明得到的总包反应表观活化能E_a值具有较好的置信度。图9.43给出了活化能随转化率的变化关系,数据处理可得到$Al_2O_3 - C$体系反应活化能的平均值为235.3 kJ/mol,标准偏差为38 kJ/mol。不同转化率下活化能数值偏差较大表明$Al_2O_3 - C$体系的总反应是由多步反应构成,其中可能涉及由反应、扩散、传热传质控制的多个过程,从而导致对动力学参数分析难度的增加。从图9.43可以看出,活化能E_a值在转化率α为0.6~0.9时波动较小,标准偏差为12 kJ/mol,但在$\alpha<0.6$时其值波动较为剧烈。根据这个现象推测,$Al_2O_3 - C$体系在α为0.6~0.9时的反应机理可能与$\alpha<0.6$时有很大差别。

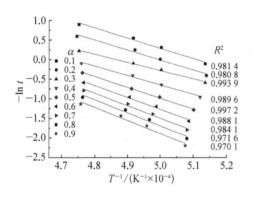

图9.42　不同温度工况下$-\ln t$
随$1/T$变化曲线

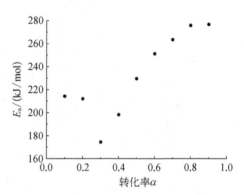

图9.43　$Al_2O_3 - C$体系表观活化能
E_a随转化率α的变化

5. 反应动力学模型分析

在已知反应动力学机理函数$g(\alpha)$的条件下,可利用模型拟合法来获得反应指前因子与动力学参数。通常对于高温固相反应动力学模型有化学反应控制、扩散控制与界相反应等,采用的微分和积分动力学机理函数如表9.8所示。本节使用模型拟合法将等温实验数据分别代入相关理想反应模型,计算获得相应动力学参数如表9.9所示。

表9.8　常用固相动力学机理函数

模型	符号	$g(\alpha)$	$f(\alpha)$	反应机理
化学反应	F_0	α	1	零级反应
	F_1	$-\ln(1-\alpha)$	$1-\alpha$	一级反应
	F_2	$(1-\alpha)^{-1}$	$(1-\alpha)^2$	二级反应

模型	符号	$g(\alpha)$	$f(\alpha)$	反应机理
扩散控制	D_1	α^2	$-1/2\alpha^{-1}$	一维扩散, Parabolic
	D_2	$(1-\alpha)\ln(1-\alpha)+\alpha$	$[-\ln(1-\alpha)]^{-1}$	二维扩散, Valensi
	D_3	$[1-(1-\alpha)^{1/3}]^2$	$3(1-\alpha)^{2/3}[1-(1-\alpha)^{1/3}]^{-1}/2$	三维扩散, Jander
	D_4	$1-(2\alpha/3)-(1-\alpha)^{2/3}$	$3[(1-\alpha)^{-1/3}-1]^{-1}/2$	三维扩散, G-B
界相反应	R_2	$1-(1-\alpha)^{1/2}$	$2(1-\alpha)^{1/2}$	二维, 收缩圆柱体
	R_3	$1-(1-\alpha)^{1/3}$	$3(1-\alpha)^{2/3}$	三维, 收缩球体

表 9.9　模型拟合法所得 Al_2O_3-C 体系反应动力学参数

模型符号	$E_a/(kJ/mol)$	$A/(min^{-1})$	R^2	F
F_0	230.2	9.5×10^5	0.985	2.15
F_1	286.9	2.2×10^8	0.998	40.19
F_2	—	—	<0.9	2.15
D_1	236.3	2.2×10^6	0.964	1.94
D_2	259.1	1.0×10^7	0.983	12.43
D_3	289.7	4.2×10^7	0.999	30.70
D_4	268.9	5.8×10^6	0.991	3.84
R_2	254.5	5.5×10^6	0.973	1
R_3	255.1	5.1×10^6	0.962	283.84

一般来说,不同机理函数确定的 E_a 值与由等转化率法拟合得到 E_a 值最接近的模型,被认为是最适合于目标反应的动力学模型。然而,表 9.9 中除了 D_3、D_4 与 F_1 模型外,其余所有模型计算得到的 E_a 值均与 235.3 kJ/mol 较为接近,因此,需要开展进一步的验证,以获得精确的模型参数。

在探究适用于 Al_2O_3-C 体系总反应的动力学模型时,可针对不同反应机理函数,绘制转化率 α 随时间减少量 t/t_α 的曲线图(t_α 为达到特定转化率所需时间,这里转换率取 $\alpha=0.9$)。这种方式被广泛用于确定固相反应动力学参数的研究。将不同反应模型 α-t/t_α 曲线与实验值进行比较,得到不同模型的残差平方和 S^2,计算公式为

$$S^2 = \frac{1}{n-1}\sum_{i=1}^{n}\left[\frac{t_{\alpha i}}{t_{0.9}} - \frac{g(\alpha_i)}{g(0.9)}\right]^2 \tag{9.35}$$

利用 F 检测法进行判断[14]，F 采用式(9.36)计算：

$$F = \frac{S^2}{S_{\min}^2} \tag{9.36}$$

根据 F 统计理论，当 F 值大于 $F(1-p,\ n-1,\ n-1)$ 时认为模型不适合反应方程，其中，$S_{\min}^2$ 为残差平方的最小值，p 为确信度，n 为自由度。研究中取 $F(0.95,\ 84,\ 84)$ 用于数据统计工作中，查表可知 F 值为 1.44[14]。

图 9.44 给出了不同动力学模型条件下 $\alpha-t/t_\alpha$ 曲线与实验曲线的对比，其中，实验曲线为 1 700~1 850℃下 4 个工况实验曲线的平均值。从图 9.44 中可以看出，R_2 与 R_3 模型曲线与实验曲线吻合度较高。然而模型 R_3 的 F 值为 283.84，远高于 F 统计值 1.44，而 R_2 的 F 值为 1，与 1.44 较为接近。因此，认为高温下 Al_2O_3-C 体系的总反应受二维界相反应(R_2)控制，其表观活化能 E_a 为 254.46 kJ/mol，指前因子 A 为 $5.5\times10^6\ \text{min}^{-1}$。反应速率方程为

$$1-(1-\alpha)^{1/2} = k(T)t \tag{9.37}$$

回归方程为

$$\ln k(T) = 15.524\,7 - \frac{254.46}{RT} \tag{9.38}$$

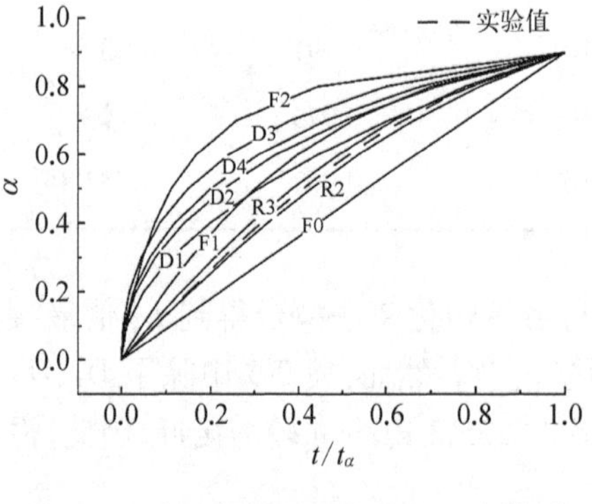

图 9.44　实验数据处理结果与拟合模型 $\alpha-t/t_\alpha$ 对比图

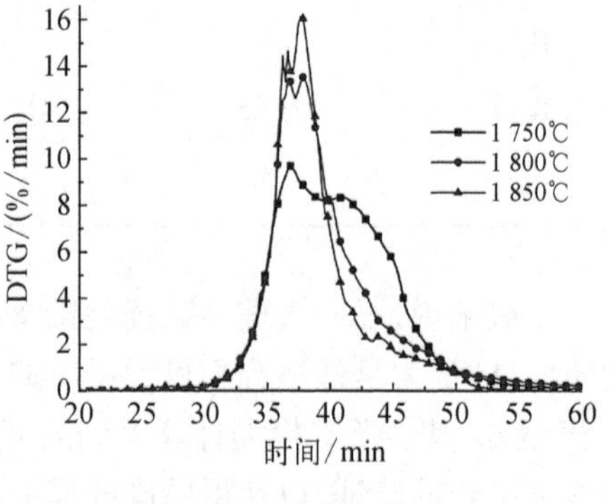

图 9.45　不同温度工况下 Al_2O_3-C 体系 DTG 曲线

6. 多步反应动力学分析

前面已经提到，Al_2O_3-C 体系在转化率 $\alpha<0.6$ 时表观活化能具有较大的波动，通过对 1 750~1 850℃实验 DTG 曲线(图 9.45)分析发现，DTG 曲线均呈现出多峰

分布形式,可以推断,Al_2O_3 – C 体系总反应是由多步反应叠加而成。

为了获得 Al_2O_3 – C 体系各分步反应,需对实验中各温度工况的 DTG 曲线进行分峰处理,进而对分峰后各曲线进行数值积分,得到各分步反应转化率随时间的变化曲线($\alpha-t$),并由此获得各分步反应下的反应机理与反应动力学参数。

使用 PeakFit 分峰软件,配合自定义 Fraser-Suz 分峰函数[15]对图 9.45 中 DTG 曲线进行分峰处理,处理结果如图 9.46 所示。可以看出,对于 1 750 ~ 1 850℃ 条件下的等温热失重实验,其 DTG 曲线均呈现三峰分布,由此可初步推测 Al_2O_3 – C 体系总反应是由三步反应构成。进而对各分步曲线积分,得到各分步反应占总反应比重如图 9.47 所示。分析发现,对于 Peak1 与 Peak3 对应的分步反应为 Step1 与 Step3,其在总反应中所占比重随实验温度的提高而不断增加,且 Peak3 对应反应权重增长率明显大于 Peak1。而 Peak2 对应分步反应变化趋势与其相反,在 1 750℃ 实验条件下所占权重最大(74.06%),并随温度增加而不断降低。

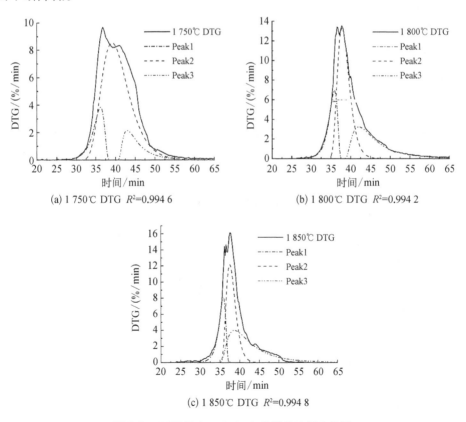

(a) 1 750℃ DTG R^2=0.994 6

(b) 1 800℃ DTG R^2=0.994 2

(c) 1 850℃ DTG R^2=0.994 8

图 9.46　不同温度工况 DTG 曲线分峰拟合曲线

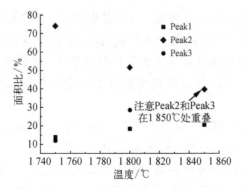

图 9.47　各分步反应面积占比

通过计算 1 750~1 850℃ 实验工况下 Peak1~Peak3 曲线积分值与总面积的比值,同时,采用等转化率计算方法,得到对应分峰条件下 α-t 曲线和-ln t 随 1/T 变化曲线(图 9.48~图 9.50),以及不同转化率下对应的活化能 E_a(图 9.51)。

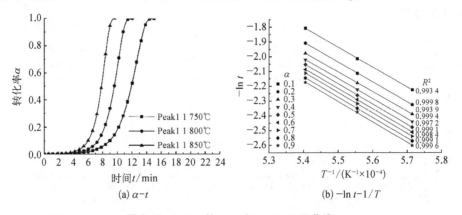

图 9.48　Peak1 的 α-t 与-ln t-1/T 曲线

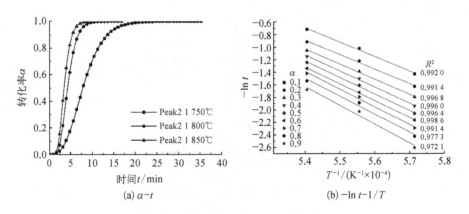

图 9.49　Peak2 的 α-t 与-ln t-1/T 曲线

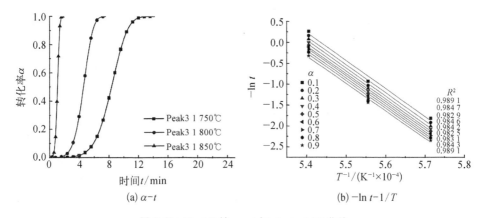

图 9.50　Peak3 的 $\alpha - t$ 与 $-\ln t - 1/T$ 曲线

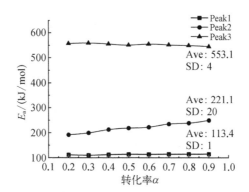

图 9.51　等转化率法得到的 Peak1～
Peak3 活化能 E_a

Ave 表示平均值；SD 表示标准偏差

　　为了得到各分步反应的动力学参数,可利用模型拟合法将实验数据代入理想反应模型,最终得到对应反应模型的指前因子 A 与活化能 E_a,如表 9.10 所示。

　　通过与等转化率法拟合计算所得活化能 E_a 平均值对比,发现对于分步反应 Step1 与 Step2,一级化学反应控制模型(F_1)拟合值与其较为接近,第一步反应的活化能和指前因子分别为: $E_a = 107.9$ kJ/mol, $A = 625.94$ min^{-1};第二步反应的活化能和指前因子分别为: $E_a = 240.3$ kJ/mol, $A = 8.3 \times 10^5$ min^{-1}。而对于第三步反应,一维扩散控制模型(D_1)拟合值则为最优选择,第三步反应的活化能和指前因子分别为: $E_a = 567.5$ kJ/mol、$A = 1.6 \times 10^{14}$ min^{-1}。综合上述分析,得到 Al$_2$O$_3$ - C 体系在本节实验条件下各分步反应对应速率方程,见表 9.10 最后一行。

表 9.10　分峰反应动力学常数与反应速率方程

模型符号	Peak 1			Peak 2			Peak 3		
	E_a	A	R^2	E_a	A	R^2	E_a	A	R^2
F_0	96.1	66.01	0.97	331.6	5.3×10^6	0.97	660.5	2.3×10^{16}	0.97
F_1	**107.9**	625.94	0.99	**240.3**	8.3×10^5	0.97	655.1	3.8×10^{16}	0.97
F_2	—	—	<0.9	—	—	<0.9	—	—	<0.9
D_1	165.9	7×10^4	0.96	376.6	5.7×10^8	0.98	**567.5**	1.6×10^{14}	0.99
D_2	121.3	4.4×10^3	0.97	409.4	3.1×10^9	0.99	584.8	2.9×10^{14}	0.97
D_3	152.2	1.7×10^4	0.98	438.2	7.3×10^9	0.97	588.7	8.1×10^{13}	0.98
D_4	144.9	5.9×10^3	0.99	418.9	1.5×10^9	0.95	572.2	2.2×10^{13}	0.96
R_2	142.7	1.1×10^3	0.99	327.7	2.3×10^7	0.99	701.1	1.8×10^{17}	0.99
R_3	164.4	3.3×10^4	0.97	327.4	1.7×10^7	0.97	723.2	5.8×10^{17}	0.99
速率方程	$-\ln(1-\alpha)=k(T)t$			$-\ln(1-\alpha)=k(T)t$			$\alpha^2=kt$		

9.5.3　高温氧化铝与炭化层的反应机理总结

通过对 Al_2O_3 - C 体系反应热力学分析与动力学参数的研究,认为高温下氧化铝对炭化层的消耗可用一种总包反应的形式来表达,即

$$Al_2O_3 + 3C == 2Al + 3CO \tag{9.39}$$

其反应受二维界相反应(R_2)控制,反应表观活化能 E_a 为 254.5 kJ/mol,指前因子 A 为 5.5×10^6 min^{-1},反应速率方程形式为 $1-(1-\alpha)^{1/2}=k(T)t$,回归方程形式为

$$\ln k(T) = 15.52 - 254.46/RT \tag{9.40}$$

研究发现 Al_2O_3 - C 体系总反应是由三步反应叠加而成,各分步反应形式及动力学参数如下。

1) 第一步反应

在 Al_2O_3 - C 体系反应起始阶段,其反应形式为

$$Al_2O_3 + 3C == Al_2OC + 2CO \tag{9.41}$$

该反应的起始温度为 1 939.5℃,受一级化学反应 F_1 模型控制,反应活化能为 107.9 kJ/mol,指前因子为 625.94 min^{-1}。

2）第二步反应

在有 C 存在的条件下,Al-O-C 体系化合物是不稳定的,也就是说当反应体系生成 Al-O-C 化合物,会进一步与 C 反应生成 Al_4C_3,这是第二步反应,其反应方程式为

$$2Al_2OC + 3C \stackrel{\quad}{=\!=\!=} Al_4C_3 + 2CO \tag{9.42}$$

该反应的起始温度为 2 033.2℃,同样受一级化学反应 F_1 模型控制,反应活化能为 240.3 kJ/mol,指前因子为 8.3×10^5 min^{-1}。

3）第三步反应

生成物 Al_4C_3 还将与残余 Al_2O_3 继续反应生成单质 Al,这是第三步反应,其反应方程式为

$$Al_2O_3 + Al_4C_3 \stackrel{\quad}{=\!=\!=} 6Al + 3CO \tag{9.43}$$

该反应的起始温度为 2 087.0℃,受一维扩散机制 D_1 模型控制,反应活化能为 567.5 kJ/mol,指前因子为 1.6×10^{14} min^{-1}。

9.6　氧化铝沉积条件下绝热材料烧蚀模型

接下来将利用 9.4 节、9.5 节研究给出的氧化铝沉积热增量、Al_2O_3-C 体系热化学反应机理与动力学参数,在基于多孔介质热化学烧蚀模型基础上,建立氧化铝沉积条件下 EPDM 绝热材料烧蚀模型,并采用实验数据对烧蚀模型进行验证。

9.6.1　沉积烧蚀模型

绝热材料的炭化层是一种多孔疏松结构,在烧蚀过程中炭化层上发生着复杂的流动、传热、化学反应和机械破坏等过程,要准确描述这些复杂的物理化学过程,合理表征炭化层的孔隙特征是关键。第 7 章的基于多孔介质的热化学体烧蚀模型可以作为氧化铝沉积烧蚀建模的基础和平台。

本节建立的沉积烧蚀的物理模型如图 9.52 所示,将在原有模型的炭化层与燃气之间增加了一层氧化铝沉积层,这样可以采用统一的方程形式和耦合求解方法,减少了编程的工作量。

沉积烧蚀模型主要由控制方程、气体组分扩散方程、化学反应模型与热增量模型四大部分组成,下面将重点介绍沉积反应模型和沉积热增量模型。

1. 热化学反应模型

沉积条件下炭化层表面与孔隙结构内,可能会发生多种化学反应,为了简化数值计算过程,同时又能抓住化学反应的主导因素,这里在含氧三方程烧蚀模型的基

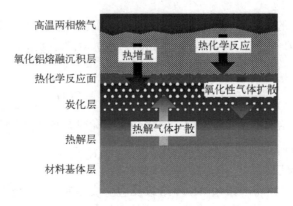

图 9.52　氧化铝沉积条件下烧蚀物理模型示意图

础上又引入了 $Al_2O_3 - C$ 体系的总包反应方程:

$$2C + O_2 \longrightarrow 2CO \tag{9.44}$$

$$C + CO_2 \longrightarrow 2CO \tag{9.45}$$

$$C + H_2O \longrightarrow CO + H_2 \tag{9.46}$$

$$Al_2O_3 + 3C \longrightarrow 2Al + 3CO \tag{9.47}$$

在烧蚀计算中,需要确定化学反应中 C 的消耗量,以获得炭化层新的孔隙率分布,算出质量烧蚀率。对于反应方程(9.44)~方程(9.46),由 Arrhenius 公式可计算出各个组分的生成与消耗速率如下:

$$\dot{m}_{O_2} = - A_1 p_1 \exp(- E_{a1}/RT) \tag{9.48}$$

$$\dot{m}_{CO_2} = - A_2 p_2 \exp(- E_{a2}/RT) \tag{9.49}$$

$$\dot{m}_{H_2O} = - A_3 p_3 \exp(- E_{a3}/RT) \tag{9.50}$$

当炭化层表面与氧化铝沉积物同时暴露于高温燃气中时,炭化层除了与燃气中的氧化性组分反应外,还将与表面高温氧化铝反应,反应消耗引起的烧蚀量也不容忽视,结合前面给出的 $Al_2O_3 - C$ 体系反应动力学参数,给出反应式(9.47)的反应速率为

$$k_{C-Al_2O_3} = A_4 \exp(- E_{a4}/RT) \tag{9.51}$$

由此可得单位面积上炭化层孔隙内 C 的消耗率如下:

$$\dot{m}_{C} = M_{C}\left[\frac{2A_1 p_1 \exp(-E_{a1}/RT)}{M_{O_2}} + \frac{A_2 p_2 \exp(-E_{a2}/RT)}{M_{CO_2}} + \frac{A_3 p_3 \exp(-E_{a3}/RT)}{M_{H_2O}}\right]$$
$$+ \rho_{cha} A_4 \exp(-E_{a4}/RT) \tag{9.52}$$

式中，A_1、A_2、A_3、A_4 和 E_{a1}、E_{a2}、E_{a3}、E_{a4} 分别对应式(9.44)~式(9.47)四个反应的指前因子和反应活化能，M_{O_2}、M_{CO_2}、M_{H_2O} 表示 O_2、CO_2、H_2O 气体的分子量，p_i 为气体 i 在炭化层孔隙内的分压，ρ_{cha} 为与沉积物底面接触的炭化层密度。

2. 沉积热流模型

沉积表面的热流边界，可以通过传热计算给出表面的对流和辐射的热流密度，再加上沉积热增量。如果传热条件与沉积实验条件比较接近，则可以采用 9.4 节中沉积实验反演计算得到的总热流密度曲线，此处采用总热流密度。为了便于使用，对该曲线进行拟合，得到拟合关系式如式(9.53)所示，计算得到的总热流密度曲线如图 9.53 所示。

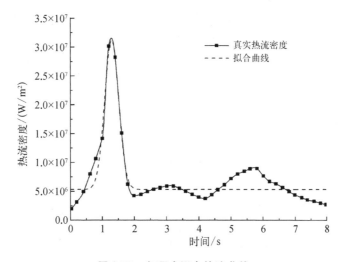

图 9.53　多项式拟合热流曲线

$$\dot{q} = 5.332 \times 10^6 + \frac{1.430 \times 10^7}{0.440\sqrt{\pi/2}}\ \mathrm{e}^{-\left(\frac{t-1.293}{0.311}\right)^2} \tag{9.53}$$

9.6.2　沉积烧蚀计算程序

根据沉积烧蚀模型编制了计算程序，计算步骤如下。

（1）通过对推进剂配方进行热力计算，得到其燃气组分和输运参数；使用流场模拟软件得到绝热材料边界层外燃气各种组分的摩尔浓度和燃气的物性参数；通过边界层计算模块得到边界层的氧化性组分分布。

（2）将热流密度多项式（9.53）与热解气体参数代入，获得绝热材料内部的温度分布和组分浓度。

（3）通过温度判断炭化层和热解层的分布，并在炭化层内进行热化学反应计算，修正其孔隙率分布，并得到质量烧蚀率，确定能量方程源项。

（4）根据温度分布和孔隙率分布，确定质量烧蚀率和线烧蚀率。

程序的总流程图见图 9.54。

9.6.3　模型的检验与修正

1. 计算构型与输入条件

计算对象为多功能沉积实验装置的 EPDM 绝热材料。实验测量结果发现，沉积条件下绝热层表面烧蚀分布较为均匀，因此为了减少计算量，截取绝热材料中心区域开展烧蚀计算与模型验证。计算区域网格划分如图 9.55 所示，其中 x 方向为绝热材料水平方向，长度为 20 mm，y 方向为绝热层厚度方向，厚度为 10 mm。对计算域进行网格划分，采用正交网格，$dx = dy = 0.1$ mm，因此 x 方向等分为 200 份，y 方向等分为 100 份。

计算域由四个边界构成，其中左右与下边界为绝热壁面，上边界为氧化铝沉积与高温燃气烧蚀边界，温度边界总热密度 q 由式（9.53）给出。

计算所用 EPDM 绝热材料相关物性参数如表 9.11 所示，计算用推进剂参数与前面实验相同，其主要成分及含量如表 9.12 所示。将推进剂主要配方代入 CEA 热力计算软件，得到热化学反应模块所需燃气组分质量百分比，如表 9.13 所示。表中所列组分主要是参与热化学反应的燃气组分，其余组分按惰性考虑。

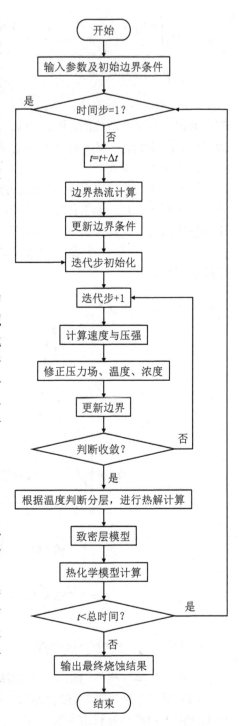

图 9.54　沉积烧蚀主程序流程图

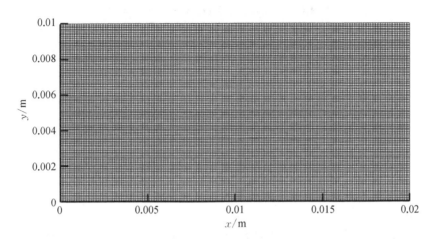

图 9.55　沉积烧蚀计算区域与网格

表 9.11　沉积烧蚀计算 EPDM 绝热材料参数

性　质	参　数	数　值
基　体	密度/(kg/m³)	1 040
	比热容/[kJ/(kg·K)]	1.53
	导热系数/[W/(m²·K)]	0.25
炭化层	密度/(kg/m³)	与炭化层孔隙率有关
	比热容/[kJ/(kg·K)]	0.9
	导热系数/[W/(m²·K)]	0.5

表 9.12　推进剂主要配方

序　号	组　分	质量百分数/%
1	端羟基聚丁二烯(HTPB)	9.00
2	功能助剂	0.08
3	癸二酸二异辛酯(KZ)	3.42
4	铝粉(Al)	17.5
5	草酸铵(T29)	3.5
6	高氯酸氨(AP)	66.5

表 9.13　参与热化学反应的燃气组分及含量

序　号	组　分	质量百分比/%
1	Al_2O_3	0.72
2	H_2	0.002
3	CO_2	0.034
4	O_2	0.002 4
5	H_2O	0.01

2. 初步计算结果

计算得到的沉积条件下绝热材料孔隙率分布如图 9.56 所示。图中最上面的黑色区域为气相,第二层浅色和第三层深色区域均为炭化层,热解层很薄,图中不容易看出,下部浅色区域为绝热材料基体层。

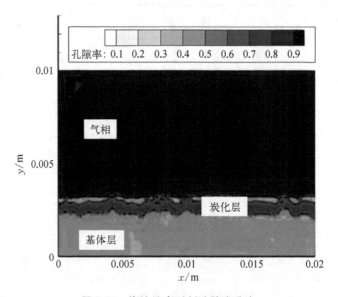

图 9.56　烧蚀结束时刻孔隙率分布

图 9.57 给出了绝热层中点处厚度和炭化烧蚀率随时间的变化曲线。由图可见,绝热材料的炭化烧蚀率在 1 s 附近达到最大值 1.06 mm/s,随后下降到 0.8~0.9 mm/s,绝热层总的烧蚀厚度为 6.47 mm,实验测量所得最大烧蚀厚度为 3.11 mm,计算结果远远高于测量值。对于这个结果下面将进行具体分析和探讨。

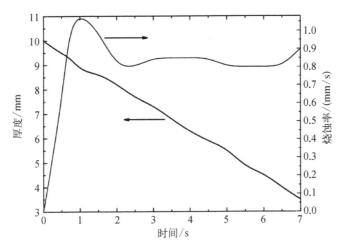

图 9.57　绝热层厚度和炭化烧蚀率曲线

3. 计算结果分析与模型修正

结合对沉积实验 RTR 图像分析可知,发动机工作过程中氧化铝沉积物与绝热层表面并非一直保持完全接触的状态。绝热材料在高温环境中会受热生成热解气体,热解气体喷射会将沉积物吹浮,使得沉积物与绝热层表面不完全接触,这会大大减少氧化铝沉积物与炭化层表面的接触反应时间和面积。而本节烧蚀模型是按照沉积物与绝热层保持完全接触进行计算的,这与实际情况有较大差别,这可能是导致烧蚀量计算结果明显高于实验结果的重要原因。

由表 9.6 可知,发动机工作条件下,炭化层组分中包含有少量 Si、O、P、S 等元素,炭化层组分与 Al_2O_3 - C 体系动力学研究所用碳粉有一定差别。因此,炭化层与氧化铝的反应速率应低于纯碳粉与氧化铝的反应速率。

此外,9.5.2 小节氧化铝与炭化层的高温热失重实验中,其体系质量损失率随反应温度变化的规律性较弱,在不同反应温度下出现了截然不同的质量损失变化形式,且质量损失率在 60% 至 90% 区间段内,TG 数据重合度较高,这会对数据拟合带来不利影响。

为了突出氧化铝对炭化层含碳组分的消耗,同时降低数据分析的复杂程度,排除炭化层中 C 元素与 SiO_2 等组分发生的碳热还原反应,这里仍取体系总包反应主导方程,即 $Al_2O_3 + 3C \Longrightarrow 2Al + 3CO$。同时,剥离 1 700℃ 工况 TG 数据无规律变化的干扰,选取 1 750 ~ 1 850℃ 三条 TG 曲线展开数据分析(图 9.58)。

首先在图 9.58 中分别取反应温度达到设定工况时刻为反应起始点($\alpha = 0$),取体系质量损失率 60% 时刻为反应终点($\alpha = 1$),进而得到体系反应程度 α 随反应时

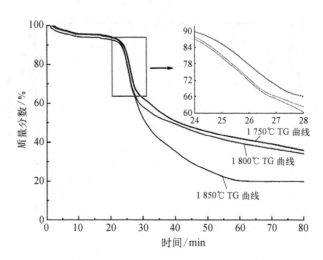

图 9.58　氧化铝-炭化层体系 TG 曲线

间 t 的变化曲线如图 9.59 所示。然后,利用前面所述的等温动力学数据处理方法,得到不同转化率 α 下 $-\ln t$ 随 $1/T$ 变化曲线如图 9.60 所示。从图 9.60 可以看出,当转化率 α 为 0.1~0.5 时,其数据拟合度 R^2 均高于 0.93,而为 0.6~1 时,拟合度 R^2 已经偏离可接受范围,表明此时反应类型较为复杂,现有的数据很难得到其反应机理,今后需要开展更深入的研究。

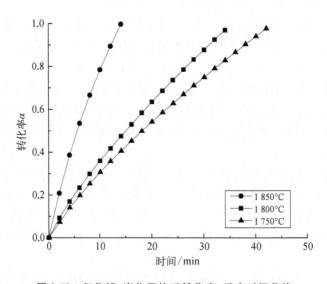

图 9.59　氧化铝-炭化层体系转化率-反应时间曲线

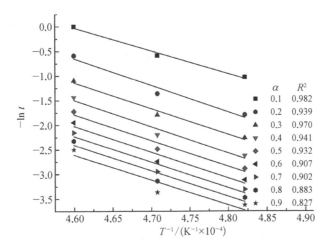

图 9.60　氧化铝-炭化层体系不同温度下$-\ln t$ 随 $1/T$ 变化曲线

根据图 9.58~图 9.60,计算得到炭化层与氧化铝反应体系活化能 E_a 随转化率 α 的变化曲线如图 9.61 所示,得到体系反应表观活化能平均值为 429.52 kJ/mol,标准误差为 24.86 kJ/mol。然后利用模型拟合法,将等温实验数据分别代入相关理想反应模型,计算获得相应动力学参数如表 9.14 所示。通过将表中不同机理函数计算所得动力学参数与利用等转化率法计算结果比较,发现 R_2 模型计算所得 E_a 值与 429.52 kJ/mol 较为接近。因此,在不考虑拟合度 R^2 数值大小对拟合结果可信度影响的前提下,可认为高温下氧化铝-炭化层体系总反应受二维界面相(R_2)控制,其表观活化能 E_a 为 429.6 kJ/mol,指前因子 A 为 3.4×10^6 min^{-1}。

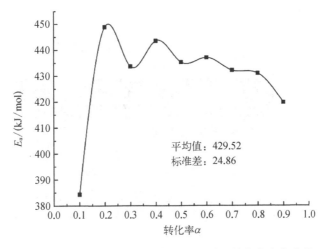

图 9.61　氧化铝-炭化层体系表观活化能随转化率变化曲线

表 9.14　模型拟合法所得氧化铝-炭化层体系反应动力学参数

模型符号	$E_a/(\text{kJ/mol})$	$A/(\text{min}^{-1})$	模型符号	$E_a/(\text{kJ/mol})$	$A/(\text{min}^{-1})$
F_0	421.7	8.5×10^8	D_3	448.6	4.2×10^7
F_1	439.5	5.8×10^9	D_4	441.7	5.8×10^8
F_2	—	—	R_2	429.6	3.4×10^6
D_1	431.5	1.5×10^9	R_3	432.6	3.1×10^6
D_2	438.3	1.0×10^9			

通过将氧化铝-炭化层反应动力学参数代入式(9.51),计算可得在相同反应温度下,氧化铝-炭化层体系与氧化铝-碳粉体系反应速率的比值(k_{char}/k_c)为 0.61。因此,可以认为炭化层与氧化铝的反应速率应为碳粉与氧化铝的 3/5。同时,考虑到真实条件下沉积物与炭化层的不完全接触形态,这里定义一个沉积接触系数 C_d,即真实条件下高温氧化铝与炭化层表面的接触比例。通过反复调试,沉积接触系数取 0.5 较为合适。最终,得到 $\text{Al}_2\text{O}_3 - \text{C}$ 体系反应速率方程修正形式为

$$k_{\text{Al}_2\text{O}_3-\text{C}} = \frac{3}{5}C_d A_4 \exp(-E_4/RT) \tag{9.54}$$

将修正后的 $\text{Al}_2\text{O}_3 - \text{C}$ 体系反应速率方程代入烧蚀程序,计算得到炭化层烧蚀后孔隙率分布如图 9.62 所示。图 9.63 给出了绝热层中点处厚度与炭化烧蚀率随

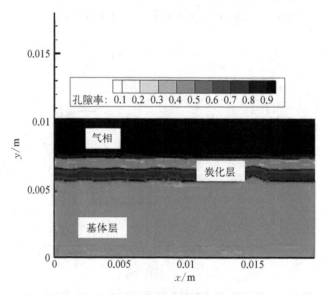

图 9.62　修正模型计算得到的炭化层孔隙率分布

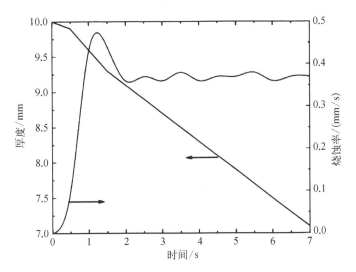

图 9.63　修正模型计算得到的绝热层厚度和炭化烧蚀率曲线

时间的变化曲线。计算得到绝热层烧蚀厚度为 2.81 mm,平均炭化烧蚀率为
0.4 mm/s。烧蚀厚度的计算值与实验值 2.36 mm 比较吻合,相对误差为 16.01%。
考虑到发动机实际工作过程中沉积物的不规则变化、炭化层中 C 与 SiO_2 的反应影
响以及实验测量误差等影响,修正模型的计算结果与实验结果的吻合程度是可以
接受的。

参考文献

[1] Guan Y W, Li J, Liu Y, et al. Influence of different propellant systems on ablation of EPDM insulators in overload state[J]. Acta Astronautica, 2018, 145: 141 – 152.

[2] 关轶文.高温氧化铝沉积条件下绝热层烧蚀机理研究[D].西安:西北工业大学, 2019.

[3] Mundo C H R, Sommerfeld M, Tropea C. Droplet-wall collisions: Experimental studies of the deformation and breakup process[J]. International Journal of Multiphase Flow, 1995, 21(2): 151 – 173.

[4] Mundo C, Tropea C, Sommerfeld M. Numerical and experimental investigation of spray characteristic in the vicinity of a rigid wall[J]. America: Experimental Thermal and Fluid Science, 1997, 15(3): 228 – 237.

[5] Brookley C E. Measurement of heat flux in solid propellant rocketry[R]. AD428728, 1963.

[6] Beck J V, Blackwell B, Clair Jr C R S. Inverse heat conduction: Ⅲ-posed problems[M]. James Beck, 1985.

[7] Beck J V, Woodbury K A. Inverse Problems and Parameter Estimation: Integration of Measurements and Analysis [J]. Measurement Science and Technology, 1998, 34 (9): 839 – 847.

[8] Guo Y Y, Kong D R, Yang F, et al. A data method using the inner temperature difference to